シリーズ「21世紀歴史学の創造」

全巻の序

一九九〇年前後における東欧社会主義圏の解体とソヴィエト連邦の消滅は、アメリカによる単独覇権主義の横行に道を開いた。しかし、そのアメリカ単独覇権主義も、二〇〇一年九月一一日の世界貿易センタービル崩落をきっかけとして引き起こされたアフガニスタン、イラク侵攻とその行き詰まりの中で、破綻をきたした。そのことは二〇一一年一月にチュニジアから始ったアラブ・イスラム圏の動きによっても示されている。同年五月、パキスタンに潜伏していたオサーマ・ビン・ラーディンをアメリカの特殊部隊が強襲して殺害したことはアメリカ単独覇権主義の最後の足掻きとも言えるであろう。しかし、アメリカ単独覇権主義崩壊の後に、新たな世界の枠組みをどのように作ればよいのか、依然として視界は不透明である。

二〇世紀末から二一世紀初頭にかけてのこのような激動は、単に政治上の大変動であっただけではなく、世界史認識の根底をも揺り動かした。それは、人類の過去を全体として大きく捉え、その延長上に人類の未来を展望しようとする志向性を弱める方向に作用した。日本におけるその一つの現れとして、日本社会全体の「内向き志向」、いわゆる「ガラパゴス化」現象がある。それは裏面で偏狭なナショナリズムと結びつき、例えば学校教育の現場においては、戦前を思わせるような日の丸掲揚、君が代斉唱などの強制が一段と強化されている。にもかかわらず、このような右傾化した歴史観が国民の間で日常化しつつあるようにも見える。その中で、日本の女性の社会的地位やジェンダー構造のさまざまな問題点も改めて浮き彫りになってきている。

このような状況において、二〇一一年三月一一日に突発した東日本大震災と福島第一原子力発電所崩壊事故はナショナリズムとインターナショナリズムの間の入り組んだ関係を明るみに出した。それは国境を閉ざそうとする動きと国境を越えて連帯しようとする動きの間のせめぎ合いとも言うことができるであろう。

シリーズ「21世紀歴史学の創造」の執筆者であるわれわれは、純粋の戦後世代に属する者として、前述のような時代を生きてきた。われわれは、上から誰かに力で教え込まれたり、教育されたりということではなく、第二次世界大戦後の日本社会や世界全体の時代的雰囲気の中で、ごく自然に一定の「教養」を身につけてきた。それは、人類全体を意識しつつ、人間の平等と「市民的自由」を尊重し、国家権力のみならず社会的権力を含むあらゆる権力の横暴を拒否する姿勢となって現れている。

しかし、現在の日本社会の状況を見ていると、このようないわゆる「戦後」的な「教養」が力を失いつつあるように思われる。そのことが日本社会全体としての右傾化を許しているとしたならば、「戦後的教養」そのもののなかに、歴史の展開に対応できないようなある種のひ弱さが本質的に内在していたということではないであろうか。一九八〇年代以降に顕著となったポストモダン的な思潮の広がりはそのことと無関係ではあるまい。たとえ、ポストモダン的思潮が「外国産」で、日本におけるそれは「輸入品」だったとしても、「輸入」される必然性は存在したのであろう。

「戦後的教養」の根底をなしてきたのは科学、特に自然科学のような法則定立的な科学への信頼であった。しかし、今回の東日本大震災と福島原発事故はそれが過信だったのではないかという疑問を多くの人びとに抱かせた。一九世紀の西欧で生まれ、二〇世紀を通して生き続けて、日本の「戦後的教養」を形作った「科学主義」は今曲がり角に来ているように思われる。

「戦後的教養」の衰退を、より具体的に世界史認識の問題に即していえば、マルクス主義的な世界史認識のみならず、「市民主義」的な世界史認識の大枠すら崩れつつあると言うことができる。このような状況において、歴史学の存在意義そのものを否定するような風潮が密かに広がりつつあるようにも感じられる。しかし、人間の実存的土台が歴史にある限り、歴史学が意味を失うことはないであろうし、また失わせてはならない。そのために、われわれは、「戦後的教養」の中で身につけた歴史学をどのように発展させれば、新たな歴史の展望を切り拓くことができるのかということを、自らに問わねばならない。

＊＊＊

ここに記してきたことは、このシリーズの執筆者たちが共有している今日的世界史認識であり、このシリーズに込めた歴史研究者としての決意の一端である。しかし、このような世界史認識と決意を共有するに至るまでには、長期にわたる討議の過程が必要であった。二〇〇五年七月一日、研究会「戦後派第一世代の歴史研究者は21世紀に何をなすべきか」（略称「戦後派研究会」）を立ち上げたのがその第一歩であった。この研究会のメンバーは、結果として、必ずしも「戦後派第一世代」の者だけではなくなったが、新たな「21世紀歴史学」の創造を目指すことにおいては一致している。この研究会の目標は端的に言えば二つ、「われわれは何をしてきたのか」、そして「われわれは何をしなければならないのか」の追求である。研究会の開始以来七年に及ぶ討議を重ねながら、研究会メンバー全員が本シリーズの執筆に取り組んできた。

このようにして刊行開始に至った本シリーズ各巻の目指すところを簡単に述べれば次のようになるであろう。

第一巻と第二巻では、一九九〇年代以降盛行を極めてきた「国民国家」論を今日の問題状況の中で再検討し、「国民国家」論のあるべき視座と射程を提示する。第一巻では、「国民国家」論の原論的側面に重点を置きながら、市民社会とエスニシティの問題にまで射程を延ばす。第二巻では「日本型国民国家」の特質を追求する。第二巻に収録された座談会「世界史の中の国民国家」は研究会メンバーほぼ全員の参加による討議の記録である。

第三巻は、人間存在にとって根底的な条件である土地の問題を主題とする。今日、人は多く私的土地所有に囚われた社会に生きているが、私的土地所有から自由であった社会もあるし、私的土地所有からの自由を展望しようとした社会もあった。そのようなさまざまな社会の視点から「土地と人間」という普遍的な課題に迫る。

第四巻では、帝国と帝国主義のあいだの関係性、例えばその連続性と不連続性といった問題を追求する。具体的には、ハプスブルク家の統治するオーストリア＝ハンガリー二重帝国、ツァリーズムのロシア帝国、陽の沈まぬ帝国イギリス、をとりあげる。

第五巻は、「社会主義」を単に過去の現象としてではなく、二一世紀の問題として、さらには人類の未来の問題として再検討する。具体的には、ソヴィエト連邦、ハンガリー、中国、ベトナムを対象とする。

第六巻では、三人の執筆者が既存の歴史学や歴史叙述の枠にとらわれることなく、実験的な歴史叙述を試みる。本巻の座談会においては、これらの実験的歴史叙述について、執筆者と他の研究会メンバーとの間で議論が展開される。

第七巻では、「21世紀の課題」を歴史学の立場から追求するが、その際、「グローバリゼーションと周辺化」という視点から、特に「アメリカとパレスチナ」に視座を据える。さらに座談会を設定して、「グローバル化」時代といわれる状況を見据えて「われわれの未来」を展望する。

別巻Ⅰは研究会メンバー一六名全員の分担執筆で、第一部では、戦後の歴史学を彩ってきたさまざまな「言葉」を今日の観点から再検討し、第二部では、研究会メンバーが各自の研究の軌跡を「私の研究史」として略述する。第三部は本研究会そのものの記録である。さらに第四部として「戦後五〇年の歴史学　文献と解説」を収める。

前述のように、「3・11」が各方面に与えた衝撃の大きさは計り知れないものであった。それは、単に科学技術の危うさを露呈しただけではなく、歴史学にも深刻な課題を投げかけた。このことを歴史学に対する新たな挑戦として主体的に受け止めて、急遽用意されたのが別巻Ⅱである。

＊　＊　＊

「革命と戦争の世紀」としての二〇世紀を通り過ぎた人類と世界は、今、あてど無く漂流しているように見える。だからこそ、もう一度人類と世界の過去を全体として大きく捉え、長い歴史的射程で二一世紀以降の時代を展望することが求められているのであり、われわれの歴史学にはそれに応える責務がある。このシリーズがその責務の一端を担うことができれば幸いである。

二〇一二年五月

シリーズ「21世紀歴史学の創造」全九巻
執筆者一六名　一同

はしがき

二〇一一年三月一一日に起きた東日本大地震と福島原発の崩壊事件（「3・11」）は、歴史学に根本的な転換を求めている。

歴史学は、地球、宇宙という意味での「自然」と、「類」としての「人類」の歩みとの関係の問題に、正面から立ち向かう必要がある。「自然」を所与のものとして、その上での人間社会の歴史を理解しようとしてきたこれまでの歴史学、諸階級、民族・国民、国民国家、諸地域、市民社会などに埋没して「人類」という視野を見失いつつあったこれまでの歴史学に対し、新しい視野で歴史を考えることが求められている。また、「自然」と「人類」との関係を見直すとすれば、自然科学、社会科学、人文科学といった諸学の枠組を越えた相互協力が必要にならざるをえないが、歴史学はその動きを主導する役割も期待されているといえよう。さらに、このような課題を大学教育の現場などでいかに取り組むかも深刻な問題である。

本巻は、われわれ戦後派第一世代の歴史研究者が、その狭い専門の枠を突き破って、「3・11」が歴史学にもたらした新たな挑戦を確認し、それにいくらかでも応えようとした試みの結果である。

二〇一三年七月

戦後派研究会

シリーズ全9巻の刊行を終えて

二〇〇五年七月一日に、研究会「戦後派第一世代の歴史研究者は21世紀に何をなすべきか」（通称「戦後派研究会」）は「共同研究の成果出版を目標と定めた研究会」として活動を開始しました。そして、二〇一三年七月（この小文の記載月です）現在、満八年の歳月が過ぎ去りましたが、この間には、刊行開始準備が佳境に差し掛かり始めていた二〇一一年三月一一日（を起点とする）、「日本史上、否、人類史上の大事件」を経験することになりました。本シリーズ別巻I第3部にも、「3・11」がわれわれの研究会にとって如何に衝撃的な出来事であったかを書かせていただきましたので、是非ともご参照いただきたいのですが、そもそもこのことの証は、本シリーズ全9巻の完結巻である本書・別巻II「「3・11」と歴史学」の誕生そのものであることは、申し上げるまでもありません。

ご承知のように本シリーズの刊行は、二〇一二年五月、第1巻「国民国家と市民社会」と第2巻「国民国家と天皇制」の同時刊行によって開始され、同年七月、第3巻「土地と人間」、同年九月、第4巻「帝国と帝国主義」、同年末一二月に別巻I「われわれの歴史と歴史学」を繰り上げ刊行し、本二〇一三年四月、第6巻「オルタナティヴの歴史学」、六月、第5巻「人びとの社会主義」、七月、第7巻「21世紀の課題」と継続刊行を維持してまいりました。そして、一〇月初旬刊行予定のシリーズ完結巻、別巻IIに至った次第です。この刊行経緯をご覧いただければお分かりのように、刊行は必ずしも順風満帆というわけではありませんでした。この小文を書かせていただいている研究会事務局の渡邊の役割は、執筆者会員の原稿を

「とにかく頂戴しきる」ことでした。その過程で、執筆者会員に対しては、「原稿催促」という名の非常に失礼な対応を繰り返すことになりました。これも私のいう「共同性」の一種であるとご理解いただき、お許し下さい。読者の皆様へ、本シリーズ全9巻をお届けすることが出来ますのも、私の「催促」に耐えて原稿を書き上げて下さった執筆者会員一五名のお陰であります。第一読者として（原稿として最初に読む人を意味する一種の業界用語）、また読者を代表して（私はいつも読者の一人でもあると思っているので、誠に僭越ですが）、御礼申し上げます。

ここに記すことが適切であるかどうか少々迷ったのですが、読者の皆様に一つだけお許しを乞います。小文のような性格の、しかも事務局の書いた文章を、本の前付のこの位置に掲出させていただく「無作法さ」についてです。本来ならば当然、「あとがき」として最後に配すべき性格の文章ですが、これには訳があります。ご覧のように、本書第4部の「年表」は見やすさと使い勝手さを考えて「横組」にしたのですが、そうするとどうしても逆丁（本の後ろから組むこと）にしなければなりません。「あとがき」の置き場がなくなってしまったのです。こんな事情から、この小文を高い位置に置かせていただくことになってしまいました。何卒ご理解下さいませ。

さて、別巻Ⅰ第3部に詳しく記録した「研究会」と「会報」のデータについて、若干の追加報告をさせていただきます。別巻Ⅰの刊行月は昨年の一二月ですから（第34回研究会まで反映させています）、それ以後の研究会の開催状況はどうだったのか、ということになりますが、以下の通りです。第35回研究会は二〇一二年七月一日「第6巻の座談会」として行われ、第36回研究会は一一月一一日に「別巻Ⅱ原稿の持寄り会、構想再検討打合せ会」として開催され、第37回研究会は本年三月一〇日に「別巻Ⅱの構成について」さらに集中討議するために開かれ（その結果として本書に見る「目次」構成が完成しました）、そして第38回研究会は六月四日に「シリーズ完結後の研究会の仕事」をテーマに開催されたのです。しかし『会報』は二〇一二年六月二五日発行の第32号で止まっています。事務局が「原稿取り」と「本作り」に追われ始めていたので、『会報』作りにまで手が回らなかったのがその理由ですが、一方において、執筆者会員との「接触の頻度と密度」が高まっていったことも事実です。そして、第39回研究会ですが、その予定はもう決まっており、計画通りに事が運ぶならば、本書が読者の皆様の手に渡る直前（配本一〇月九日予定）の一〇月六日に行なわれます。

この小文の「小さなまとめ」になりますが、では第38回研究会において検討し、さらに完結予定時の第39回研究会で深めようと考えている「われわれの問題とは何なのか」について書かせていただきます。自分の経験から書き始めてしまって申し訳ないのですが、私はかつて働いていた出版社の編集者時代に、相当数の講座・シリーズを手がけました。が、あの時代の私は、一つの講座やシリーズが終わったところで、「振り返る」ことをしたことがありませんでした。一つが終ればすぐ次に取り掛かる、の繰り返しだったのです。私はいうまでもなく「歴史研究者」ではありませんが、このシリーズが読者にどのように受けとめられ、どのように評価されているのか、若き研究者に「おじさんたちは何をやってんの?」と言われただけで終わってしまってもよいのか、ということが気になります。別言すれば、完結したところできちんと「総括」する、ということです。「21世紀歴史学の創造」は、「われわれの歴史と歴史学」によって、一歩でも二歩でも良いのですが、前進したのか、キャッチフレーズとして掲げた「歴史の明日を切り拓く、新たな挑戦!」に嘘はなかったのか、この問題を研究会自身で問い、外部からの厳しいご意見をいただきながら確認していく、このことを今後の「戦後派研究会の課題」としたいのです。何だか私の意見のような書き方をしてしまいましたが、そうではありません。私も一会員として参加しておりましたが、これは、第38回研究会での「研究会としての決意」であり、そして第39回研究会（一〇月六日）においてさらなる検討を加え、具体化することになっている「われわれの課題」なのです。つまり「戦後派研究会」はもう少しというか、まだまだというか、解散することが出来ないのです。

最後になりますが、このシリーズ全9巻の刊行を実現することが出来たのは、版元である有志舎社長・永滝稔氏のお力添えの賜物であります。シリーズは完結したけれど、御社の倉庫で不良資産化しないように、戦後派研究会の会員も努力いたしますが、読者の皆様のご理解とご協力を切にお願い申し上げまして、事務局としての拙文を閉じさせていただきます。

二〇一三年七月三〇日　第7巻の配本日にあたって

戦後派研究会事務局　渡邊　勲

戦後派研究会 会員一覧（五十音順）

伊集院　立	（いじゅういん　りつ）	1943年生まれ、法政大学社会学部教授
伊藤定良	（いとう　さだよし）	1942年生まれ、青山学院大学名誉教授
奥村　哲	（おくむら　さとし）	1949年生まれ、首都大学東京大学院人文科学研究科教授
加納　格	（かのう　ただし）	1948年生まれ、法政大学文学部教授
木畑洋一	（きばた　よういち）	1946年生まれ、成城大学法学部教授
小谷汪之	（こたに　ひろゆき）	1942年生まれ、東京都立大学名誉教授
清水　透	（しみず　とおる）	1943年生まれ、慶應義塾大学名誉教授
富永智津子	（とみなが　ちづこ）	1942年生まれ、元宮城学院女子大学教授
藤田　進	（ふじた　すすむ）	1944年生まれ、東京外国語大学名誉教授
古田元夫	（ふるた　もとお）	1949年生まれ、東京大学大学院総合文化研究科教授
増谷英樹	（ますたに　ひでき）	1942年生まれ、東京外国語大学名誉教授
南塚信吾	（みなみづか　しんご）	1942年生まれ、NPO-IF世界史研究所長
宮地正人	（みやち　まさと）	1944年生まれ、東京大学名誉教授
山本真鳥	（やまもと　まとり）	1950年生まれ、法政大学経済学部教授
油井大三郎	（ゆい　だいざぶろう）	1945年生まれ、東京女子大学現代教養学部教授
渡邊　勲	（わたなべ　いさお）	1944年生まれ、元東京大学出版会専務理事、一路舎代表

シリーズ「21世紀歴史学の創造」別巻Ⅱ

「3・11」と歴史学

《目　次》

序

「3・11」—「自然と人類」と歴史学

南塚信吾

はじめに

二〇一一年三月一一日に起きた東日本大震災と福島原発の崩壊事件（これを「3・11」と呼ぶことにする）は、歴史学に根本的な転換を求めていると思われる。

これまで、われわれの歴史学は「3・11」に触発されて研究姿勢を見直し、比較的長期の展望の中で「災害史」のような分野を開拓してきていると思われる。それは、歴史学研究会の最近の業績を見れば分かるであろう（歴史学研究会編 2012）。

そのような営みはもちろん必要で重要なものであるが、しかし、その試みはどちらかと言えば、これまでの歴史学の前提と枠組を維持した上での営為であるように思われる。われわれは、「3・11」は歴史学にもっと根本的な転換を迫っているのではないかと考える。これまでわれわれが前提としてきた「科学」や「自然」、「民族」「国民」や「国家」、「人類」や「生命」などのあらゆる概念が、改めて問い直される必要があるのではないか、と思われるのである。

この別巻Ⅱでは、そのような反省のうえに、われわれが直面する重要な問題をいくつか検討してみたい。

科学性

第一に、「3・11」は、歴史学と「科学」の関係を問い直すことを求めた。それは、「人類」がもたらした科学技術発展の問題性を厳しく指し示すとともに、科学技術の進歩というものを安易に前提とした歴史認識の問題性をも指摘したのである。ここでは後者を問題とすることにしたいが、「進歩」「進化」「発展」「法則」といった自然科学的な概念を取り入れた一九世紀末以来の歴史学の方法は、すでに一九六〇年代から批判されてきていたが、改めて「新たな視角」から切実な反省の対象とされたのである。つまり一九六〇年代からの批判は、歴史における「主体的」な側面の重視という観点からの批判であったが、それは、「自然」を「所与」のものと見て、そのうえでの人間の営みにおける「主体的」側面を重視したのであった。例えば、E・H・カーは『歴史とは何か』において、「歴史は科学である」ということを、以下のように論じている。すなわち、今や「科学的研究の対象である自然の世界と、歴史の世界との間に明確な一線を引く」べきではない。自然科学で「法則」と言われているものも、「厳密な包括的な法則」ではなくて「仮説」なのであり、そういう意味では、歴史学も「仮説」を駆使しているのであって、そういう意味で歴史学も「科学」と言ってもおかしくはないのだ。「今日では、科学者にしても、歴史家にしても、一つの断片的な仮説からもう一つの断片的な仮説へと次第に進んで行こう、自分の解釈によって自分の事実を取り出して行こう、自分の解釈を自分の事実でテストしようとしているのであり、「科学者の研究法も歴史家の研究法も私には根本的に違うとはみえないのです」」。カーはこのように、研究者の主体的な問題関心が「仮説」や「事実」を生みだしてくるという面を指摘したのであった（カー1960:81, 83, 87）。しかし彼は、このような科学的研究を、地球や宇宙といった「自然」を「所与」のものとしたうえで、論じていた。「科学的研究の対象である自然の世界と、歴史の世界との間に明確な一線を引く」べきではないと言うとき、それは、「科学的研究の対象である自然の世界の研究方法と、歴史の世界の研究方法との間に明確な一線を引く」べきではないという意味で述べていたのである。

だが、今や、「自然」を「所与」のものと前提して、そのうえで、人間の営みを「自然」とは自立した独自の営為として歴史的にとらえようとする方法そのものが問われているのだと考えられる。その意味では、自然科学的概念を取り入れた一九六〇年代以前の歴史学の方法は二重の意味で、反省の対象となっていると言うことができる。巨大地震と津波と原発事故は、「人類」の発展は、地球、宇宙という規模での「自然」の許容する範囲の中でのみ可能であるということ、同時に人類の発展（例えば、二酸化炭素の排出）が「自然」を変化させる可能性をもっていることを教えた。歴史学は、地球、宇宙という規模での「自然」と「人類」の相互関係の問題に、正面から立ち向かう必要があるということを学んだはずなのである。

人　類

第二に、「3・11」が海洋汚染や放射線拡散といった点で、地球的な、そして人類的な問題であったということから、歴史学は、地球、宇宙という規模での「自然」の前では、「類」としての「人類」の歩みというものを、その対象とせざるをえないということを自覚させられた。いまや、歴史学は、これまでのような諸階級、民族・国民、国民国家、市民社会などとは違った、あるいはそれらを包摂した、新しい視野で歴史を考える必要があるように思われる。ネイションとナショナル・ヒストリーや、さらに細部の社会的単位を対象とした歴史研究は、確かに人間の歴史の新しい局面を明らかにすることもあるが、それがより広い世界への含意を持つものでない限り、「自然」というものを無視したものに終わるのではないだろうか。

現実には、人類と「自然」の関係については、人類はすでに具体的な取り組みを始めている。二〇世紀の後半には一九世紀以来の国民国家の枠では処理できなくなった諸「問題」が、グローバル・イシューという形で続出してきた。地球環境、人口、食料、エネルギー、資源、生物問題、国際伝染病などの問題をあげることができる。そして一九八〇年代から、それへの明確な自覚と取り組みが世界的規模で開始されてきている。特にそのグローバル・イシューのなかで、地球環境の問題は人類史上の新たな問題として重要性を帯びている。人類による地球や宇宙そのものへの関心は、この地球環境の問題として自覚されつつ、高められてきている。「人類」の未来が、地球や宇宙という規模での「自然」にかかっている以上、「類」として「自然」に対応しなければならないという危機意識が強まってきている。それは特に開発途上国の側において強い自覚となっていると思われる。

この地球環境の問題は、とりわけ、核と原発の問題として明確に現れている。振り返ってみれば、核の問題はすでに「熱核兵器」の危険の問題として、「人類」の問題として自覚されていた。一九五〇年代から上原専禄や江口朴郎が指摘してきたのは、このことである。

上原専禄は、一九五八年に出た『世界の見方』において、核兵器をもって終わった第二次世界大戦が、人類の存在への危機意識を生み出し、それが「人類意識」を出現させ、そしてそれを基にした「人類共同体」を形成することになったという。

「いったい、人類は奇妙なことに、「人類」というものについて、ずいぶん無頓着で過ごしてきました。人類は、「人類」のぜんたいが、まさにぜんたいとして、どういうありかたをしているか、また、どういう問題をになっているか、さらに、どういう運命をたどるだろうか、そういう問題については真剣に考えたり、こころから心配したりしたことは、おどろくほどすくなかった」。

しかし、第二次世界大戦後、様子は変化した。

「人間であるからには、人間として尊重されねばならない、という主張があらゆる人間によって、公然と、なされうるようになったときに、人間同士がいたわりあわないと「人類」そのものが滅ぶかもしれない、という問題が、それもきわめてさしせまったかたちで、おこってきたのです。「人類」への危機意識を媒介にして、世界のあらゆるところで、「人類感情」が、人類史上はじめて、生まれてき、また、おなじ危機意識を通して、「人類」というものが、はじめて、全人類によって意識されてきはじめたのです」。

このように、「人類」という意識の高まりを指摘したのである（上原 1958:26, 34, 36, 44）。

一方、江口朴郎は「人類史の課題」（『歴史評論』一九六一年九月号）において、やや違った角度から「人類」を論じていた。江口も「一九五〇年」ごろからの世界史の新しい段階において「人類」が課題となっているとしたが、それは具体的な「運動」があるからだという。「現在では「人類」という言葉が具体的な意味をもちうると考えられ」、「人類というものを問題にして、歴史を現実に前進させる運動がありうるような段階、つまり人類のためということが具体的な実践の問題となりうるような時代がきつつある」がゆえに「人類」が課題となっているのだという。そしてさらに、「「人類の将来」を論ずることが現実的な意味をもつとすれば、かつてわれわれが問題にしてきた「民族」とか「階級」とか、あるいは「国家」とか、そういったものの意味が、もちろん歴史的に否定されるわけではないのですけれども、より高い次元からみられなければならない」とし、言い換えれば、「民族とか階級とか国家という歴史的な問題から提起されてきたいろいろな課題を、少し高い次元から、人類という次元から相対的にみること、いわば平面的に見ていたものを立体的にみて有機的な関連の下に把握していくという立場が必要になっている」と述べていた（江口 1974:175, 184）。

このような上原や江口の見方は、現実には「時期尚早」の観察であったかもしれない。「人類意識」や「人類」を意識した運動は順調には広がらず、歴史の現実は権力政治に翻弄されることになった。そして、一九八〇年代以後、地球と宇宙の現実の危機が進行し、「人類」の未来が具体的に危機的になって初めて、「人類」という意識が、再度、より深い深度をもって、諸民族、諸国民、諸国家のあいだに広がってきたのである。いまこそ、上原や江口の観察した歴史的事態が、実践的に現われて来ていると言うことができる。「世界史」「グローバル・ヒストリー」なるものは、こういう課題に答えられるものでなければならないのである。

科学技術と自然と人間

「3・11」は、「人類」がもたらした科学技術発展の問題性を厳しく指し示したが、実は、一九七〇年代以後、人類をめぐる科学技術の発展には著しいものがあった。だが、それは、人類に未知の新分野を開拓するとともに、人類を破滅に追い込む危険性を持った発展でもあった。

例えば、一九七〇年代以後の地球宇宙科学の大発展がある。七〇年代に太陽系の形成が明らかになり、二酸化炭素の温室効果が発見され、プレートテクトニクス理論の体系が出来上がった。そして八〇年ごろから生命と地球の歴史の研究は急速に進展した。九二年にはスノーボールアース（全球凍結状態）仮説が示されて地球の歴史の謎が大はばに解明された。同時に、宇宙探査が飛躍的に進み、月や土星の探査が行われた。こうした地球や宇宙の認識の上に、地球環境への自覚が進んだのである。だが、こうした地球宇宙科学の発展は反面を持っていて、宇宙の軍事利用に供された。それは、八三年にレーガン大統領の打ちだしたスターウォーズ計画（戦略防衛構想）に始まるミサイル防衛構想に表わされている。これは人類を核戦争の中に落とし込むかもしれず、少なくとも地球と宇宙を核と「塵」にまみれさせて、人類の存在を危機に陥れるかもしれないのである。

今一つ、生命科学の発展も挙げなければならない。一九八〇年代から遺伝子研究の飛躍的発展がみられ、遺伝子組み換えの研究が進み、ヒトの遺伝子治療が開始され、今ではヒトゲノムも解読されている。同時に、各種の臓器移植が成功してきている。このような生物科学の発展は、生物兵器・化学兵器の進化などをもたらすことになるが、より根本的には、このような生命・医療科学の発展が、人を再生したり、製造したりして、人類そのものを変えてしまう可能性を持っているということである。

さらには、一九八〇年代からの情報化のなかで、人間がますます自己の社会や生命についての「意識」を深めるとともに、ますます「操作」される生き物になってきているという点も、指摘しなければならない。

ここでの問題は二重である。一つには、諸科学の飛躍的発展は、自然や人類の科学的解明に新しい局面を開くとともに、権力的・経済的に利用されるならば、自然と人類をも滅ぼしかねない展開をする可能性も秘めている。いわば人間の認識領域が飛躍的に拡大したわけであるが、それは人間存在自体への脅威をも生み出すという逆説的な、危機的な状態を作り出している。「自然」と「生命」についての新たな科学的知見が、権力と資本の側に利用されてしまうのか、歴史学をはじめとする諸学が、それを阻止し、制御する力を生み出すのか、それが問われている。

二つには、これらの科学技術の発展によって、「地球」や「宇宙」は人間によって変えられる可能性をもち、人間自体も人間によって「製造」「再生」「操作」される可能性を持つようになったのである。それらはもはや「所与」のものではなくなったということができる。歴史学は、変化する自然のうえで、変化する人間が営む活動を、変化する人間が認識するという、新しい段階に入ったと言うべきなのである。

おわりに

このように、「3・11」を契機に明らかとなってきた歴史学の課題は広くて深い。歴史学は、長年のその立脚する諸前提そのものを見直さなければならないところに置かれていると言うことができる。歴史学は、既存の歴史研究の枠組のなかで、研究成果を「上手に」積み上げていくといった「点取り主義」的な姿勢を脱却しなければならない。

本巻では、われわれは、「3・11」以後の歴史学が直面するこれらの問題のうち、当面緊急に必要と思われるいくつかのテーマを設定してみて、われわれ自身の狭い「専門」をあえて超えて、それらに取り組むきっかけを探し求めてみた。その意味で、本書における諸研究の多くはあくまでも、「試論」である。

歴史家は「東北」へ行って、直接的な支援はできなかったかもしれない。しかし、歴史学は、「3・11」を教訓にして、より間接的ではあるが、より根本的な問題に取り組むことによって、「自然と人類」に対してより長いタイムスパンで貢献できるし、そうする必要があるのである。

参考文献一覧

上原専禄 1958：『世界の見方』理論社。
江口朴郎 1974：『江口朴郎著作集』第1巻、青木書店。
カー、E・H 1960：清水幾太郎訳『歴史とは何か』岩波書店。
歴史学研究会編 2012：『震災・核災害の時代と歴史学』青木書店。

第1部　「3・11」がわれわれに問うもの

第1部　解　説

われわれ本シリーズの執筆者たちは歴史学（あるいはそれに隣接した分野）の研究者であると同時に、大学人として大学教育に多年携わってきた。だから、「3・11」は歴史研究者であるわれわれに自らの研究のあり方を問うと同時に、大学人としてのわれわれのあり方をも問うているのである。より具体的にいえば、「3・11」はわれわれがその中で学的営為をつづけてきた戦後の歴史学を問い直すとともに、研究者の社会的責任を踏まえた今後の大学教育を模索することを求めているのである。

第一章「「科学主義」と「戦後歴史学」——一つの自省」において、小谷汪之は戦後日本の社会科学・人文学の特徴を「西洋中心主義」と「科学主義」に求める。それは、戦前の空疎な「精神主義」に対する批判あるいは嫌悪の念がしからしめたことなのだが、そこからは西洋近代的科学（自然科学）に対する批判的姿勢はなかなか生まれなかった。「科学的歴史学」を追求した戦後の歴史学もこの大枠から自由ではありえなかったことを「3・11」は露呈したというのが小谷の結論である。

それに対して、第二章「科学・技術・国家・資本の相互関係——小谷氏の議論に疑義あり」で、宮地正人は、小谷の議論があまりに一般論的で、いわば産湯と一緒に赤子をも流してしまうことにならないかという危惧の念を表明している。具体的には、原子核物理学者、武谷三男の言動を細かく追い、そこに「科学主義」に解消しえない思想の展開を認めるべきだとするのが宮地の捉え方である。

第三章「「3・11」と大学教育」は、「3・11」時に青山学院大学の学長であった伊藤定良が、被災学生の救援や被災地への学生ボランティアの派遣などの活動に取り組むなかで、大学人として考えたことについてまとめたものである。伊藤は大学における「教養教育」の重要性を改めて強調し、さらに、被災地の諸大学における新たな取り組みとして、「災害復興支援学」や「復興大学」といった試みを紹介している。

なお、オーストリアの「現実」（増谷英樹）と、われわれの世代にとっては懐しい響きのある「人形峠」の「現在」（富永智津子）については「コラム」として収録した。

（文責・小谷汪之）

第一章

「科学主義」と「戦後歴史学」――一つの自省

小谷汪之

敗戦と原爆

「3・11」は、われわれ歴史学を学ぶ者に何を問うているのか。歴史学がつねに自らの生きている時代に根ざすものである限り、この問いを避けて通ることはできない。いかに遠い過去、遠い国の歴史を専攻するものにとってもそれは変わりない。

ここでは、この問題を戦後日本における科学論・技術論を再検討することから考えてみたい。そこでまず、敗戦直後の日本における科学論・技術論の特徴をよく示していると思われる原子核物理学者、武谷三男の所論を検討する。武谷は技術を「人間実践（生産的実践）における客観的法則性の意識的適用」と規定したことでよく知られている（［武谷 1946a］、のち［武谷 1968a:139］に収録）。「技術とは、人間実践とくに生産的実践における客観的法則性の立場においておこなわれるもの」であるが、「客観的法則性そのものではなく、人間の行為における法則性の適用」なのである、というのが武谷の立場*であった（武谷 1968a:138）。武谷は原子力の利用をもこの規定で理解し、次のようにのべている。

「原子力の解放が科学史上の最大の出来事の一つであり、画期的な業績である事はもはや疑う人もいない」（［武谷 1947］、のち［武谷 1968a:209］に収録。強調点は引用者。以下同）。

「この原子力の解放にあるものは、この社会形態の下における人間と自然との関係において、客観的な自然の法則性に対する確固たる自信と、ち密なるその検討と、そして厖大にして組織的で意識的なその適用に他ならないのである」（同右 :214）。

＊ 武谷の技術論を批判する人々は技術を「労働手段の体系」と規定したが、ここでは立ち入らない（［中村 1975］参照）。

「原子力の解放」についてのこのような考え方にもかかわらず、一九五四年三月、当時改進党に所属していた中曾根康弘の主導によって、原子炉関係の予算修正案が国会に提出されると、武谷三男はそれに反対した。特に、それが通産省予算、即ちアメリカからの核燃料・技術直輸入による原子炉の実用化のための予算であることに、武谷は強い危惧の念を表明した。

「原子力は日本にとって重要だが、まだ現在は（通産省ではなく—引用者）厚生省と文部省の段階である。なかんずく、〝死の灰〟の処理、人体に対する防御の研究を十分にやってからでないと、取返しのつかぬことになる。無計画な原子炉計画は、混乱と汚職をまき起こすにすぎないとさえ思われるのである」（［武谷 1954］、のち［武谷 1968b:327］に収録）。

武谷は原子炉がまだ実験段階であり、実用段階にまで進むには一〇年、あるいは二〇年かかると警告したのである。しかし、この予算案は国会を通過し、日本における原子力利用政策がスタートした。それに対して、一九五四年、日本学術会議は武谷らの提案により、原子力の平和利用にかんする「民主、自主、公開」の三原則を提起し、原子力基本法（一九五五年）に取り入れられた（しかし「3・11」はこの三原則が実際にはまったく等閑に付されていたことを暴露した）。

しかし、このことは武谷が「原子力の解放」そのものに対して否定的になったということではない。

たしかに、アメリカがビキニ環礁で行った水素爆弾実験による第五福竜丸の被爆事件（一九五四年三月）は〃死の灰〃の恐怖を白日のもとにさらした。それは、武谷らの予測すらはるかに超えるものであった。それでも、「原子力が将来の人類のエネルギー源として非常に重要な意味をもっていることは確かだし、科学の画期的な進歩によって実現したものだということも明らかだ」（［武谷1955］、のち［武谷1968b:220］に収録）という考え方自体に変わりはなかった。実用化の面では極めて慎重な立場を取りながらも、原子力に対する期待そのものは揺らいではいなかったのである。それは近代西洋的な技術に対する信頼に裏づけられた期待であった。

同様のことは、次に見る島恭彦の論文「技術思想における東洋と西洋」にもうかがうことができる。島は財政学、地方自治体論の先駆者として知られているが、戦前には、戸坂潤ら唯物論研究会の人々を中心とした技術論論争から大きな刺激を受けていた。技術に関係する島のこの論文は戦後再刊された『東洋社会と西洋思想』（1948；初版1941）に「附録Ⅱ　技術思想における東洋と西洋」として収載されたものである。

「技術は元来人間の自然にたいする働きかけを媒介する役割をもつものであるが、この人間の働きかけが、科学的組織的であるか、または瞑想的無組織的であるかによって、そこに現れる技術の性格なり技術観なりに大きな相違が生じる。前者は、いうまでもなく、フランシス・ベーコンが予想し期待した近代ヨーロッパ的ないわゆる「自然征服」の態度であり、後者は、かれの批判した古代的、中世的な態度であるが、これはまた、東洋の技術思想にいまなお根強く残存しているものである」（島1948:241）。

島の場合、科学的「技術」とは、西洋前近代にも、「アジア」にも見ることのできない、近代西洋に固有のものであり、その特徴は「自然征服」にあると考えられていたのである。明示的にはのべられていないが、その点は武谷の場合も基本的には同じであろう。

以上のような武谷と島の「技術論」に共通しているのは、戦時下日本の「軍国主義的精神主義」に対する批判である。武谷は次のように指摘している。

「技術の劣弱を国民の生命の犠牲においておぎなわんとする極端な例はかの神風特攻隊である。(中略) 解決を技術の改良にもって行かずに、すべて人命の奴隷的犠牲において行ったのである。(中略) ／このような非人間的なもの、それは決して支配者が言うように強いものではなかった。生産力と、技術と、合理主義と、人間性とに基礎を置く連合軍の前には正にカマキリのオノにしかすぎなかった事を現実が示したのである」([武谷 1946b]、のち [武谷 1969:139] に収録)。

島も次のように書いている。

「戦争中の軍国主義にささえられた封建的思想は、技術 (労働手段ないし武器) を単なる「物」とみて、これを蔑視し、高度の軍事技術を駆使する敵の攻勢を「物力攻勢」とし、これに恐怖をいだきながら、なおも、人間精神の優越性を高唱してはばからなかった。(中略) われわれが技術を精神に従属する「物」としか考えないのは、近代技術を単なるできあいの「物」としか受け入れることのできなかったわが国の産業革命、文化革命ないし思想革命の不徹底さにもとづくものである」(島 1948:240「技術思想における東洋と西洋」)。

戦前の日本における空疎な「精神主義」に対する嫌悪の念と、それがもたらした惨状への怒り、そして、それに批判的でありながら何もできなかった自らの無力の思い、戦後日本思想の基調をなしていたのはこんな感情や感覚であった。そこから必然的に、「精神主義」に堕した日本は西洋近代科学に敗れたのだという歴史理解が生まれた。そのために、被爆国日本においても、西洋近代科学の一つの到達点である原爆に対して、根底的な批判を行おうとする意識はなかなか生まれなかった。敗戦をこのようなものとして受け入れた戦後日本においては、その逆の面として、日本帝国主義によるアジア侵略とそれに対するアジアの人々の抵抗という戦争の局面は視野から抜け落ちがちであった。天皇制的「精神主義」を遅れた「アジア的」精神構造とみなした戦後思想には現実のアジアの入る余地はほとんどなかったからである。極言するならば、戦後思想は原爆のおかげで、アジアへの加害行為を忘却することができ、再び「文明開化」への道に進むことができたのである。

科学と技術

このような戦後の思潮が西洋近代の「科学性」や「合理性」に対する讃仰を生み、それが西洋近代の科学・技術に対する信頼を生み出したということができるであろう。その場合、西洋近代の科学・技術とはいわゆる「一七世紀科学革命」(バターフィールド 1979) を経た後の科学・技術を意味した。それは、「科学にもとづく技術」(science-based technology)、すなわち「科学技術」であり、その特徴が一般に「自然征服」として捉えられたのである。日本で西洋における科学・技術をすべて「科学技術」と受け取る「常識」が生まれたのは、「文明開化」明治期に日本に導入された西洋の科学・技術がすでに「科学技術」だったからである。そのうえ、再版「文明開化」としての戦後日本は、戦前への反動として、西洋近代の「科学技術」にほぼ全面的な信頼——時に過度なまでの信頼——を寄せてきた。それは、一般に科学主義（scientism）と呼ばれるような思潮であり、「原子力の解放」がもたらすものへの期待はその一つの現れということができる。

しかし「3・11」は科学と技術の関係について、改めて根底的に考え直すことを迫っているように思われる。

西洋でも、もともとは科学と技術はまったく別のもので、別々の階層によって担われて、それぞれ独自に発展してきた。科学は生産から遊離した知識人の営みであり、技術は職人の技であった。「こんにち科学と技術とはいちじるしく関連しあっているけれども、歴史的に見ると両者は事実上別の道にそって発展してきた。科学は長いあいだ、それのえた結果の実際的応用について無関心を通してきた。技術は長いあいだ科学の助けなしにやってこなければならなかったし、科学の助力から利益をひきだせたにちがいないときに、科学からの助けを故意にあざ笑うというようなことが再三あった。両者の協力が可能であり、望ましくもあるということは、一七世紀の初頭にはじめて何人かの人々たとえば、イギリスのフランシス・ベーコン、フランスのルネ・デカルト、オランダのシモン・ステヴィン——によって気付かれ、主張されたけれども、それが実行に移されたのは、やっと一八世紀のことであった」（ディクステルホイス 1977:2）。

バターフィールドが大航海時代に関説して、「航海者たちは数学を知らなすぎたし、数学者は航海の経験をもち合わせなかった」（バターフィールド 1979:149）といっているのも、同じ意味合いにおいてである。

しかし、「一七世紀科学革命」を経て、一九世紀になると、科学と技術が密接に結びついて「科学技術」(science-based technology)となり、それが大規模に産業に適用されるようになった。その後、第二次大戦の戦中から戦後になると、科学と技術の関係はますます緊密になっていった。この過程について、芝田進午は次のように捉えている。

「一九世紀後半、とくに一九世紀末から二〇世紀にかけて、生産過程における科学的労働の役割がいちじるしく増大し、科学が技術を追うのではなく、反対に技術が科学を追うようになり、技術と科学の従来の関係は急速に逆転する。(中略)科学的法則が発見され、しかるのちその技術学的応用が解決される傾向は、当時の電気産業、化学産業の発展にもみられるが、科学革命が技術革命を決定的においこし先導するにいたるのは、やはり二〇世紀初期の相対性理論・量子力学等の一連の「自然科学の革命」によってであり、原子力の利用も、まずアインシュタインの有名な公式 $E=mc^2$ によってその可能性があきらかになり、そのうえでその技術的困難が解決されて達成された」(芝田 1971:29)。

「このように、科学革命が技術革命よりも主導的役割をはたしつつ、両者が相互に接近し、統一される単一の連続革命的な過程が「科学=技術革命」にほかならない。その本格的な過程は、一九三〇年代末ないし一九四〇年代初期以来の第二次世界大戦中ならびに戦後の時期にはじまったが、現在進行しつつあり、また今後も無限に続くであろう」(同右)。

ここでは、「原子力の利用」も「無限に続く」「科学=技術革命」の一齣として、いわば肯定的に捉えられている。まだ、スリーマイル島原発事故(一九七九年)も、チェルノブイリ原発事故(一九八六年）も起こっていない段階だからであろうか、「原子力の解放」がもたらすものへの期待の強さを感じさせる（両原発事故後に刊行された［芝田 1987］でも、核兵器だけが問題とされ、原発については言及されていない）。

しかし、現在の科学技術の問題、「原子力の利用」だけではなく、遺伝子組換えや生命科学といったさまざまな「現代科学技術」の問題を、芝田のように、「無限に続く」「単一の連続革命的な過程」の一段階として捉えてよいであろうか。これらの「現代科学技術」は長い科学・技術発達の歴史過程において、本質的にまったく新たな段階を画しているのではないだろうか。この点の解明は、科学史・技術史のみならず、歴史学全体にとってももっとも大きな現代的課題と言ってよいであろう。

「戦後歴史学」の盲点

このようなことを考えるとき、我々の歴史学には大きな盲点というべきものがあったと思わざるをえない。それは、いわゆる「戦後歴史学」の負の遺産ともいうべき盲点である。「戦後歴史学」とは、日本の戦後思想一般を特徴づける「科学主義」と「西洋中心主義」を共通の土壌とした「科学的歴史学」（マルクス主義に親近的な歴史学）と「近代主義的歴史学」（「市民主義的」な歴史学）の矛盾を含んだ混合物であったが、そこに一つの盲点があったのである。

二宮宏之は、一九九九年度歴史学研究会大会・全体会「再考・方法としての戦後歴史学」における報告「戦後歴史学と社会史」において、次のようにのべている。

「戦後歴史学は、戦時体制下に猛威をふるった皇国史観を清算し、戦後日本社会の変革への希求に応えようとした点においてみずみずしい輝きをもっていたが、このことが同時に、その学問に特異な偏りを生むことにもなった。それを大きく括って言うならば、科学主義と一国史への収斂という事態である。

皇国史観を清算するために採られたのは、単なる実証主義への回帰ではなく、マルクス主義を基調としつつ、近代社会科学の概念と方法に準拠した科学的歴史学の追求であった。こうして、独善的な神話的歴史観に対しては世界史の普遍的な法則が対置され、怪しげな日本精神に対しては歴史の基礎過程としての経済構造が対置されることになる。また、変革の武器となるための科学的客観性の保証に関して言えば、理論と実証の幸福な結合によって必ずや歴史の真実に到達しうると信じる点で、その科学主義はいたって楽観的でもあった」（二宮 1999 : 22）。

ここで二宮が「独善的な神話的歴史観に対しては世界史の普遍的な法則が対置され」たといっているのは、いわゆる「世界史の基本法則」を念頭においてのことである。一九四九年度の歴史学研究会大会は「世界史の基本法則」を統一テーマとして開催された。その報告集の「刊行のことば」には、次のように書かれている。

「わが歴史学研究会は、（中略）歴史の進歩の原動力たる歴史的諸時期における基本的矛盾の存在のしかたを追求し、その中に展開する世界史の基本法則を究明しようと試みた。（中略）これより先すでに本会の主要メンバー（中略）は世界史の発展法則とその諸民族の歴史における特殊形態とを明らかにせんと試みつつある（後略）」（歴史学研究会編 1949）。

この「世界史の基本法則」というのは、簡単に言ってしまえば、原始共産制—奴隷制—封建制（農奴制）─資本主義（資本制）─社会主義という継起的な社会発展が普遍的な法則性であるとするものであった。これは、マルクスが『経済学批判』（一八五九年）の「序言」で、「大ざっぱにいって、経済的社会構成が進歩してゆく段階として、アジア的、古代的、封建的、近代ブルジョア的生産様式をあげることができる」（マルクス 1859:14-15）と述べたことに淵源している。それが、一九三〇年代のソ連で、スターリンの指導下、「アジア的生産様式」という概念が否定され、代わって歴史の初発段階として「原始共産制」が措定されたことで、前記のような五段階発展論となったのである。

この五段階発展論は二宮が指摘したように「一国史」的な発展段階論であるが、スターリンの権威を背景に、歴史学のみならず、戦後日本思想一般に巨大な影響力を及ぼした。その結果、あらゆる「国」の歴史の中に、この五段階発展の過程を跡づけることが「科学的」な歴史学の課題であるとするような風潮が一時一世を風靡した。日本史や中国史において、いつ奴隷制から封建制に移行したのかといったことが盛んに議論された。そこでは、社会の歴史においても、自然界の諸法則のような法則が厳然として作用しているということが自明の前提のように受け入れられていた。そこから、歴史学は自然科学のような法則性認識を持つことによって、はじめて「科学的歴史学」たりうるという、「戦後歴史学」を特徴づける確信が生まれたのである。

戦前の激しい思想・言論弾圧のもと、皇国史観の跋扈を許したことに対する反省から、「戦後歴史学」は何よりも「科学的歴史学」であることを希求した。その時、科学とは西洋近代の科学、特に自然科学に他ならなかった。そのために、科学の発展とそれに伴う技術の進歩こそが人間を取り巻く自然の制約を乗り越えることを可能とするという人間・自然観、すなわち人間と自然とを対立的な関係に置き、

「自然の征服」を人間の進歩とみなすような人間・自然観、このような西洋的近代科学の人間・自然観が「戦後歴史学」の中にも忍び込むことになった。「科学的歴史学」であろうと志した「戦後歴史学」は、それゆえに、西洋近代科学そのものに対して批判的立場に立つことが難しかったのである。そこに「科学的歴史学」としての「戦後歴史学」の盲点というべきものがあった。

この「戦後歴史学」は、「高度経済成長」が本格化した一九六〇年代前半、それに適合的なイデオロギーとして「日本近代化論」が登場してくるといくつかに分解した。「戦後歴史学」を担った人々の一部は、明治維新以降の日本近代史を「サクセス・ストーリー」として描く「日本近代化論」の陣営に加わった。その他の人々は「戦後歴史学」を批判的に継承、あるいは克服するにはどうすればよいかという模索を始めた。民衆史、民衆運動史、民衆思想史、女性史、都市史といった潮流はその中から生まれてきたものである。

本シリーズの執筆者の多くは「戦後歴史学」的潮流の中で歴史の研究に志し、「戦後歴史学」を批判的に継承ないし克服しようとする模索の過程で歴史研究者として自立していった。しかし、そのようなわれわれの歴史学の中にも、「戦後歴史学」の盲点というべき自然科学「信仰」が忍び込んでいた。ほとんど無自覚的に、自然科学的な科学性に信頼を寄せていたのである。「3・11」はそのことを白日のもとにさらした。「科学的」であろうとしたわれわれの歴史学はいわば虚をつかれたのである。

しかし、それは歴史学が「科学的」であろうとしたこと自体に誤りがあったということでは決してない。問題は「科学的」であるということを「自然科学的」であるということと等置したところにあった。歴史学には、自然科学的な科学性とは異なる、固有の科学性があるはずなのに、それを主体的に追究することを怠り、自然科学的科学性に寄りかかってしまったところに問題があったのである。歴史学における「科学性」とは何か、今日改めて問い直さなければならないのはこの問題である。そうして初めて、西洋近代の技術、特に自然科学的な科学技術の「科学性」に対しても批判の眼を向けることができるであろう。

参考文献一覧

芝田進午 1971：『科学＝技術革命の理論』青木書店。
芝田進午 1987：『核時代Ⅰ　思想と展望』青木書店。
島　恭彦 1948：「技術思想における東洋と西洋」、『東洋社会と西欧思想』世界評論社 1948：「附録Ⅱ」。
武谷三男 1946a：「技術論」、『新生』一九四六年二月号（武谷 1968a：『武谷三男著作集1　弁証法の諸問題』勁草書房）。
武谷三男 1946b：「日本技術の分析と産業再建」、『技術』一九四六年三月号（武谷 1969：『武谷三男著作集4　科学と技術』勁草書房）。
武谷三男 1947：「原子力時代」、『日本評論』一九四七年一〇月号（武谷 1968a）。
武谷三男 1954：「水爆ボタン戦争への不安」、『読売新聞』一九五四年六月五日号（武谷 1968b：『武谷三男著作集2　原子力と科学者』勁草書房）。
武谷三男 1955：「日本の原子力政策」、『中央公論』一九五五年二月号（武谷 1968b）。
ディクステルホイス、フォーブス 1977：広重徹他訳『科学と技術の歴史』みすず書房〔原著 1963〕。
中村静治 1975：『技術論論争史　上・下』青木書店。
二宮宏之 1999：「戦後歴史学と社会史」、『歴史学研究』七二九号。
バターフィールド、H 1978：渡辺正雄訳『近代科学の誕生』講談社〔原著 1949〕。

マルクス 1859：武田隆夫他訳『経済学批判』岩波文庫。
歴史学研究会編 1949：「刊行のことば」、『世界史の基本法則——歴史学研究会一九四九年度大会報告』岩波書店。

第二章

科学・技術・国家・資本の相互関係
――小谷氏の議論に疑義あり

宮地正人

小谷氏の武谷批判に私は賛成できない。以下、その理由を箇条書きにして述べてみよう。

（1）小谷氏は、武谷は「近代西洋的な技術に対する信頼」を持ち続けていたとする。しかし私は、彼は日本の自然科学者の中でも例外的と言えるほど、原子物理学という科学の生産産業技術への転化に関して慎重な態度をとり続けた学者だったと考えている。武谷の技術論の底にはなるほど原爆を開発したアメリカのマンハッタン計画のイメージがあることは事実だし、原子物理学が解放した核分裂エネルギーの利用に対し、敗戦直後には「極地を開発し砂漠を緑野にする」ことが可能だ、との夢を抱いていたことも事実である。

（2）しかしこの夢は、現実によってたちまち壊されてしまった。占領軍は理化学研究所のサイクロトロンを破壊し、占領下での原子力にかかわる実験研究を総て禁止してしまったのである。また米国においては原爆製造という軍事目的に原子物理学は奉仕させられ、軍事技術化され、反ファシズムの目的でマンハッタン計画に協力した原子物理学者たちが攻撃され排除されていく深刻な事態を、武谷ら原子物理学者は知ることとなる。即ち、マンハッタン計画の主体は国家権力であり、国家が研究者と技術者を戦争目的のために組織し、その成果を核戦争脅迫のために利用していることを認識するのである。

（3）武谷たちの知らない分野でも、米国は研究を厳禁した。被曝研究である。東京大学教授の都築正男は、原爆投下直後広島に入り、倒れている人々の血液を集め、放射線の被曝により脊髄造血機能が破壊され、白血球が減少し、止血能力・凝固能力が激減して死に至る事態を医学的に明らかにしたが、占領軍は都築の資料を没収し、被曝の記録化は入市被曝・内部被曝の実態も含め全面的に禁止した。原爆被害の実態を可能な限り低く見せかけることが米国の狙いだったからである。したがって武谷たちも犠牲者の多数は投下直後の爆風によるものと考えていた。放射線被曝の恐ろしさへの認識は都築ら原爆症を研究する医学者たちとの交流の中で深まっていく。

（4）武谷らの憂慮は何よりも原爆から水爆製造という米ソ二大強国の核兵器競争に向けられていく。国家の戦争目的のため原子物理学が利用され続けている。何としても日本の原子物理学が軍事技術に利用されるのを阻止しなければならない。一九五〇年二月、アインシュタインは米国の水爆製造着手に抗議する。武谷・坂田昌一・伏見康治ら日本の原子物理学者百数十名の有志は五〇年四月、「平和に関する声明」を発し、激化する冷戦に日本を参加させないためには、単独講和ではなく全面講和しかなく、独立後は国際連合に加盟して中立不可侵の立場をとり、「いかなる国に対しても軍事基地を与えることには絶対に反対する」と声明した。

（5）一九五二年四月、日本の独立に伴い、原子力研究が実験研究可能な段階に入ったとき、武谷の奮闘は原子力研究に秘密を一切無くすことによって、国家の軍事研究に利用されることを原理的に不可能にすることだった。したがって五二年段階で、外国からのウランの入手は政治的な問題を発生させるので、「国内の貧鉱を処理して日本独自に獲得すべし」とも主張しているのである。秘密の反対とは隈無き公開であり、「日本でおこなう原子力研究は一切公表し、外国の秘密知識は一切習わず、外国と原子力についての秘密の関係は一切結ばない」、彼は倦まずたゆまずこの原則を主張し続ける。

(6) 事態が急転するのは、中曾根康弘衆議院議員が、「あまり学者がぐずぐずしているから、札束で学者の頭をひっぱたいてやるんだ」と、突如、原子炉建設調査費も含めた原子力予算を一九五四年三月に国会に上程、可決させたことによってである。同月、日本学術会議原子核特別委員会は武谷の奮闘もあり、①兵器研究は行わない、②研究は公表し秘密にせず、外国からの秘密のデータは受けない、③能力ある研究者の参加を阻止してはならない、との原子力研究の大原則を意見書として上部組織に報告、これが骨子となって四月二三日、日本学術会議総会において、①研究は公開すること、②民主的運営を行うこと、③日本国民による自主性ある運営をする、の三原則にもとづいて原子力研究が遂行されるべきことが決議されたのである。

(7) 武谷は医学者との交流を通じ、放射線被曝の深刻さを知るようになっていた。五三年三月に刊行した『みな殺し戦争としての現代戦』(毎日新聞社)の中でも、「原子爆弾が爆発した時、他所からそのあとへ入って来て、救助作業などで相当長い時間をそこに止まった人が原子病にかかっており、死んでいる人が非常に多い。その放射線病はどうして起こるかというと、赤血球や白血球というような、血球が破壊されることによって起こる。とくに白血球が顕著にやられてしまう」と、入市被曝・内部被曝の知識をもっていた。しかし五四年三月一日、ビキニ水爆実験による数百キロにわたる死の灰の降下と生命体に対する甚大な加害性は彼の想定をはるかに超えるものだった。原子物理学という科学が平和的な生産技術に転化される上での致命的障害を改めて彼に確認させる。小谷氏が引用する五四年六月五日付の彼の『読売新聞』論説は、「現在はそんなことより原子核研究を充実すべき時期である」と続いている。技術が核放射性廃棄物を処理可能にできるのか？　とのこの深刻な問いは、一九四二年、研究用原子炉が始動し始めた時からの問題であり、一貫して無毒化技術が追求され続けているにも拘わらず今日まで全く何ら成果なく、商業用原発発展の最大の死重になっていく。だからこそ武谷は、外国からの「技術」なるものを引き写すのではなく、一〇年の実験研究、次の一〇年の実用試験という基礎的研究を続ける中で、原子物理学という科学がどこまで生産産業技術に転化可能か、という課題を国家主導でもなく、電力会社という資本主導でもない形態をとりながら具体的に検討していくべきだと主張する。原子力工学なる生産産業技術は、この段階では世界の如何なる国においても何ら形を現していない以上、「西洋技術」への信奉なるものなど、土台、彼には存在する訳はないのである。

（8）国家と戦争に利用されることに反対する原子物理学や放射線障害の研究者は、武谷と同じく既に五四年段階で、原子力平和利用の性急な技術開発に強い疑念を抱くようになってきた。五四年三月、参院で朝永振一郎は「日本には地震があるので、地震のときに原子炉をそのままにして逃げることも出来ない。こういうふうなことをこれから考えようとしている最中に、さあ原子炉を造れと言ってお金を出して頂いても、果たして有効に使えるかどうか」（『朝日新聞』二〇一一年一〇月二六日）と証言している。また同じく原子物理学者の中村誠太郎も、『改造』五四年八月号で「放射能症の適確な治療法がない現在では（略）核分裂を利用する原子力発電は放射能の灰の処理が完全になるまでは日本のような狭い国では工業技術としてみとめるわけにはゆかないであろう」と警告し、今日、原爆症研究の父といわれている都築正男は五四年六月、記者団の質問に対し、「原子力の研究はいいが、原子炉は作らないほうがよい。（略）もしそういう金があるなら家を建てるなり、道路を作った方がよい。仮りに今の原子炉予算二億数千万円を十倍にしてみても、学生のオモチャのような原子炉しかできないだろう。それよりは放射能障害の研究所でもつくることだ」（『朝日新聞』二〇一一年一〇月二七日）と答えているのである。

（9）優れた原子物理学者だった武谷は、原子物理学研究の豊かな将来には、疑いをもたなかった。一九五七年、東京田無に東大に付置されて原子核研究所が設立された際、東大に研究を独占させるのではなく、全国の研究者が共に参加して研究できる共同利用研究所の形態をとらせ、しかも学界ボス支配ではなく、研究者の自主的運営が出来るような組織として出発さすべく、奮闘したのは武谷三男なのである。

（10）他方、原子炉の安易な導入には厳しく警告しつづけた。五六年春には、茨城県東海村の結核療養所の患者に招かれて、「放射能を出さない原子力施設はない。事故が起これば、大変なことになる」と原子炉の危険性に関し講演しているし、つづく京都大学の研究用原子炉建設に際しても、その立地問題で論陣を張り、「原子炉は危険なものであるという認識をもった人が操作する場合には比較的安全であるけれども、原子炉は安全であると考えている人が扱うということはたいへん危険なことである」と繰り返し主張、五七年九月、吹田市での学術討論会では、「絶対安全というようなことを言うのは非常に間違った態度」だとの武谷発言に、「（原子炉は）人間の力をもって充分に制御し得るところが（原爆とは）根本的に違う」と大阪大学助教授が反論する（『朝日新聞』二〇一一年一一月一六日）。

（11）一九五八年二月に星野芳郎と共著で刊行した『原子力と科学者』（朝日新聞社。武谷三男著作集

2、一九六八年、勁草書房、収録）の中では、武谷はウラン原子炉は「むしろ人類の原子力においては一つの経過的なもの」と考えるようになってきており、軽い原子核の融合反応、あるいは重水素の融合反応の分野での原子物理学研究の深化と生産産業技術への転化の可能性を見通すようになってきていた。

(12) 小谷氏の議論はあまりに一般的すぎる。「科学技術」自体が容易には結びつけられない。熱力学の蒸気機関工学への転化、電気科学の電気工学への転化、化学の化学工学への転化はそれぞれ複雑な関係と矛盾を内包しつつ展開していったのである。それ自体が歴史具体的に科学史・技術史として研究されなければならない。しかも加えて原子物理学の原子力工学化は従来のそれとは様相を決定的に異にする。出発当初から国家の極めて積極的なプロジェクト化と厖大な資本投下、具体的には電力・重工業諸企業の参加なしには進まず、そして国家も資本も、主体的で対等な原子物理学者たちのプロジェクト参与よりは、従順で巨大なプロジェクト機構の微小な歯車として、その全体を考えることなく、孜々として労働し続ける高級技術者集団を欲しているのである。

この国家と資本の側の、原子力エネルギーの性急で利潤をあげる産業技術化欲求の存在は、日本の原発問題を実証的に考察する場合でも不可欠の観点なのである。

科学史家の山崎正勝氏は米国国立公文書館で、五四年二月二四日付の「日本に於ける原子核及び原子力研究の施設及び研究者について」という文書を解禁文書の中から発見した（『赤旗』二〇一一年九月四日）。報告者は自由党衆議院議員と通商省工業技術院院長駒形作次の二人である。工技院は当時の科学技術に関する国家の指導機関であり、駒形は学術会議と政府委員とで組織する科学技術行政協議会においては官庁を代表して出席し、武谷などと対立して、科学技術における政府の責任なるものについて盛んに発言していた技術系高級官僚だった。この文書の中で駒形たちは、坂田と武谷を「素粒子論研究者の極左派」「最も強く保守政府の下での原子力研究に反対している」と露骨に敵意をあらわし、中立派の学者の大部分も米国に依存することを排していると述べ、原子物理学者の一覧表を作成して、「極左」「中立」「右、米国と関係深し」と注釈を付けている。

一九五四年の中曾根の通した原子力予算は、駒形が院長を務める工技院に配分を委ねられたのであり、駒形はこの金の中から、米国の原子力研究機関に原子力工学を目指す研究者を留学させるのである。当然日本での養成機関としても位置づけられた東海村の日本原子力研究所入所希望者(五七年四月に第一期生)には採用に当たり徹底的な思想調査が行われている。原研初代理事長で実業家だった安川第五郎が五七年一一月、日本原子力発電社長に移るや、第二代原研理事長に就くのが、この駒形作次なのであった。高級官僚天下りの始まりである。

(13) 国家と並び資本の側も極めて早期から原子力発電の営業・営利化の可能性を探っていた。戦後最も早くこの可能性に着目したのは橋本清之助という元貴族院議員だった。元の貴族院の仲間で戦後、日本発送電(日発)総裁となっていた小坂順造に入説し、五一年五月、日発が解体して九電力体制に移行すると、小坂は精算金を使って五三年に電力経済研究所を設立、原発の可能性を探るが、ここで橋本は常務理事となって毎週のように原発研究会を開催、原子力予算が成立した直後の五四年六月、同研究所は原子力の商業利用に関する意見書を政府に提出、五五年六月、原子力平和利用調査会に改組する。

中曾根の原子力予算は財界を奮い立たせた。五四年一二月、東芝などの有力諸企業は会長を安川電機の安川第五郎として原子力発電資料調査会を結成、更に「原子力の平和利用」を掲げて五五年二月衆議院議員に当選した読売新聞社の正力松太郎は、同年四月、経団連会長の石川一郎らを集めて原子力平和利用懇談会を発足させる。そして原子力委員会委員長となった正力は五六年二月、この三団体を合併させて、財界の強大な圧力団体、日本原子力産業会議を三月一日に発足させたのであった（茨城版『朝日新聞』二〇一一年四月一六日及び二七日）。

（14）以上が、小谷氏の議論への私の疑義の根拠である。武谷三男は次第に孤立していく中で、真の科学者としてよく闘い抜いた。そして彼の主張の正しさは、「3・11」の大惨事において、最悪の形で証明されてしまった。これが私の武谷評価である。私は「人間性なき科学」と「人格なき知識」に対し、終生屈することなく闘い続けた真の科学者、真の知識人として武谷三男を深く尊敬する。

第三章

「3・11」と大学教育

伊藤定良

はじめに

二〇一一年三月一一日に起こった東日本大震災と福島第一原発事故は、私たちに未曾有の災害をもたらした。二万人にも及ぶ人命が失われ、未だに二九万八〇〇〇人をも超える人びとが避難生活を余儀なくされている（二〇一三年六月現在）。人びとの生活や地域経済など、復旧・復興への歩みは始まったばかりである。

三月一一日以降、東日本の大学ではかつて経験したことのないような困難な問題に直面した。学生の安否や建物の被害状況など、まずは人的・物的な直接的被害の調査に追われた。余震、計画停電、交通機関の混乱、放射能の脅威等は、大学の教育と研究に計り知れない影響を及ぼした。多くの大学では卒業式や入学式の中止あるいは延期を余儀なくされ、授業開始の延期と実質的な授業期間の短縮、課外活動の自粛、外国人留学生の帰国や入学辞退などは大学教育を大いに損ね、国際交流を阻害した。研究への影響も大きく、さまざまな学会やシンポジウム、国際会議が中止された。

そうした事態に直面しながらも、各大学では即座に被災学生に対する支援体制を組み、授業料の減免など就学・修学援助を精力的に行った。被災地へのボランティア活動が学生を中心に教職員も含めて推進され、従来にも増して大学と社会との連携を作り出した。「3・11」をめぐるシンポジウムが学内外で多く開かれ、それらは従来の学問のあり方や大学教育のカリキュラムに反省を求めた。「3・11」以後は、それ以前のままでいることはできないという認識からである。こうしたさまざまな取り組みが地道な検討を経て大学教育の改善につなげられていくかどうかは、私たちの努力にかかっている。

「3・11」東日本大震災の特徴と日本社会

筆者には、東日本大震災の特徴を正面切って論じるだけの力はない。しかし、専門家の研究を参照しながらも、本章テーマを展開するのに必要と思われる諸点のみは述べておくべきだろう。

東日本大震災は、一般的に「巨大複合災害」（内橋克人、河田惠昭）あるいは「原発震災」（石橋克彦）と呼ばれている。河田惠昭は大震災を「世界で初めての、地震、津波、原子力事故という複合災害」と特徴づけ（河田 2012:1）、石橋克彦は「原発震災」を「地震によって原発の大事故と大量の放射能放出が生じて、通常の震災と放射能災害が複合・増幅し合う破局的災害」と規定している（石橋 2011:128）。また、内橋克人はこの「巨大複合災害」について社会的矛盾の解決の観点から論じている（内橋 2011:34-44）。これら三氏の言葉を引くまでもなく、それが地震や津波の自然災害に、現代に特有な原発事故が加重・連鎖した過酷事故であったことは誰しも否定できない。人命や家屋喪失に関わる直接的な一次災害、避難生活を余儀なくされる二次災害および商品流通や観光などに影響を及ぼす三次災害を引き起こすことによって、その複合的で多様な性格は顕著である。こうした広域にまたがる複合的性格こそがこの大震災のもっとも大きな特徴であり、大震災を論じるに当たってはまずこの点が抑えられねばならない。大学教育の再考も、大震災のこのような性格を捉え、これに向き合うなかで進められる必要がある。

東日本大震災・福島原発事故が、結局のところ、経済成長主義と科学技術主義、そしてナショナリズムとの複合的作用によって生じたことは明らかだろう。とりわけ原発は、これら三つの問題群の行き着いた先である。つまり、生産力を高め、生活の豊かさを限りなく追求しようとすれば、科学技術に頼ってエネルギー需要を拡大せざるを得ない。そうだとすれば、その延長に原発が据えられても何ら不思議ではない。そして注意すべきは、それが国威発揚や大国意識といったナショナリズム、軍事力と結びついていることである。原発の保有は潜在的な核保有国とも言うことができるわけで、原発には国際社会での地位を軍事面でも強めようとする狙いがあることは否定できないだろう。読売新聞の社説(二〇一一年九月七日付)は、原発推進の理由として「原発によるプルトニウムの確保が核抑止力をもたらす」ことをあからさまに述べている。しかし、原発事故はこうした原発推進の方向性の破綻をこの上なく示しているのではなかろうか。

ところで、この原発震災は現代日本社会の構造的特徴をも余すところなく見せつけた。つまり、都市と農村の分極化、地域間格差の問題である。工業化は都市化、都市への人口集中を引き起こし、過疎地・僻地を作り出して、都市と農漁村双方にさまざまな矛盾を生み出した。

言うまでもなく、こうした現象は近代社会に根を持っている。いわゆる「長い一九世紀」は、産業革命によって生産力を解き放し、科学技術の革新をもたらし、それらの推進母体としての国民国家を発展させた。それは人びとの生活を豊かにする一方で、さまざまな格差を地球大に広げる時代でもあった。

現代日本社会は、こうした時代の延長線上に位置づけられる。原発震災は、このような社会の趨勢に警告を発したことを意味していよう。

「原子力神話」の崩壊

地震と津波による東北沿岸地域の崩壊は、人間の想像力を超える自然の脅威をあらためて私たちに教えた。地域の復旧・復興は、人びとの生きる場の確保と関わって、将来社会のあり方を具体化するものであり、自然とどのように折り合っていくかという観点を不可欠にした。他方原発においては、原子力の持っている属性上、自然との折り合いを考えることはできない。その点を今は問わないにしても、「地震大国」日本の福島第一原発では、経済成長を至上とする立場から、自然の破壊力は軽視され、事前の防災対策や住民の安全保護対策はまったく不十分だった。その意味では、ここの原発事故は紛れもなく人災である。政府の事故調査・検証委員会の最終報告は、慎重に「人災」という表現を避けているが、東京電力福島原子力発電所事故調査委員会（いわゆる国会事故調）の報告書は「今回の事故は「自然災害」ではなくあきらかに「人災」である」と断定している（国会事故調 2012:5）。原発は、産業基盤のない僻地に置かれているように、地域開発の問題をあらためて私たちに問いかけているが、人災による原発事故が地域を完全に破壊し、放射能のために地域の再生を不可能にしている現実は、明々白々な事実である。

福島第一原発事故が明らかにしたのは、何よりも「原子力神話」を崩壊させたことである。「神話」を作り出してきた点では、俗に言う「原子力ムラ」（政界、官僚、財界、マスコミ、科学者の癒着）の責任は免れない。「ムラ」という呼び方はあまりにも一般的で、その本質をあいまいにしかねないが（その中身と性格については後述）、ともあれここでは、大学の教育研究に携わっている者にとっては、専門家の責任を重く受け止めねばならない。今回の事故においては、問題の解決を専門家に委ねてきたいわゆる「素人」の問題性も指摘されているが、普通の人びとは専門家の言葉によって判断することが一般的だからである。

かつて企業と大学に勤め、その後「市民科学者」として生きた高木仁三郎は、原子力の「安全・安心神話」に一貫して警鐘を鳴らし続け、「原子力神話からの解放」を人びとに訴えた。彼は、九つの点に渡って「神話」を厳しく批判している。ちなみに高木の言う神話とは、①「原子力は無限のエネルギー源」、②「原子力は石油危機を克服する」、③「原子力の平和利用」、④「原子力は安全」、⑤「原子力は安い電力を供給する」、⑥「原発は地域振興に寄与する」、⑦「原子力はクリーンなエネルギー」、⑧「核燃料はリサイクルできる」、⑨「日本の原子力技術は優秀」というものである（高木 2011）。これらの問題は、「3・11」以後も原発推進派と脱原発を唱える人びととの間で激しい争点になっているが、なかでもポイントは安全神話、つまり日本の原発では深刻な事故は絶対に起こらないという観念であろう。しかし、現実には「3・11」の過酷事故が起こったのであり、「地震大国」日本ではたして安全を確保できるのかという点、原発の危うさや核燃料廃棄物の処分の問題をめぐって「神話」の崩壊は明らかになったと言えよう。経済成長論者が強調する経済や生活レベルを維持するためのエネルギー確保の問題については、原発立地自治体の経済やそこの住民生活等にも関わって、未だに原発を擁護する声は後を絶たない。しかし、国民全体としては、さまざまな自然再生エネルギーの開発、節電・エコ技術の開発、人びとの生活のあり方の転換という方向に次第に舵が切られつつあるのではないだろうか（二〇一三年二月の朝日新聞の世論調査では、原発を「やめる」と答えた人は七割を占めた）。私たちは、「神話」はあくまでも「神話」であることを確認し、現実に目覚めなければならない。

ところで、「原子力神話」の問題については、往々にして原発の稼働・保守点検を最底辺で支えている原発労働者の問題が見逃されがちである。原発が「安全・安心・クリーン」というイメージで語られるとき、私たちは「神話」の下に隠蔽されてきた彼ら下請けあるいは孫請けの原発労働者の実態を直視する必要がある。というのも、それは人の命に直接関わって、そうしたイメージの欺瞞性を鋭く暴いているからである。原発とじかに接し、原発の「素顔」を掴もうとした堀江邦夫による報告は、私たちに原発労働の現場の実態を赤裸々に明らかにしている。例えば、堀江はマンホール内の拭き掃除の作業について、これが暗いタンクのなかでのヘドロまみれの作業、それも時々空気がストップすると言われているエア・ライン・マスクをつけての仕事であることを断ったうえで、次のように述べるのである。

「バケツを持つ手が徐々に重く感じられてきた。最初のころは、（ヘドロを）すくい上げる回数を数えていたが、疲れが増してきたため、途中で止めてしまった。タンクの底は、まだ見えてこない。呼吸が荒くなってきた。その分〝人工空気〟を余分に吸い込むことになる。しだいに頭が重くなる。のどが渇く。もう唾液もでない。気のせいか、時々意識がふっと途切れる。（作業が終わりマンホールから出たあと）マスクが外れた。その瞬間、汗が一度に吹き出すのを覚えた。下着までびっしょりだ。思わずその場にへたりこんでしまう。そして幾度となく深呼吸。ここは言うまでもなく原発内部だ。周りには放射性物質が浮遊している。深呼吸などしてしまえば、まちがいなくそれを体内に取り込んでしまう。内部被ばくだ。が、このときにはすでに「どうにでもなれ！」という気持だった」（堀江 2011:138-40）。

この文章は、底辺労働に従事する労働者の差別構造とともに、原発がこうした労働を不可欠に抱えざるを得ないことを示して、原子力の安全神話が虚構であることを訴えている。堀江の報告は一九七〇年代末のものだが、現在の状況も本質的には変わっていないと言えるだろう。しかも、今回の福島第一原発事故を収束させるためには現場で必死に働いている人びとがおり、彼ら原発労働者の被曝状況は基準以上に被曝する労働者を出すなど過酷な労働環境を示している。まさにそれは、労働者の命と健康を脅かすものになっている（大島 2011:23-25）。福島第一原発は廃炉まで数十年かかる見通しであり、今後も多くの労働者が長期にわたって高い放射線量の現場労働を余儀なくされるのである。こうした非人間的な労働は、はたして私たちに許されるのであろうか。日本の原発は、この狭い国土に五四基も存在している。これらを廃炉にするにはどれほどの年月と危険労働が必要とされるのか、私たちは想像力を働かせるべきだろう。さらに言えば、この問題では、オーストラリアやアフリカなどのウラン鉱山で働く労働者の被曝問題も、看過されてはならない。

「原子力ムラ」の性格

「原子力ムラ」とは、前述したように、原発を推進する政財官学、マスコミの癒着した世界を意味しており、その利権構造は巨大である。原子力政策を政治経済学的立場から研究している大島堅一はこれを原子力複合体と呼び（大島 2011:160）、原子力をめぐる科学技術史・科学政策史を専門とする吉岡斉は原子力共同体、「核の六面体構造」あるいは「八面体構造」と呼んでいる。吉岡は、原子力開発利用の主要アクターとして、経済産業省、電力業界、地方自治体関係者、原子力産業（メーカー）、政治家集団、アメリカ政府関係者を挙げ、さらに学者とマスメディアを加えている（吉岡 2012:89）。ここにアメリカ政府を入れているのは重要だが、経済産業省に設置され、原子力安全規制行政の実権を掌握していた原子力安全・保安院、そしてまた内閣府に属し、原子力政策の最高決定機関であった原子力安全委員会の名前も忘れるわけにはいかない。* ここでは、東京電力と専門家とのもたれ合いが著しかった。

＊ 二〇一二年九月一九日、福島第一原発事故に無力だったこれらの旧組織は解体され、「政府から独立した」原子力規制委員会と事務局の原子力規制庁が環境省の外局として発足した。

さて、国威発揚と経済成長を遂げるためのエネルギー確保を至上とする原発推進においては、とりわけ経済産業省・電力連合が「主役」の座を占めてきた（同上 :80-81）。彼らがあくまでも原子力発電に固執するのは、軍事利用と民事利用の両面にまたがる「日米原子力同盟」あるいは「日米核同盟」が存在しているからである（同上 :6）。だからこそ、原発は政財官の最重要課題に位置づけられ、そのために、研究費を与えられる学者や広告費に左右されるマスコミの一部も動員され、もしくは彼ら自身がそれに積極的に加担することになる。

日本の原子力政策が「原子力ムラ」の経済成長主義と科学技術主義、大国主義・ナショナリズムによって推進されているとすれば、人びとの生活の安全と安心を実現する観点から、現状をチェックし、問題点を探り出し、解決策を模索しようとする姿勢がまったく見られないとしても、少しも不思議ではない。科学技術について言えば、それが「完成」されることはありえず、常にリスクを伴うものであることは言うまでもない。それでも、科学技術は通常、試行錯誤を繰り返しながら改善されていく。しかし、高田純が指摘するように、原発の場合には重大事故が発生すれば人類と生態系を危険に晒すのであり、失敗は許されない（高田 2011：39）。私たちは、こうした基本的観点を再確認する必要がある。

この間あらためて感じるのは、「原子力ムラ」の人びとにおいては、社会に対する責任や人びとに安全で平和な生活を保障する責任という問題がまったくなおざりにされていることである。とりわけ重大なことに、社会的責任を負うべき研究者が利権構造の一翼を担うことによって、彼らは批判的意見に耳を貸さず、住民・国民への責任をないがしろにし、そしてまた学問の自主性と自立性をまったく損ねているのである。学問の自主性と自立性の否定は、科学者・研究者の自殺行為である。彼らは、国民からの負託に何ら応えていないと言うべきであろう。

福島第一原発事故で示されたことは、多くの人が指摘しているように、専門家という閉鎖的社会の権力的世界のありようである（例えば［内山 2011］を参照）。そこでは、外部の意見を受け付けず、異なる意見を排除する独善性と無責任体制が顕著であり、共有されるべきデータは外部には開かれない。専門家とはどういう存在で、どのような役割を担っているのか、専門知とはいったい何なのかという問題が私たちには深刻に問われている。つまり、専門家が社会的責任を果たすとはどういうことなのか、社会的貢献とは何を意味するかということである。私たちには、学問のあり方を基本に立ち返って考えることが求められているだろう。

同時に、「原子力ムラ」の原発政策を許してきた私たちも、その責任を問われなければならないように思う。原発事故は、原発政策に向き合ってきた私たちのこれまでの姿勢と決して無縁ではない。「素人の介入できない専門家」の「横暴」や「暴力性」（内山 2011:108–11）を許す社会を作り出してしまった責任を、私たち自身も負わねばならないのである。

今後の大学教育に向けて

「3・11」が私たちに広く一般的に投げかけた問題は、命に関わるものである。地震や津波のような自然災害と命といった問題はもとより、科学技術の進歩は、核や原発の問題以外にも、新たに重大な命の問題を生み出している。例えば、遺伝子工学の発展によるクローン技術の開発は、クローン羊を作り出し、クローン人間の創造という問題をも提出して、生命倫理の問題をこれまでになく深刻なものにしている。また、除草・病虫害対策や生産コストの削減・高収量のために遺伝子組換え農作物が開発されたが、ここでは食物の安全性や生態系への影響といった問題がかつてなく問われている。こうした一連の問題は、「3・11」の過酷事故で突きつけられた科学技術と命との関わりという問題と軌を一にしている。

「3・11」が提起した問題は、私たちが自然災害に直面したとき命をどのように守り、科学技術の進歩のなかで命とどう向き合うのか、そこで「社会のための学問」をどう作り上げるのかということである。大学という場では、こうした問題に対して、私たちはどのような姿勢で、どのようにして取り組んだらよいのであろうか。「3・11」が投げかけた問題はあまりにも大きく、私たちの負うべき課題は多岐にわたるが、さしあたり重要と思われる点を指摘したいと思う。

私たちにとっては、第一に、「3・11」に直面した大学がそれまでに内包してきた問題を確認する作業が必要である。「3・11」で明らかになった大学の問題点は、とりわけ原発事故で明示されたように、現状に対する批判的視点の欠如と「考えること」の停止、変動する世界と社会のなかで既存の思考の枠組みを見直し、幅広い社会的視野と人間の生き方を構想し提示する姿勢の弱さということではないだろうか。ものごとを総合的、全面的に把握する思考を養うべき大学が、この点でこれまで十分な機能を果たしてきたであろうか。

「3・11」と大学教育の問題を考えるときに、私たちは近代日本の大学のあり方、とりわけ戦後の大学教育システムを視野に置かねばならないだろう。しかし、この小論ではそこまで問題を広げることは不可能であり、また筆者の手にも余る。ただ、「3・11」と大学教育の問題に迫るためには、最低限でも一九九〇年代の「大綱化」以来の問題には触れなければならないように思う。一九八七年に設置された大学審議会は、九一年に「大学教育の改善について」を答申し、ここで大学設置基準の「大綱化」と自己点検・評価の導入を提案した。答申は、一般教育と専門教育の区分を廃止し、四年間の学部教育において両者を自由に組み合わせた一貫性あるカリキュラムを編成することを提言した。しかし、この提言は、すでに指摘されているように、大学カリキュラムの弾力化のもとに、一般教育・教養教育の解体と教養部の廃止、教養部教員の専門教育への組み込みと学部・学科の再編をもたらした（草原2008:170-80）。その結果促進されたのは、教養教育の崩壊と専門優位の姿勢、専門分野のたこつぼ化という現象である。こうした「規制緩和」の「大綱化」プロセスのなかで、一般教育は実質的に空洞化され、専門領域が細分化されるとともに、事実上学問を学ぶ意義やその現実との関わりを問う姿勢は軽視され、実務的・即効的な知識が求められた。

そうした傾向を端的に表したのが、二一世紀になって顕著になった大学の教育研究における成果主義の潮流である。それは大学への競争原理の導入であり、大学の教育研究や教育改革の活性化を促す一方で、競争的資金をめぐる動きはそれ以上に大学の教育研究に矛盾を増幅させた。例えば、「21世紀COEプログラム」や特色GP、現代GPなどのプロジェクトは、多くは三年間（ないしは五年間）で成果を上げなければならないシステムであり、基礎研究あるいは人文・社会科学系の軽視といった点は否めなかった。ここには、バランスのとれた教育研究の発展という視点が欠けていた。私たちには、この点の反省に立った、自由な研究を下支えする経常費補助金などの基盤的経費の充実がどうしても必要である。

第二に、すでに触れた大学教育の本来の目的については次のような問題もある。とりわけ私立大学においては、建学の精神に基づいてそれぞれの教育理念・目的を明らかにしている。しかし、その根底にはある共通認識が存在しているだろう。例えば、大学教育は、「3・11」に関わらせて言えば、本質的に人間の生き方に関わっており、安全で平和な生活の実現に貢献すべきものである。ここで大学に何よりも要請されているのは、社会と世界の福祉に貢献する「知の共同体」としての大学の構築であろう。ここで言う「知」は単なる知識ではない。現在の高度知識社会を理解するためにはそれ相当の知識が必要だが、「知」とは単に理解するだけでない、ものの本質を探ろうとする思考力であり、それぞれの人の生き方に関わるものの考え方であると思う。福島第一原発事故は専門の閉鎖性や専門家の独善性を明らかにしたが、そうした点を打破することが大学にはとりわけ求められている。そのためには、「科学技術の限界」や「専門家の責任と限界」という点を確認するとともに、何よりもまず教養教育の強化が必要とされるであろう。というのも、教養教育はすでに述べたような「知」の形成を目指しているからである。
大学で学ぶ学生は、科学技術の成果を単に受け入れるのではなく、それと積極的に向き合い、科学知識の水準を高めて、今ある地球・自然環境を守りながら、科学技術に対する批判的な目を育てなければならないと思う。文・理のバランスのとれた知識と思考力の基盤があってこそ、他の専門分野へのチェックも働き、専門家集団の独走に歯止めをかけることもできるのではないか。そしてまた、ここで必要とされる学問の共同性も教養教育の充実がないと実際には構築されないだろう。

このように、充実した教養教育と連動することによって、専門もそれだけいっそう高められざるを得ない。もとより、私たちが生きていくうえで、専門家や専門性が尊重されるべきことは言うまでもないのである。ただそれは、すでに述べたように、独善性を排した、社会に開かれた立場と結びついているものでなければならないだろう。「ユニバーシティ」としての大学はさまざまな専門分野を擁しており、本来的に総合的性格を持っている。そうした総合性・共同性を社会にどう役立てるかが大学には問われているのであり、「3・11」以後の事態は大学の出番を要請している。

第三に、社会に開かれ、地域と共生する大学をどう作るかが私たちの課題である。大企業中心の企業社会と一体化することの危険性、そのことによる科学者・研究者の社会的責任の放棄といったことは、福島第一原発事故が私たちに教えたところである。社会的ニーズに応え、地域と共に生きるとはどういうことなのか、私たちはここで一歩立ち止まってよく考えてみる必要があるだろう。経済成長がすべてであるのか、重点を教育や福祉、医療、介護などに置くべきではないのかということである（例えば［尾関 2012:53］を参照）。「21世紀は文化の時代である」とはよく言われる。こうしたなかで、コミュニティの中核としての大学、地域作り、文化の発信拠点としての大学の役割を、ここで私たちは今一度確認しておくべきだろう。

「3・11」は、地域の多様性あるいは地域格差といった問題も明るみに出した。地震・津波の被災地と原発事故被災地の違いは歴然としている。また、それぞれの被災地でも、多様な災害が起こっている。ここでは、被災地の災害の個性に合わせ、「人間の復興」の考え方に基づいた復旧・復興が当然追求されねばならない（岡田 2012:193-208）。大学は、このような現状をきめ細かく観察して、それぞれの地域に即した復旧・復興に手を差し伸べていく必要がある。まさに、地域との共生である。

最後に、大学教育の再生を目指すさまざまな動きや提案について簡単に触れることにしたい。大学附置の防災研究所や地震研究所などを通して防災のための教育研究を進めている大学の活動は、必ずしも十分とは言えない。しかし、「3・11」の衝撃は大学関係者にこうした状態の改善を迫った。顕著な例として、二〇一二年四月に発足した東北大学災害科学国際研究所の動きがある。それは従来の防災科学研究拠点を発展させたもので、地震学の再出発を目指す地震・噴火予知研究観測センターの協力も得て、地震予知や減災に向けた新たな取り組みを始めている。ここでは、理系と文系の学問領域を結集し、日本のみならず海外の研究者をも糾合しようとしている（『日本経済新聞』二〇一二年六月二一日）。こうした地震研究では、歴史学と津波工学の連携した古文書分析とともに、過去の地震関連史料の収集とそのデータベース化による保存が大きな位置を占めており、歴史学の役割が欠かせない（同上二〇一三年七月一八日）。また、同研究所は先般、宮城県多賀城市と減災対策で連携する協定を結んだ。両者は震災の経験を伝承する「地震・津波ミュージアム」の誘致でも協力し、東北大学が小学校などで防災教育を行なうが（同上二〇一三年二月二一日）、こうしたことは学問のあり方や地域社会と大学との関係を自ら問い直す試みでもある。

福島原発事故については、原発災害に対する大学側の支援の取り組みが始まっていることも指摘されねばならない。例えば、福島大学と東京大学に原発災害支援フォーラムが自主的に形成され、両者の協力によって地域住民・被災住民のための活動の第一歩が記された。大学の正式の組織としては、早くも二〇一一年七月には福島大学で、うつくしまふくしま未来支援センターが立ち上がっている。これらのフォーラムやセンターは、大学のなかから学術の社会的責任を問い、原発なき福島へ向けての貴重な教育研究活動に他ならない。注目すべきことにセンターは、現地フィールドにおける被災住民や避難住民とともに調査・研究するという立場から、自治体や教育機関などの地域社会と連携して復旧・復興を支援することを目的とし、脱原発への貢献を意図して、災害復興支援学の構築を目指し（福島大学・東京大学原発災害支援フォーラム 2013）、現在それは開講されている。同時に、このセンターでも、原発周辺区域にある歴史資料をどう保護するかが当面の課題となっている。まさに、地域の復興をどのように進めるのかを議論する上で、地域の歴史が意識されているのである（『日本経済新聞』二〇一三年七月一八日）。

ところで、大学教育で一番遅れているのは防災教育ではなかろうか。災害をすべて防ぐことは難しいにしても、災害に関する科学知識の水準を一段と高めてこそ天災の予防も可能となることは、すでに八〇年ほど前に寺田寅彦が口を極めて強調している（寺田 2011:143）。危機管理と関連して社会や人間の安全問題を扱う学部や学科が出てきているとはいえ、本格的な「防災学」をカリキュラム化している大学はどれほどあるだろうか。また、セカンダリー教育に比べて大学教育で著しく立ち遅れているのが、防災・避難訓練の実践教育である。学生・教職員合わせて規模が大きいだけに、それだけいっそうこの点の強化が必要である。

大学教育の点では、前述した災害復興支援学とともに、復興大学構想が非常に興味深い。これは二〇一一年の夏頃にはすでに私立大学のシンポジウムで提起されていたが[*]、同年の一二月にはスタートし、着実な活動を展開している。沢田康次東北工業大学学長が事業代表を務める復興大学は、宮城県内の二一の国公私立大学および短期大学などが作る「学都仙台コンソーシアム」が企画したもので、大学の持っている知見や技術を東日本大震災の復旧・復興に生かすことによって、復興を支える人材を学生や市民の間から育て、また地域と企業をつなぐ役割を果たすことを目指している。復興大学の四事業は、各大学の協力のもとに、「復興人材育成教育コース」「地域復興支援ワンストップサービス」「教育復興支援」「災害ボランティアステーション」から構成されている(『日本経済新聞』二〇一二年九月一七日)。こうした四事業の試みは、人びとの生きる場の検証と新たな地域作りのための諸学問の共同と総合を意味しているのではないか。「社会のための学問」は、長期的な視野に立つならば、何も社会と直結させる必要はなく、さまざまなアプローチを可能にしている。ここでは、まずは被災地の再生に向けて、「社会のための学問」がまさに一つの事例として実践されていると言えよう。学生たちも新しい形の「学び」に向き合い、自らの視野をいっそう広げているように思う。

＊　日本私立大学団体連合会・日本私立短期大学協会主催シンポジウム「東日本大震災を超えて――大学のなすべきこと、できること」、日時・八月二日、会場・東北学院大学。

また、「3・11」の経験を通し、ナショナル・ヒストリーを超えた人類史や災害史の強化が提起され、アーカイブズ文化の構築が叫ばれていることも注目に値する。後者の問題について言えば、周知のように、二〇一二年一月二七日政府は、東日本大震災関連の一五組織のうち、原子力災害対策本部（本部長・首相）など一〇会議で議事録を作成していなかったことを公表した。二〇一一年四月に施行された公文書管理法の第四条は、「行政機関の職員は意思決定に至る過程並びに事務及び事業の実績を検証することができるよう、軽微な事案を除き、文書を作成しなければならない」と定めており、こうした議事録未作成は法律違反以外の何ものでもなく、政府の事故対応の検証を不可能にするものだと、政府批判が相次いだ。今回の出来事は、日本においては、人間のさまざまな営みに関わる重要な記録を作成・保存し、それらの公開と検証によって社会を維持・発展させようとする文化が未だに根付いていないことを図らずも明らかにした。何よりも大事なのは、とにかく出来事を記録し、映像も含め資料を保存することである。意思決定に関わる一次情報や「3・11」関連資料の保存と公開は、大震災の現場を検証し、問題点を解明して、悲惨な災害を蒙った多くの人びとの経験を将来社会の建設に生かすためにも、世界に対する私たちの義務である。民間や東電の調査報告書はもとより、国会事故調や政府事故調の最終報告書も、この点で十分とは言えないだろう。関係者や目撃者の証言を含めて、報告書の内容をより充実させることが私たちの今後の課題となろう。

歴史関係について付言すると、そこでは、一九九五年の阪神・淡路大震災の経験が踏まえられている。奥村弘によれば、歴史研究者は阪神・淡路大震災時の活動のなかで地域の記憶を「次世代に引き継いでいくことこそ歴史資料保全活動の目的であることを明確にして、被災した歴史資料の保全を図」り、保存活動を継続している。このような歴史資料は地域に生きる人びとにとっては重要な意味を持つものであり、奥村はそれを「地域歴史遺産（地域文化遺産）」と呼んでいる（奥村 2012:183-84）。ここで大事なのは、歴史資料の保存が被災住民の生活再建の一部として位置づけられていることである。過去の人びとの営みを明らかにすることは歴史研究者の仕事ではあるが、歴史資料の保全は彼ら個人の研究のためにあるのではない。地域社会のなかで歴史文化を伝えていくことによって、地域社会・地域生活の再生が図られていくことが重要なのである。このように考えるならば、歴史家の果たすべき役割は非常に大きいと言うべきであろう。

石橋克彦は、地震大国日本の現実を踏まえて、「地震と共存できるような生き方を文化にまで高めた社会」の構築を訴え、「地震と共存できる文化」は環境問題や原子力問題、破滅型の経済活動の問題、自然と人間の関わり方全般にも直結しているとして、こうした文化に寄与すべき科学者たちの批判的姿勢の欠如を鋭く突いている（石橋 2012:199-200）。私たちは、あらためて、「社会のための学問」のあり方や学びの意味、大学教育のあり方を問い直さねばならない。

被災者・被災地とともに

この小論の結びとして、被災者・被災地と私たちとの関わりの問題を取り上げたいと思う。各種報道で明らかなように、これまで、大学のみならずボランティア団体、企業、地方自治体などがさまざまな形で被災地を支援し、長期にわたるその復旧・復興へ踏み出すのに力を尽くしている。全世界からの支援活動も目覚ましかった。ここでは、筆者の勤めていた青山学院大学の二〇一一年夏季ボランティア活動のささやかな経験を紹介することにより、「3・11」と大学教育の問題をあらためて地域との関わりの中で考え、学生のボランティア活動の意味を問い直してみたいと思う。

当時、筆者はたまたま学長の任を負っており、厳しい現実から突きつけられた問題に対処しなければならない立場にあった。その一つに、大震災・原発事故によって被災した学生の安否確認、被災状況の調査、被災学生・被災地支援という問題があった。私たちの大学でも、三月一一日の週明けから多くの学生がボランティアの声を上げた。被災者・被災地支援のための街頭募金、現地での支援活動など、彼らの行動は素早かった。地震の恐怖を実際に肌で感じ、大津波による惨状をテレビで目の当たりにした彼らにとっては、居ても立ってもいられなかったであろう。後で分かったことだが、大学の支援活動とは別に、多くの青学生が被災地の現場でボランティアをしていたようだ。

大学執行部では、地震数日後の三月一五日に、学生や教職員の要望を受け止め、「大学が被災地に対して具体的にどのような支援を行うことができるか、またそれは現実的に対応が可能かどうか検討し、その方向性を検討するために」、さしあたり青山学院大学緊急支援対策委員会と称する組織を発足させた。委員会は学長を委員長とし、ボランティア活動の経験豊かな教員や大学執行部、職員から構成された。ここでは、委員会の任務として、支援内容の検討と企画・立案、ボランティア活動支援およびその募金活動、学生からのボランティア要求の組織化など大まかな点を決めるとともに、長年にわたって友好関係にある東北学院大学との連携・支援、NGO団体との協力を図り、学生ボランティアの派遣に際しては十分な事前準備を行うことを確認した。

このような方針のもとに、私たちは東北学院大学支援ですぐに動き始めた。三月下旬には教員二名を派遣し、先遣支援として灯油・水・クラッカーなどの救援物資を提供した。同時に、東北学院大学および被災地域の現場視察によって被災状況・復興支援に関する情報を収集した。四月初めに東北学院大学向けの必要物資（水二トン、米三〇〇キロ、カップ麺八〇〇食）とベネッセ・コーポレーションからの子供用品（下着やおもちゃ）、福音館書店からの絵本などを運び、多賀城市内の児童館に東北学院大学生、青学生たちと配布した。この支援活動には教員一名、職員一名、学生五名が当たったが、ここで東北学院大学災害ボランティアセンターとの協力体制を確立し、学生ボランティア・ステーションの実際の活動に触れたことは、その後の私たちに大きな影響を与えた。

学生のボランティア活動による支援については、四月下旬ごろから学生スタッフを募集するなかで、四月二七日には外部から専門家を招き、「災害支援ボランティア活動とメンタルケア」と題して、ボランティア活動のためのセミナーを開いた。これは、災害被害者が大きな精神的外傷やストレス障碍を負うことがあるように、災害支援活動に従事するボランティアもまたさまざまな意味で精神的不安や刺激を受けることを考えてのことであった。遅い時間帯にもかかわらず一四〇名ほどの学生たちが参加し、彼ら自身の自己管理やメンタルケアの重要性、精神的外傷を受けた被災者と関わる際の留意点などの講義を受けた後、活発な質疑応答がなされた。はっきりしたのは、彼らにおけるボランティア活動への関心の高さである。

東北学院大学ボランティア・ステーションとの連携のもとに、青山学院大学ボランティア・ステーションが正式に発足したのは、五月二二日である。学生スタッフとしておよそ五〇名が集まり、ボランティア登録をした学生は九〇〇名を超えた。私たちは大規模災害等の被災地に対する緊急支援等に関する内規とボランティア・ステーション運営要綱を定め、青山キャンパスおよび相模原キャンパスにステーションを開設して、活動を長期的に保障するための体制を整備した。ボランティア・ステーションは大規模災害被災地緊急支援対策委員会のもとにボランティア活動全般を統括したが、実際には教職員から成る対策委員・実務委員と連携しながら活動する学生スタッフの役割が非常に大きかった。学生スタッフは、学生本部のもとに、プロジェクト企画課、広報課、ヒューマン・リソース課、ボランティア派遣情報課、オブザーバー（大学院生）の各部署を構成し、ステーションの実質的・自主的運営に携わった。

ここで指摘しておきたいのは、ボランティア・ステーションが「社会に奉仕したいという思いを持つ学生に対し、社会のニーズに合ったボランティアを提供し、私たちを含め青学生が「地の塩、世の光」となり、助け合って生きる世界を目指」すことをミッションとし、「将来起こりうる災害や問題を想定し、ボランティア・コーディネートできる人材になり」、「社会で起きている問題に対し主体的に向き合い、行動できる学生を育成」するとともに、「社会において、人と人、地域と地域、意思と意志をつなぐ架け橋」となることを目標に掲げていることである。私たちは、社会的な問題と正面から向き合い、大学がその所在地の自治体のみならずさまざまな問題に当面しているコミュニティと連携し、学生たちが社会に貢献するにはどうすべきかを考えようとしていた。

五月下旬ごろから、学生の夏季休暇期間中の被災地支援・学習支援の具体的な形態を検討し始めた。現地での綿密なニーズ調査、宿泊や交通のアクセスなどの諸条件を踏まえて、六月上旬には支援活動の四本柱が固まった。第一に商店街復興ボランティア、第二に教育ボランティア、第三に遊びボランティア、最後に足湯ボランティアである。六月九日のボランティア説明会には六〇〇人もの学生が参加し、そこでそれぞれのプログラムの内容や一クール七泊八日など活動の概要を説明した後、ボランティアの参加募集を呼びかけた。これに応じた実際の登録者は七〇〇人を超えた。七月一一日には大学主催の被災地ボランティア派遣式が学生および教職員の参加をもって開かれ、一一日と一三日の事前研修を経て、学生たちは教職員とともに被災地の現場に入った。

私たちの各ボランティアの活動状況は次の通りである。

① 石巻　商店街復興ボランティア（宮城県石巻市）
七月二三日～九月四日、教職員および学生（一週間交代で六週、それぞれ約二五名の学生）。

被災した石巻市ことぶき商店街の道路補修作業（ブロックの掘り起こしと洗浄）。商店街復興のモデルプランとして自立支援をサポート。

② 多賀城　児童学習ボランティア（宮城県多賀城市）
七月二三日～八月二〇日、教職員および学生（一週間交代で四週、それぞれ約二〇名の学生）。

市内の児童館での指導員補助。留守家庭児童学級における遊びサポート・学習補助・安全管理。

③ 気仙沼　生徒学習ボランティア（宮城県気仙沼市）
八月一日～八月七日、学生（八名）。

中学一～三年生を対象とした夏休み勉強会・個別学習支援（教科・・英語・数学・理科。教材はベネッセのものを大学側が準備）。

④ 大船渡　被災地復興ボランティア（岩手県大船渡市）

七月一三日～九月一四日、教職員および学生（一週間交代・二週間交代で九週、それぞれ約一〇名の学生）。

夏休み子ども会・夏休み勉強会の企画・運営。大船渡市災害ボランティアセンターと共同し、自立支援・コミュニティ形成のサポートを目的とした各種活動の実施。
⑤　山元町　炊き出しボランティア（宮城県亘理郡山元町）
七月一六日～七月三一日、学生（一週間交代で二週、それぞれ四名）。

被災地食堂で一日三食の炊き出し、その他に仮設住宅生活支援。
⑥　山元町　足湯マッサージボランティア（宮城県亘理郡山元町）
八月七日～九月三日、学生（一週間交代で四週、それぞれ約五名）。

仮設住宅における被災者への足湯マッサージ。

その他に、私たちは新燃岳被災地ボランティアとして、七月二六日から八月六日の期間、学生五名を宮崎県新燃岳周辺高原町に派遣している。これは春休みに派遣したボランティア活動の継続であり、彼らは足湯マッサージ、灰の回収、農家手伝い、野菜の東北被災地への配送などに携わった。また、石巻復興支援プロジェクトとして、ことぶき商店街に入る前の一週間、私たちは魚町にあるかつおぶし倉庫の清掃活動および缶詰の仕分け作業（使えるものと使えないものとの仕分け）を行なっている。

以上の活動のうち、①～③は大学ボランティア・ステーションの自主企画であり、④～⑥は外部団体ボランティアとの連携である。総勢四〇〇名にも上る学生・教職員が参加し、多くのことを学んだが、彼らの活動を支えたのは現地での受け入れスタッフ・住民や東北学院大学関係者はもとより、大学食堂スタッフの存在、また多くの人びとによるボランティア支援募金や大学後援会などからの補助であった。なかでも、ことぶき商店街復旧・復興支援はＮＧＯのジャパン・プラットホーム「共に生きる」ファンドの助成金を受けて行われたのであり、こうした団体の協力と支援がなければ私たちの活動も進められなかった。

学生たちの眼前に突きつけられたのは、かつて経験したことのない現実である。テレビや新聞で目にし、インターネットで知っていたとはいえ、彼らが目の当たりにした光景や人びとの生活はテレビの映像などとも異なるものだった。ある学生は、メディアからの情報との違いについてこう語っている。「それは臭いや被災者との対話、現地で感じる自分の感情と出会い」、あるいは「視覚だけでは伝わらない人びとの思い」であると。自らの五感に訴えてくる圧倒的な現実、実際に聞く巨大な地震と津波の破壊力とそれのもたらした惨状は、彼らの言葉を失わせた。彼らが現場に入る前に連れて行かれた石巻の大川小学校の廃墟は、とりわけそうだったろう。しかし、だからこそ、彼らは否定できない現実に直面して、この現実を忘れずに記憶にとどめ、生産の再開や地域復興に取り組む人びとの姿を周りに伝えることを自分たちの使命であると感じ、これから生きていくなかで自分たちが何をすべきか、社会的課題は何かを考えようとしていくのである（以下、学生ボランティアについては『青山学院大学ボランティア・ステーション　二〇一一年報告書』を参照）。

学生たちは、窮状にある人びとを見聞きし、素直に「人びとの役に立ちたい」と思い、「自分にできることは何か」と自問しながら被災地に向かっている。一部の学生はボランティアが「偽善活動ではないか」とある種のためらいを感じながら、とりあえず被災地に入った。大震災で破壊された街並みを取り戻すために、路上のブロックの撤去、ヘドロにまみれたブロックの洗浄が嵐のなかでも続けられ、元の清潔な商店街が甦った。学生たちは、商店街の人びとの感謝の涙を見て、あらためて自分たちの仕事の意味を自覚した。それは、ボランティア・ステーションの目標に掲げているように、青学・日本や世界を笑顔にしたいという、つまりは「東北の人たちを笑顔にしたい」という学生たちの心からの願いが叶えられたことをも意味していた。

また、学習や遊びを通して子どもたちと接した学生たちは、子どもたちの意外な「明るさ」と複雑な心理に戸惑いながらも、子どもたちとの交流を重ねた。こうしたなかで、「目に見えない被災者の心のケア」にもっと目を向けるべきことを肌で感じている。「もう帰るの？　明日も来るよね。何時に来る？」――これはある子どもの印象的な言葉である。最初は寒色系が使われた子どもたちの絵が、一月経って暖色系が多く使われ出したのには、学生たちとの触れ合いの影響を考えることができるだろう。彼らの果たした役割は大きかった。大船渡の場合では、仮設住宅のベンチ作りが住民同士のコミュニケーション形成に役立ったことは間違いない。ベンチを通して、人と人とのつながりが広がっていくのである。

学生たちは、こうしたボランティア活動を通して、確かに地域貢献をしている。しかも彼らは、現地のニーズにそのまま応えるだけでは本当の支援にはならず、現地の人びとの傍に寄り添いながら復旧・復興を背中からそっと後押しし、生活自立のための手伝いであることを学んでいる。しかし、それ以上に学生たちにとって大きかったのは、彼らが被災地・被災地の人びとから限りなく多くのものを学んだということである。大震災の凄まじさに声も出なかった学生たちは、一様に「自分たちこそ勇気づけられた。元気をもらった」と語っているが、それは、被災地の人びとの生きる姿に接して学生たちが人の生き方を学んだからである。「ふざけんな津波！」ぐらいの気持で立ち向かっていかないとと言って、前向きに新しい生活を見据えようとしている石巻の六〇代前半の夫婦、気仙沼で「復興屋台村」などによって新たな地域興こしを目指している人びと、あるいは何気ない言葉に心の傷や複雑な心の内を垣間見せながらも元気に生きようとしている子どもたち、そうした人びとから学生たちが逃れられない現実に正面から向き合い、ごまかさずに生きようとしている姿を学んだことは大きい。被災地には、大学のキャンパスでは経験できない貴重な「出会い」があった。ここでは、学生たちが一方的に与えるのではなく、彼ら自身が地域の現実から学び、将来を見据えることで成長するというお互いの関係性が生まれていた。人は、相手との関係のなかで人間形成を果たしていくのであり、そのことを明確に自覚させたのも、ボランティア活動だったのである。

さらに、その点と関連して、ボランティア活動を続けるなかで、学生たちは自分たちの仲間を見直し、各自のいろいろな面を発見し合っている。彼らは、最初にオリエンテーションを受けた後、それぞれの持ち場でグループ討議と全体ミーティングを毎日重ね、その日の問題点を皆で検討し、次の日の課題を明らかにして、活動の改善に取り組んだ。これは取りも直さず彼らの成長のプロセスでもあったが、彼ら同士の話し合いでは、生きることに関わってお互いの悩みも取り上げられ、仲間の連帯意識も強められている。それは自分たちの友人、意欲ある青学生への信頼であった。

「3・11」に直面するなかで、自然の猛威によって跡形もなくなった人びとの生活の現場に立って、学生たちが人の命の重さを学び、生きる意味を自らに問い始めたことの意味は大きい。彼らは、自ら立ち上げたボランティア活動によって、街の景観を復旧させ、人びとが生きる場を甦らせ、あるいは子どもたちと交流して彼らの気持を開き、こうした活動の意義を自分に問い返した。また彼らは、ボランティア活動のなかで地域の人びととのつながりを実感し、あるいは人と交流・協力して仕事を積み上げていくという貴重な経験を重ねた。ここで彼らは、自分たちがこれまでとは異なる多くのことを学び、「生かされている」ことを自覚してきている。同時に、石巻の商店街のある人たちは、学生が汗にまみれて懸命に作業している姿を見て、「大事なのは生きること。生きていこう」と決意を新たにしても いる。「3・11」は、学生たちと被災地・被災地の人びととの真摯な関わり合いのなかで、未来社会に向けての「教育」を学生たちに施したのである。

参考文献一覧

『青山学院大学ボランティア・ステーション　二〇一一年報告書』（青山学院大学公式サイト「ボランティア・ステーション」にも掲載）。
石橋克彦 2011：「まさに「原発震災」だ」、『世界』二〇一一年五月号。
石橋克彦 2012：『原発震災――警鐘の軌跡』七つ森書館。
内橋克人 2011：「巨大複合災害に思う」、『世界』二〇一一年五月号。
内山　節 2011：『文明の災禍』新潮新書。
大島堅一 2011：『原発のコスト――エネルギー転換への視点』岩波新書。
岡田知弘 2012：「東日本大震災からの復興をめぐる二つの道――「惨事便乗型復興」か「人間の復興」か」、歴史学研究会編『震災・核災害の時代と歴史学』青木書店。
奥村　弘 2012：「東日本大震災と歴史学――歴史研究者として何ができるのか」、歴史学研究会編『震災・核災害の時代と歴史学』青木書店。

尾関周二 2012：「脱原発、持続可能社会と文明の転換」、『季論21』第一五号。
河田惠昭 2012：「序章　巨大複合災害としての東日本大震災」、関西大学社会安全学部編『検証　東日本大震災』ミネルヴァ書房。
草原克豪 2008：『日本の大学制度――歴史と展望』弘文堂。
高木仁三郎 2011：『原子力神話からの解放――日本を滅ぼす九つの呪縛』講談社＋α文庫（元は光文社カッパ・ブックス、二〇〇〇）。
高田　純 2011：「ポスト三・一一の文明と思想の課題」、『季論21』第一四号。
寺田寅彦 2011：『天災と国防』講談社学術文庫。
東京電力福島原子力発電所事故調査委員会 2012：『調査報告書［ダイジェスト版］』。
福島大学原発災害支援フォーラム［FGF］・東京大学原発災害支援フォーラム［TGF］ 2013：『原発災害とアカデミズム――福島大・東大からの問いかけと行動』合同出版。
堀江邦夫 2011：『原発労働記』講談社文庫（元は『原発ジプシー』現代書館、一九七九。講談社文庫、一九八四）。
吉岡　斉 2012：『脱原子力国家への道』［叢書　震災と社会］岩波書店。

コラム①

オーストリアの「世界で最も安全な原発」

増谷英樹

ドイツの隣国オーストリアにおいては、「世界で最も安全な原発」と呼ばれている原子力発電所がある。それはオーストリアの下オーストリアのドナウ川に沿った小さな町ツヴェンテンドルフにある原発であり、なぜ安全かというと、この原発は一九七六年に完成後一度も使われたことがなく、今後も使われる可能性がないからである。何故か？　その経過を簡単に述べると、一九七一年当時政権の座にあった社会民主党の首相ブルノー・クライスキーは、オーストリアの将来のエネルギー計画として原発を建設することを決定し、翌年の四月にはツヴェンテンドルフの建設工事を開始し、七六年には、さらに二つの原発の建設が計画された。

しかし一九七八年一一月五日に行なわれた、原発の稼働をめぐる国民投票は、五〇・四七％の反対という僅差で、その稼働を拒否してしまった。この国民投票は、もし稼働が拒否されたら首相を辞めるという発言を巡って、クライスキーの信任投票の様相を見せていた。クライスキーの敵対者、国民党のヨーゼフ・タウスはこの国民投票をクライスキー追い落としのチャンスと見て、右翼政党を含めて反対者を結集し、運動を展開した結果であった。国民投票で敗北したにもかかわらず引退しなかったクライスキーは、七八年一二月に「核閉鎖法」を制定し、オーストリアでは将来に渡り国民投票なしでは原発を造らないことを決議したのである。

一九七九年のアメリカのスリーマイル島原発事故がその正当性の追い風となり、八六年のチェルノブイリの原発事故の経験は、オーストリアの運動をさらに押し進めることとなった。

一九九七年、「原子力のないオーストリア Atomfreies

Österreich」を求める国民運動が、極右政党として知られるハイダー率いる自由党九人の議員によって(!)始められ、それは国民の四・三四%に当たる二四万八七八七の署名を集めて国会に提出された。その結果一九九九年に議会は「全員一致」でこの提案を採択し、それはオーストリアの憲法の一文に付け加えられることとなった。国民運動の要求文はそのまま憲法に採用されたが、それは以下の五点のように表現されている。

① オーストリアにおいてはいかなる核兵器も設置されたり、保有されてはならないし、テストされたり輸送されてはならない。
② 原子力発電は建設されてはならないし、既に建設されたもの(ツヴェンテンドルフ原発を意味する)も稼働されてはならない。
③ 核分裂原料の移送や保持は禁止される。エネルギー獲得のための場合を除く平和的利用のための原料は例外とする。
④ オーストリアにおいて核事故を原因として起こった損害は適切な補償がなされること、その損害補償は外国の損害に対しても行なうる。その請求は一九九九年の核補償法によって補償される。
⑤ この法の実行の責任は、その都度の連邦政府にある。

このようにして、オーストリアにおいては原発の稼働が国民投票によって否定され、そしてその建設、稼働が憲法において禁止された、恐らく世界で最初(?)の国となったのである。そして、ツヴェンテンドルフの原発は憲法においてもその稼働が禁止されて、まさに「世界で最も安全な原発」となったのである。その過程には、多少の紆余曲折はあったが、基本的には、国民の意志の問題であると言えるだろう。

われわれ日本国民が「3・11」後に、まずなすべきだったことは、こうした行動であったのではないだろうか。

コラム②

「人形峠」探訪記――二〇一三年八月七日

富永智津子

　福島第一原発事故以来、原発の燃料となるウランについてのインターネット情報が急増した。日本にも輸出されているオーストラリアやアフリカなどのウラン鉱山で、労働者の健康被害や環境汚染が引き起こされているという情報である。ドキュメンタリー映画「イエロー・ケーキ：クリーンなエネルギーという嘘」（ドイツ、二〇一〇年）も日本に上陸し、これまで秘密のヴェールで隠されていた旧東独における巨大なウラン鉱山開発の歴史が暴露され、話題となった。以来、一度ウラン鉱山の現場を見てみたいと思っていた私は、海外が無理ならば、かつて日本ではじめてウラン鉱床の露頭が発見された人形峠採掘跡地に行ってみようと思い立った。二〇一三年春先のことである。

　準備作業の中で、現在、その跡地には日本原子力研究開発機構（独立行政法人）が「人形峠環境技術センター」なる施設を運営し、採掘後の残土や汚泥の処理・管理とともに原子力開発の普及・啓発をおこなっていること、そして、ウラン探鉱活動によって生じた残土を使用した「人形峠製レンガ」を大量に生産し販売していたことを知った。いずれの活動にも専門家を含め、地域住民からの批判がある。小出裕章氏（京都大学原子炉研究所）の批判を「最左翼」とすれば、歴代政権肝煎りのこのセンターは「最右翼」に位置する。以下は、こうした情報を手掛かりにして行った人形峠探訪記である。

人形峠環境技術センターとオオサンショウウオ

　人形峠は岡山県と鳥取県の県境にある。ウィキペディアによれば、そう命名されたのは一九五五年にウラン鉱床が見つかってからであり、それまでは「打《うち》札《ふだ》」と呼ばれていたという。同行者は本研究会のメンバーである木畑洋一さんのほか、木畑和子さん（ドイツ史）とナミビアのウラン鉱山を訪れたことのある永原陽子さん（アフリカ史）。一人では心もとないとの私の不安に応えて、岡山に実家がある木畑さんが同行を申し出てくれたのだ。センターの見学には事前の申し込みが必要。約束の時間は午後一時。

岡山駅からレンタカーで約二時間半、幹線道路をそれて山道に入り、一〇分ほど登った地点に目指すセンターはあった。標高七〇〇メートル。敷地面積約一二〇万平方メートル（東京ドームの約二六個分に相当）。下界は三五度の猛暑だが、ここは二九度。予定より一時間早い到着を電話で知らせると、少し待つようにとの指示があった。当初、人形峠には採掘した残土が野積みにされているだけだと勝手に想像していた私たちは、大きな鉄製の門扉や事務所、あるいは見学者用のアトムサイエンス館などを目前に少々戸惑っていた。センターの入り口には写真撮影禁止と書かれた立看があり、どんな展開になるか見当がつかず、少々緊張する。一体ここには何があるのか……。今、どういう活動をしているのか。

やがて作業服姿の中年の男性が現れた。センターの前庭の水槽に飼われている二匹のオオサンショウウオを眺めていた私たちに彼は「この子たちはですね、も

センターの入り口に立つ！

う四〇年以上もここで暮らしてるんですよ」という。一メートル以上の体躯のちょっとグロテスクなこの生き物を、彼は愛情を込めて「この子たち」と呼ぶ。この地で一緒に生き抜いてきた家族か戦友のような存在なのだろうか。

渡された名刺によればこの男性の名前は白水久夫氏。センターの総務課長代理という肩書きだが、あとでこのセンターのウラン濃縮事業などに長年携わってきた技術者だということがわかった。

放射線・放射能は自然界に偏在する！

白水氏の案内で、人形峠展示館に入る。入口の立看には「平成二四年三月三一日をもって展示施設としての運営を停止いたしました」とある。福島事故のあと、民主党政権による事業仕分けで閉鎖を命じられたのだという。

館内にはいると、展示ホールに続いて大講義室があり、私たちはまず講義室で放射線についての説明を受けた。たまたま先客があり、机の上にはα線、β線、γ線をはかる計測器と、花崗岩やレンガや昆布などが並べられている。

白水氏は、α線は紙で、β線はアルミで、γ線は鉛で遮蔽されること、放射性物質は自然界にも多く、とくに海藻にはカリウムに微量に含まれている放射性物質カリウム四〇が計測器に反応することなどを実験して見せてくれる。たしかに昆布の束にβ線を測る計測器を近づけると、ピーピーという音とともに針がどんどん高い数値に振れていく。人間の身体には、このカリウム四〇が約四〇〇〇ベクレルも常に蓄積されているのだという。トリウム（ウランと同じく原発の燃料として期待されている物質）が含まれている耐火レンガやかつての高級カメラのレンズでは計測器の針が振りきれた。ウランガラス（近くに「妖精の森ガラス美術館」があり、現在、日本で唯一そこの工房で作られて市販されている）や花崗岩も少量の放射線を出している。「宇宙からも頻繁に放射線が降ってきているのですよ」と白水氏はこの施設に常設置されている計測器から聞こえてくる「ピーピー」という音に私たちの注意を促した。ここで私たちの目をひいたのが、机上に並べられていた「DOLL STONE」である。「人形峠製レンガ」の販売を知って驚いていた私たちだが、今度は新手が登場しているのだ。

「人形峠製レンガ」と「DOLL STONE」

「人形峠製レンガ」については、ここを訪問する前に調査をしていた。人形峠環境技術センターのウェブサイトには「このレンガは、平成一八年の文部科学大臣、鳥取県知事、三朝《みささ》町長、原子力機構理事長の合意に基づき、鳥取県湯《ゆ》梨《り》浜町《はまちょう》方面《かたも》のウラン探鉱活動により生じた岩石、採掘土をつかって、三朝町に建設した人形峠レンガ加工場において製造したものです。製造されたレンガは、一般に使用するに当たり、放射線上及び性能上特に留意すべきことはないことから、一般の方々にも利用していただきたいと平成二一年より頒布をおこなってきたものです。製造した一四五万個のレンガは、約五二万個を原子力機構の拠点と関係機関で使用し、約九三万個を一般頒布いたしました」とあり、放射線データも公表されている。それによると、レンガの表面の放射線量は平均〇・二二マイクロシーベルト／時。この数値は花崗岩と同じで危険はないというが、要するに、廃棄処分のできない採掘土のうち、比較的低線量の採掘土の処理方法だったのだ。

どんなところにレンガが使用されているのか。調べてみると、なんと参議院議長邸の庭園、文科省や東京工業大学の玄関内や入り口の花壇などに使用されているという。しかも「人形峠製レンガ」との記念プレートが付されている花壇の前で、関係者が記念撮影している写真までウェブサイトに紹介されている。ということは、当事者はレンガ製造が名案だと誇りに思っていたということだろう。このことを知った私が測定器を片手に、現場を訪れたことはいうまでもない。行き先は東京工業大学。設置されていたのは、大学付属の原子炉工学研究所の入り口脇の花壇。さっそく測定器を当ててみる。〇・三六マイクロシーベルト／時、……何ヵ所か計ってみたが、すべて同じ〇・三六を計測した。レンガの線量は謳い文句の〇・二二より高い。測定器が正しく機能しているかどうかに自信がなかった私は、このセンターでそれを実際に確認したことをいそぎここに付け加えておきたい。

さて、新手の「DOLL STONE」とは何か。縦横一五センチ、厚さ一センチのややピンクがかった素焼きの板の中央にこの文字が彫られている。白水氏によれば、この板からは「ホルミシス効果」があるといわれているラドンが出ているのだという。後日、日本原子力研究開発機構の監督のもと、人形峠で採取された土壌からつくられたまさにこれと同じ板がネット販売されていることを確認した。この板を敷き詰めた温熱ルーム（船橋店）は、万病に効果ありとの宣伝もされている。「今、福島第一原発災害で、これほど原子力に注目、関心が集まっていることはかつてありません。だからこそ今、自然放射能のラドンについて正しい理解をして頂きたいのです」との添え書きもあった。

坑道見学

次に、ヘルメットと放射線測定器を渡され、マイクロバスで廃坑になった坑道に案内された。見せられた資料によると、人形峠には六ヵ所の採掘鉱があった。それぞれに何本かの坑道が掘られている。私たちが案内されたのは「夜次」の南二号坑である。

バスを降りて坑道の入り口に近づく。測定器が次第に反応し始める。坑道といっても地下に降りるわけではない。ほぼ歩道と同じ地続きである。坑道の上がこんもりとした小山になっている点だけが異なる。幅三メートル、高さ一七〇センチ、奥行き四〇メートルほどの坑道である。時々、天井から水滴が襟元に落下する。坑道はいくつかに枝分かれしており、私たちが入ったのは、二〇〇メートルほどあった坑道の一部だ。少し進むと、ウラン鉱床がむき出しになっている壁があり、白水氏が電気を消して紫外線を当てると、壁一面が不気味に緑色の光を放った。微量のウランを混入して作られるウランガラスの放つ色と同じだ。測定器をみると一〇マイクロシーベルト／時を超えている。労働者は、こんな高線量の中で作業をしていたのだ。おまけにラドンガスも出ていたに違いない。アフリカ研究者としては、日本企業も投資しているナミビアやニジェールのウラン鉱山開発の現場に想いを馳せざるを得ない。

坑道見学を終え、白水氏に労働者の被曝や環境問題について質問する。まずは採掘に伴って出た残土（捨石）である（ドラム缶で一〇〇万本）。民間から借り上げた土地に堆積されていたこの残土から高濃度の放射線がでていることが問題となり、その撤去をめぐって住民が裁判を起こしたことは私たちも耳にしていた。結局、最高裁は比較的高線量の三〇〇〇立方メートルの残土の撤去を命じる判決を下し、当時の管轄母体であった動燃は、そのうちウラン濃度の高い二九〇立方メートルをアメリカ先住民地域にある精錬所で処理してもらっている。まだこの地域に残っている残土の管理はこれからもセンターにしてもらわねばならない。次に鉱石をイエローケーキにする製錬工程で出る鉱石の残滓や廃液である。残滓はセンター内の鉱さい堆積場に集積され、その処置方法を目下研究中だという。この鉱さい堆積場の跡措置方法が確立すれば、福島原発事故処理にも応用できると白水氏は胸を張る。

ところで一九五五年から採掘された約九万トンの鉱石から抽出されたウラン量は一基の原発の半年分にも満たない八四トンに過ぎず、採算が取れないとして、人形峠のウラン鉱床は、七九年に開始された露天掘りを含め、八七年に閉鎖となった。

さて、その後、このセンターは何をしていたのか。一方で採掘した鉱石の製錬・転換事業（一九六四〜九九年まで）と海外から輸入されたウランを使用した濃縮原型プラント事業（一九七八〜二〇〇一年まで）である。現在、濃縮事業は青森県六ヶ所村に引き継がれているが、問題は、このセンターに残された何万本ものウラン濃縮遠心機や原型プラントなどの施設解体処理である。白水氏らは、内部に付着したウランをうまく処理できれば、貴重なアルミ資源として再利用できると、その研究も進めているという。

センターの未来図

次々に飛び出す私たちの素朴な疑問への応答時間を含め、二時間半におよぶ「講義」と施設見学の最後に渡されたのは、『核燃料施設廃止措置のフロントランナー』という二二頁のパンフレット。このパンフレットには、センターが関わってきた鉱石の採掘、製錬・転換・濃縮の工程の開発と実用化技術の研究についての過去の実績と、施設の廃止措置を通して今後に予想される核燃料施設廃止技術を体系化する中心拠点としての未来図が記されている。

おわりに

人形峠探訪を終えて、「最左翼」の小出氏の反原子力・反核のスタンスと、いわば「最右翼」のセンターのスタンスの埋めようのないギャップが改めて明らかになった。その象徴が年間被曝量である。小出氏は被曝量は少なければ少ないほうがよいというのに対しセンターでは、一〇〇ミリシーベルト／年以下の放射線量では人体への影響は統計的に確認されていないとする。

「放射線ホルミシス効果」も、議論が百出している。ホルミシス効果とは、「少量なら健康に良いが、限度を超えれば有害」ということらしい。低線量なら抗酸化効果があるとか、ラドンがアトピーに効くとする研究者がいる一方、データの取り方によって有意性が認められないとする研究者もいる。

この一〇年、原爆被爆者の「骨髄異形成症候群」が問題となっている。被爆から一〇年後に多発し、その後収束したと思われていた白血病が、当時とは異なる遺伝子損傷をともなって現れ始めたというのである。

人体への放射線の被害は、わからないことが多すぎる。専門家でもそうならば、素人の私たちにとっては、なおさらである。福島原発事故による低線量被曝が五〇年後、一〇〇年後にきちんとしたデータによって裏づけられるまで、避けるに越したことはない。

最後に私たちが確認できたのは、これからますます増える原子炉の廃炉技術の研究・開発の必要性である。センターがこの工程に貢献してくれることを願うとともに、私たちに付き合ってくださった白水氏の労に感謝し、私たちは人形峠を後にした。

なおこのコラムに記されている事実関係については、同行した木畑夫妻と永原さん、ならびに白水氏に細心の校閲をしていただいたが、最終的な責任は筆者にあることを付記しておきたい。

第2部　国際政治と原子力発電

第2部　解　説

第二次世界大戦後、アメリカは核兵器の独占を図ったが、それには成功せず、イギリス、さらには冷戦の相手国であるソ連がまもなく核兵器保有国となった。原子力発電は、まずこうした核兵器開発競争の副産物として、手がけられていった。一九五三年暮にアメリカのアイゼンハワー大統領が国連で「平和のための原子力」についての演説を行うに及んで、その状況は変化した。日本なども原子力発電を開始し、そもそも原子力の純粋な平和利用というものがありうるのかという疑問がつきまとったまま、原発保有国は増加していったのである。またどの国の原子力発電について語るにも、原発建設の担い手企業、ウラン資源の供給源、核燃料の再処理地など、さまざまな点をめぐって国際的視野は欠かせない。

第2部では、そうした国際的連関に留意しながら、いくつかの国の原発事情を概観していく。日本原子力産業協会のデータによると、二〇一二年段階で原発を運転中の国は三〇ヵ国にのぼり、一一ヵ国が建設ないし計画中である。従って、ここで取り上げる国は、そのごく一部にすぎないが、主要な問題点は把握していただけるものと考えている。

第四章「原子力発電の導入と日米関係」において、油井大三郎は、日本に原発が導入された一九五〇年代から七〇年代にいたる日米関係を分析し、日本の最初の原発こそ実用炉開発で先んじていたイギリスから導入されたものの、その後はアメリカとの密接な協力のもとで原発開発が進んでいったことを紹介する。そのような流れの中で、アメリカのスリーマイル島原発事故の教訓は日本では全く活かされず、むしろ原発増設の動きが進んでいったのである。

この油井論文で扱われた時代が日本の原発開発の歴史でもった意味は、第五章の宮地正人「日本における原発問題の時期区分」で、明らかになる。本章では、一九五四年以降二〇一三年現在に至るまでの期間が、六つの時期に区分されて、それぞれの時期における原子力政策の展開と、それをとりまく国内外の政治・経済状況、世論の動向などが幅広く論じられる。

前述したように、日本に最初の原発として導入されたのは、イギリスのコールダーホール型原子炉であったが、その問題を含むイギリスにおける原発開発の経緯を、第二次世界大戦直後から現在まで概観したのが、第六章の木畑洋一「イギリスにおける原子力発電の展開」である。ここでは、原発開発の早期に起こった深刻な事故でありながら、あまり知られてこなかった一九五七年の原発事故についての紹介もなされている。

原発事故という点では、何といっても一九八六年のチェルノブイリ事故が最大規模のものである。しかし、ソ連ではそれ以外にもチェリャビンスク（一九五七年）、トムスク（一九九三年）などで大きな原発事故が発生している。アメリカに次いで二番目の核兵器保有国となったソ連の核開発の歴史については、チェリャビンスク事故に至るまでの時期を中心に、第七章の加納格「ソ連の原爆開発と原子力産業の成立」が論じている。

一方、近年原発開発に力を入れ、将来世界一の原発市場になることを目指している中国の状況は、第八章の奥村哲「中国の経済・環境問題と原発政策」で扱われている。本章の終わりの部分で強調されているように、原発超大国への道を突き進む中国でも、最近は原発による環境汚染への批判の声があげられ始めている。

第2部最後の第九章、古田元夫「ベトナムの原発建設計画と日本」では、現在原発建設に乗り出しているベトナムの事情が描かれ、それに日本政府と財界が積極的に深く関わっていることが指摘されている。福島第一原発事故の後でも、この関係に何ら変化はみられていない。第四章では原発の導入国として国際関係に登場した日本が、ここでは原発の輸出国としての姿を露わに示しているのである。

その他、本来は詳しく論じるべき、ドイツ（増谷英樹）、フランス（木畑洋一）、イスラエル（藤田進）といった重要な国々の問題や、核不拡散条約をめぐる問題（宮地正人）は、本巻の紙幅の関係もあって、短いコラムとして扱わざるをえなかったことをお断りしておく。

（文責・木畑洋一）

第四章　原子力発電の導入と日米関係

油井大三郎

はじめに

二〇一一年三月一一日の東日本大震災に伴って発生した福島第一原子力発電所（以下、原発と略）の深刻な事故は、日本における原子力の行政や産業のあり方に対する根本的な疑問を引き起こしている。

その疑問の第一は、福島第一原発が建設された土地は、元来、海抜三五メートルもの高台であったのに、わざわざ台地を削り、一〇メートルにして建設された結果、一四メートルもの巨大津波に耐えられず、地下にあった非常用の全電源を喪失して、同時多発的な炉心溶融事故を引き起こしたのであった（吉岡 2011：384）。この福島第一原発で事故を起こした一号から四号機は米国ジェネラル・エレクトリックス社（以下、GE社と略）製の「マークI」と呼ばれる沸騰水型軽水炉であったが、GE社は建設当時、「ターンキー契約」といって完成品をそのまま日本に導入し、キーをひねればすぐに操業できる状態にして東京電力に引き渡したという（日本原子力産業会議 1986：166）。竜巻の心配のある米国では地下に非常用電源装置を配置するのは当然であろうが、津波の心配のある日本ではそれが全く裏目に作用したのであり、なぜ、東京電力は日本の状況にあった設計変更を求めなかったのか、それが問われなければならない。

第二には、原子力発電については、一九七九年の米国におけるスリーマイル島原発事故、一九八六年のソ連におけるチェルノブイリ原発事故など深刻な大事故が既に起こっていたにも関わらず、日本ではなぜそれらを「他人事」のように扱い、原子力が「安全でクリーンなエネルギー」であるとの神話が生き続けてきたのか、という点である。もちろん、日本でも原発の危険性に警鐘を鳴らす専門家がいたが、それらの警鐘が原子力の行政や業界に反映することはなかった。それは、「原子力ムラ」と呼ばれる原発を推進する政治家・官僚・企業家・学者の「大政翼賛的なシステム」が外からの批判を許さず、むしろ批判者を社会的に孤立させるような手立てを講じてきたからだと言われる。それは、権力者が批判的意見を嫌い、情報を秘匿したがる日本における「民主主義を蝕む持病」とも評される問題であり（小森 2011:93）、なぜ、民主化されたはずの戦後日本にそのような「大政翼賛体制」が存続できたのか、が問われなければならない。

第三には、ヒロシマ、ナガサキ、そしてビキニと、三度まで核兵器の被害を体験し、原水爆弾に反対する心情が長く持続してきた日本で、なぜ、原子力の「平和利用」イデオロギーが浸透し、原発の建設が推進されてきたのか、という疑問である。原子爆弾にしろ、原発にしろ、放射能被害を生む点では共通しているはずであるのに、なぜ、原発は「別物」とされてきたのであろうか。

本章では、日本に原発が導入されていった一九五〇年代から七〇年代の日米関係を中心として、これらの疑問を検討してみたい。

（1）米国における原子力発電の開発と国際協力の始まり

マンハッタン計画から戦後の原子力管理体制の構築へ

原爆の開発を目的に一九四二年八月に発足したマンハッタン計画は、陸軍の管理下におかれたものの、二二億ドルもの巨費と一二万人もの人員を投入した産官学協同のビック・プロジェクトであった。しかも、大戦末期に原爆開発に成功し、日本に多大な被害をもたらした広島・長崎への投下によって対日戦を予想以上に早く終結させた結果、米国の政治指導者は原爆の威力に強い印象を受け、戦後もその独占を図るべく努力を集中することになった。

戦後の原子力開発は、一九四六年七月に成立した原子力法に基づいて、軍人ではなく、文民が委員長となる原子力委員会（Atomic Energy Commission）が管轄することになった。この原子力委員会は、日本のように特定の省庁に属するのではなく、大統領に直属する独立の行政機関と位置づけられ、原子力の軍民両用の開発に従事する強力な機関となった。初代の委員長にはニューディール政策の目玉となったTVA開発の中心人物であったディビッド・リリエンソールが任命された。彼は、原子力の平和利用にも関心があったが、TVA推進の経験から電力公営論者であった。他方、共和党では電力民営論者が多数であり、一九四六年八月に連邦議会の上下両院に設置された原子力合同委員会では公営論と民営論が激しく衝突することになった（ルドルフ／リドレー 1991:149–52）。

しかし、戦後初期のトルーマン民主党政権では、原子力発電よりも原爆独占を維持することに主要な関心が向けられ、一九四六年六月の国連原子力委員会では米国代表のバーナード・バルークが、原子力の原料から開発・使用にいたるまでを国際機関によって管理し、違反国に対する査察や処罰には拒否権を認めないとする案を提案した。これに対して、ソ連はこの案が米英による原爆独占を狙うものと反発し、米ソ冷戦が激化する中で原爆の国際管理は実現しなかった。しかも、一九四九年八月にはソ連が原爆実験に成功したため、トルーマン政権は対抗して翌五〇年一月に原爆より一層強力な水爆の開発を決定した。その後、六月に朝鮮戦争が勃発したこともあって、米ソ間では激しい核軍拡競争が展開することになり、米国は五二年一一月に水爆実験に成功し、ソ連は五三年八月に成功した。

このように米ソ間で際限のない核軍拡競争が展開される中で、世界各国では核戦争の勃発を憂慮する世論が高まり、一九五〇年三月には核兵器の禁止を求めるストックホルム・アピールが発せられた。米国内で原子力の平和利用に対する関心が高まってくるのはこのような状況下であった。

アイゼンハワーの「平和のための原子力」演説と原発開発の始まり

一九五二年一一月の大統領選挙で朝鮮戦争の早期休戦を訴えて当選した共和党のアイゼンハワーは、「大量報復戦略」を提唱してソ連に対する核兵器の優位を維持する一方で、財政均衡を実現するために軍備の管理や縮小を追求していった。また、一九五三年一二月には国連総会の場で核分裂物質を国際原子力機関に供出し、国際機関の管理下で原子力の平和利用に提供することを提唱した。この演説は「平和のための原子力」演説として注目されることになるが、その意図をアイゼンハワー自身は、核兵器に対する恐怖心を和らげ、原子力の平和利用を目的とすることで、ソ連を原子力の国際管理体制に参加させることにあったと語っている(アイゼンハワー 1965:227-29)。

つまり、アイゼンハワー政権が原子力の平和利用を提唱した背景には、際限のない核軍拡競争を展開していたソ連をも組み込めるような原子力の国際管理体制の構築や、ソ連に続き英国も一九五二年一〇月に原爆実験を成功させたため、核兵器の拡散をどう防ぐかという意図が込められていたのであり、平和利用と核兵器の国際管理の実現という二重の目的が秘められていた。

同時に、米国政府の内部では、原子力発電への関心がトルーマン政権の末期から高まり始めていた。例えば、トルーマン大統領が任命した米国の天然資源を調査する委員会が一九五二年に提出した『自由のための資源』という報告書では一九七五年までに米国とその同盟国が化石燃料の不足に直面すると予想し、代わって太陽エネルギー開発を推奨していた。しかし、一九五〇年七月にリリエンソールに代わって原子力委員会の委員長に就任したゴードン・ディーンは、太陽エネルギーよりも原子力発電の可能性を重視し、五年から一〇年後の実用化をめざして開発に乗り出した。それに対して、原爆開発を推進したエンリコ・フェルミやロバート・オッペンハイマーなどの科学者は、原子力発電がまだ「手の届く所にはない」として慎重な姿勢を示したが、ディーン委員長は、翌五一年半ばになると、電力会社や化学会社に原子炉開発のための補助金を与え始めた。これは民営電力路線の助長に繋がるとして、民主党の一部や労組から強い反発を招くことになった(ルドルフ/リドレー 1991:160-64)。

一九五二年一一月の選挙で共和党のアイゼンハワーが当選すると、民間主導の原子力発電開発が一層助長されることになった。当選直後に原子力委員会が引き継ぎの説明に出向くと、アイゼンハワーは民間による原子力発電計画に積極的な関心を示した。それは、モンサント化学会社のチャールズ・トーマス社長から原子力委員会が発足して六年も経つのに、原子力の民間利用が遅れていることに電力会社など民間企業が不満をもっていると聞かされていたためであった。アイゼンハワーは、元来、「民間にできることは民間に任せるべき」という考えの持ち主であり、原子力の軍民両用の開発に関心をしめしたのであった（Hewlett, 1989:2）。

アイゼンハワー政権発足後の一九五三年三月に開催された国家安全保障会議（ＮＳＣ）では、民主党政権時代の政府主導の開発路線を転換し、政府援助による民間主導の原子力発電開発の方向を採用することが承認された。翌四月には原子力関連企業により「原子力産業フォーラム」が結成され、六月には原子力委員会の委員長にルイス・ストラウスが就任し、民間企業が原子力開発に参入できるように原子力法の改正に乗り出した。この法改正は一九五四年八月に実現するが、原子力事業への民間企業の参入だけでなく、アイゼンハワーの「平和のための原子力」提案を受けて、原子力開発の国際協力を可能にする条項も付け加えられた（同上 :25-32, 140-43）。

この原子力法改正が実現した翌月、アイゼンハワーはピッツバーグ近郊のシッピングポート原子力発電所の建設を政府主導で開始することを全米に向けてテレビ放送で発表した。それは、商業用原子力発電の開始を意味したが、この計画の中心には海軍において初めての原子力潜水艦ノーチラス号を一九五四年一月に完成させたハイマン・リッコーバーが座ることになった。この原潜ノーチラス号が搭載していた「マークⅠ」と呼ばれる沸騰水型軽水炉は早期の民間転用が可能とみられたからであった。また、その他に原子力委員会は、二基の大規模原子炉と三基の小規模原子炉の実験を民間企業に求め、研究開発資金を助成したが、それらはナトリウム黒鉛炉や高速増殖炉など様々であった。しかし、原子力発電の開発には巨額の資金が必要であったし、参入した民間企業は事故の場合の損害賠償が巨額になることを恐れ、免責条項の法定を望んだりしたため、実用化が大幅に遅れることになった。結局、原潜ノーチラス号の技術を受け継いだシッピングポート原発の原子炉が一九五七年一二月に米国初の稼働開始に成功し、米国の原発は軽水炉型が主流となっていった。しかし、採算性の問題があり、商業発電の実用化にはなお長期の時間を要した（ルドルフ／リドレー 1991:174-85）。

国際原子力協力網の形成

他方、一九五四年三月一日に太平洋上のビキニ環礁で行われた水爆実験で日本の第五福竜丸が被曝した事件は、日本のみならず、アイゼンハワー政権にも大きな衝撃を与えた。この水爆実験による放射性降下物で二三六人のマーシャル諸島民と第五福竜丸の二三人の船員が被曝し、一名の死者がでた。その上、汚染されたマグロが大量に廃棄され、魚が売れなくなるなどの被害が発生する中で、放射能は「死の灰」と呼ばれ、恐れられるようになるとともに、日本では原水爆の禁止を求める運動が高揚していった（田中 2011:13-14）。この水爆実験には原子力委員会のストラウス委員長が立ち会っていたが、彼はソ連との対抗上、水爆実験の継続が必要と強調するため、第五福竜丸が「進入禁止水域」に進入していたといった誤報を流した。また、米国政府側の情報では第五福竜丸がソ連の「スパイ船」であるとの荒唐無稽な情報まで飛び出したので、日本の世論は一層反発を強めた（Hewlett, 1989:177）。

このような日本人の反核意識の高まり対して、ダレス国務長官は「核アレルギー」と揶揄したものの、国務省としては放置できないと判断し、一九五四年一〇月の対日政策文書で次のように指摘した。

「原子力が基本的に破壊的なものであるという日本人の強い認識を除去することが、われわれの対日関係にとって重要である。そのためには、早い段階で日本を原子力平和利用を推進するための二国間あるいは多国間の枠組みに含めるべきだろう」（竹内 2011 : 187）。

つまり、アイゼンハワー政権としては、ビキニ事件などで高まった原水爆禁止の国際世論を原子力の平和利用の「夢」を広めることで沈静化させようとしていた。ただし、原子力平和利用の技術や原料を海外に提供する際には米国の国益の確保と両立させるため、国家安全保障会議文書 5431/1 号では、次の三条件を協定締結の前提とするように決定していた。その第一は、協定が米国の安全保障に反せず、むしろウラン原料の確保などで有利になること、第二に、核分裂物質の軍事転用を阻止するため、使用済み核物質の米国への返還を求めること、第三に、この提供により米国の心理的教育的利点が最大になること、であった（Hewlett, 1989 : 227）。

このような政策決定を受けて、ダレス国務長官は一九五四年九月の国連総会で原子力の平和利用を促進するため国際原子力機関の設立と専門家による国際会議の開催を提案した。この提案に対してソ連は、設立される国際機関が加盟国の安全を脅かさないなどの条件を付した上で、交渉に意欲をしめした。それは、前年三月にスターリンが死去して以降、ソ連が核実験の停止などを求める「平和攻勢」を開始していたからであった。その後、交渉は、核分裂物質の軍事転用を防止するための査察の範囲などをめぐって妥協が図られ、国際原子力機関（ＩＡＥＡ）は一九五七年に八一ヵ国が参加して発足することになった（同上 : 228–29, 310–22, 370）。

また、原子力平和利用のための専門家による国際会議は、国連が主催する形で一九五五年八月にジュネーブで開催された。米国はシッピングポート原子力発電所で進行中の成果などを原子炉の模型などによって展示し、米国の技術的優位を示す場にしようとした。しかし、ソ連は既に前年六月には世界初の原発の運転開始に成功していたし、英国は、当初から軍民両用の開発を進め、かなりの原発技術の進展を見せていた。事実、英国は翌五六年一〇月にコールダーホール型原発の初運転に成功した（同上 :250）。つまり、原子力平和利用の国際的主導権を握ろうとした米国であったが、核兵器開発を優先したり、電力の公営か民営かをめぐる民主・共和両党間の路線対立の影響などから、商業用原子炉開発の面ではむしろ遅れをとっていた。日本が最初に導入する商業用原子炉が英国のコールダーホール型となったのもそれ故であった。

それでも、米国は二国間協定で米国の優れた核技術の提供を進めていった。まず、アイゼンハワーが一九五四年九月にテレビとラジオを通じて原子力平和利用の国際機関と二国間協定の締結を提案したのを受けて、ダレスやストラウスが希望を表明した国々と個別交渉を進めていった。その際の基礎となったのが、国家安全保障会議文書 5431/1 号であり、米国の国益と原子力国際協力の両立を目指すものであった。また、アイゼンハワーは翌五五年六月に一〇ヵ国との交渉が進行中であることを明らかにした上で、締結国に対して実験用原子炉を、その半額を米国が負担する形で供与する意向を表明した。そうした結果、二国間協定はトルコから始まり、日本も含めて一九六一年までに三七ヵ国と締結されることになった（同上 :227–28, 236, 245–46）。

（2）日本における原子力発電の導入

初期の原子力研究をめぐる研究者と政治家の対立

日本において最初に実験用原子炉の建設を提唱したのは物理学者の武谷三男であり、『読売新聞』（一九五二年二月一日）に発表したエッセーでその持論を展開した。また、日本学術会議では茅誠司や伏見康治が中心となって政府に対して原子力委員会の設置を申し入れる提案が五二年一〇月の総会に出されたが、反対論が続出し、学術会議内部で検討委員会を設置するだけにとどまった。反対論の背景には被爆体験や冷戦に日本の原子力研究が利用される可能性を懸念する意見があった（吉岡2011:64-68）。

他方、政治家やマスコミ関係者が米国で原子力発電推進の動きがあることを知り、日本への導入を模索する動きが始まった。当時、改進党の衆議院議員だった中曾根康弘は一九五三年秋に訪米した折、物理学者で、サンフランシスコの対岸にあるバークレーの放射線研究所で研究をしていた嵯峨根遼吉に会い、日本でも原子力研究をするための予算計上を勧められた。また、読売新聞の社主であった正力松太郎は、日本テレビ開設に関連して知り合ったアメリカ人の中に米国の原子力委員会委員長ストラウスの友人がおり、その人物などから米国政府が原子力発電を推進しようとしていることを知った。政界進出の野心をもっていた正力は原子力問題をその絶好の手がかりと考え、一九五四年の元旦号から「ついに太陽をとらえた」という連載を組み、原子力発電推進のキャンペーンを始めていった。さらに、中曾根は、同僚議員とともに、五四年三月初めに五四年度予算案の中に原子力研究のための予算の計上を提案し、その可決に成功した（有馬 2008:35-47；同 2012:115）。これを受け、政府側では原子力利用準備調査会が設置され、会長には副総理の緒方竹虎が就任し、委員には通産、大蔵、文部大臣の他、石川一郎経団連会長や学識経験者として茅誠司、藤岡由夫（東京教育大物理学教授）などが参加した（山崎 2011:192）。

政府予算案の中に原子力研究関連の予算が組み込まれた事態は、科学者の間に衝撃を与え、日本学術会議は五四年四月の総会で「原子力の研究と利用に関し公開、民主、自主の原則を要求する声明」を採択した。この声明は、「公開・民主・自主」の三原則を確認することで、日本における原子力研究の軍事利用を阻止する意図をもっていたが、平和目的の原子力の自主的な研究は否定してはいなかった。そのような心情は武谷三男が『改造』一九五二年一〇月増刊号に発表していた次の主張に端的に表現されていた。

「原爆で殺された人々の霊のためにも、日本人の手で原子力の研究を進め、しかも、人を殺す原子力研究は一切日本人の手では絶対に行なわない。そして平和的な原子力の研究は日本人は最もこれを行なう権利をもっており、そのためには諸外国はあらゆる援助をなすべき義務がある」（吉岡 2011:74-78）。

つまり、物理学者を中心とする研究者の側は平和目的に限定して自主的な原子力研究を推進しようとしていたのに対して、政治家の側は米国などから先端的な原子力技術を導入することを優先し、米国が求める秘密保持の誓約も受け入れようとしていた点にズレが存在していた。

ビキニ事件の衝撃

ビキニ事件をきっかけにした原水爆の禁止を求める国際世論の高まりに対して、米国政府内部ではその沈静化を進める方策が模索されていた。その典型的例が、事件直後の三月二二日に開かれた国家安全保障会議作戦調整委員会に国防長官補佐官のＧ・Ｂ・アースキンが送った次の提案であった。

「1、……じっさい、日本漁民への被曝と魚の積荷の没収によって引き起こされた混乱を含む現在の状況は、共産主義者たちに、日本中により甚大な潜在的効果を持つまさに同じ種を蒔かせる機会を与えているだけでなく、実験場近辺の世界の地域に対して、事実上際限のない力で、彼らはそうするだろうとわれわれは考えておかなければならない。

2、原子エネルギーの非軍事的利用での力強い攻撃こそ、予想されるロシアの行動に対抗し、日本にすでに生じている被害を最小化するのにタイムリーで効果的な方法になるだろう。この行動は、日本とベルリンに原子炉を建設するという決定の形か、その他の実際的で強い宣伝的価値を持つ大統領の演説の事実上の具体化になるかもしれない」（山崎 2011:175）。

このアースキン提案を受けて作戦調整委員会は、四月二二日に具体的な行動計画を起案したが、その中には情報対策として、「「危険な放射能」という日本人の主張を相殺するために、自然放射線の効果と安全に対する工業上の許容基準についての話を公表すること」とか、「合衆国と日本の共同による恒久的で大規模な日本に対する平和的原子博覧会の期待感を調査すること」や「核兵器の効果に関する誤った観念を一掃するために、冊子と映画によって継続的で集中的な宣伝活動に取り組むこと」が提案された。さらに、八月一三日には国家安全保障会議の決定として「原子エネルギーの平和利用における外国との協力」（NSC 5431/1）が決定されたが、そこでは、動力炉は技術的に可能としながらも、経済的に引き合わないとし、小規模炉を使った研究、訓練、医学などへの利用が主な協力内容とされた。また、使用済み核燃料については、核拡散防止の観点から、米国が引き受けるとするとともに、発電用原子炉の提供先として「決定的な資源が不足し、高いエネルギー消費」がある日本が、スウェーデンとともに対象国としてあげられていた（山崎 2011:178-81）。

このNSC 5431/1 文書は、五四年八月末に原子力法を改正し、友好国に原子力情報や技術が提供できるようになることを前提に決定したものであるが、これ以降、日本や世界に対する原子力平和利用の宣伝や提案が集中的に展開されるようになってゆく。まず、原子力委員会のトーマス・マレー委員は、翌九月、私的な発言としながらも、広島と長崎の殺戮の記憶を払拭するために、日本に原子炉を提供するように提案した。また、原潜ノーチラス号を製造したジェネラル・ダイナミックス社の社長兼会長のホプキンスは、一二月の全米製造業者協会の大会で、ソ連に対抗するため、発展途上国に原発を提供する「原子力マーシャル・プラン」の実行を提唱した。これを受け、連邦下院のシドニー・イェーツ議員は、翌年一月末に広島に発電用原子炉を寄贈する提案を行った（同上 :182-83）。

日本における原子力平和利用キャンペーン

米国政府の原子力平和利用キャンペーンに日本で積極的に呼応したのは、正力率いる「読売」グループであった。正力は一九五五年二月に予定されていた衆議院選挙への立候補の思惑もあって、「原子力マーシャル・プラン」の提唱者ホプキンスを「原子力平和使節団」として歓迎する旨のキャンペーンを五五年元旦の紙面を使って大々的に開始した。仲介をしたのは、正力の片腕で、当時、日本テレビの取締役であった柴田秀利であったが、彼は、後に『戦後マスコミ回遊記』の中で当時の心境をこう語っている。

「日本には昔から〝毒をもって毒を制する〟という諺がある。原子力は双刃の剣だ。原爆反対を潰すには、原子力の平和利用を大々的に謳いあげ、それによって、偉大な産業革命の明日に希望を与える他はない」(柴田 1985:301)。

原水爆禁止運動を「毒」とみる感覚には驚かされるが、このホプキンス使節団は五五年五月に来日し、鳩山首相や財界人と懇談した他、日比谷公会堂で講演を行い、それはテレビ中継された。また、正力は、この使節団を歓迎するために財界人を中心に原子力平和利用懇談会を立ち上げ、自らその会長に就任した(有馬 2008:84-86)。さらに、読売新聞社は、五五年一一月から原子力平和利用博覧会を全国の主要都市で開催したが、その展示には、原子炉の模型や将来の原子力飛行機、原子力船の予想模型など観客に原子力の「夢」を持たせるものであった。この博覧会は、東京の日比谷公園から始まり、名古屋、京都、大阪、広島、福岡、札幌、仙台、水戸、岡山、高岡を巡回し、総計、二六〇万人を超える入場者をえたという(山本 2012:165-66; 吉見 2012: 第2章)。

このような一連の原子力平和利用キャンペーンの効果について、五六年三月から四月にかけて来日した米国原子力委員会国際関係局の技術担当副局長であったクラーク・グッドマンは、原子力委員会への報告書の中で、「過去一〇ヵ月の間に、日本人の原子力平和利用に対する態度は、懐疑・冷笑から覚醒・受容へと大きく変化した」と分析し、「これほどまでに、原子力平和利用プログラムに好意的な反応を示した国は他に類を見ない」と報告した。しかし、同年五月に日本政府は、米国政府に対して核実験の停止を求める要望書を提出したため、極東担当国務次官代理のウィリアム・シーボルトは、「核兵器は自由世界の抑止力を強化するために必要」であることを、「日本政府は国民に教育すべきだ」として、不快感をあらわにしたという（竹内 2011 : 189-90）。つまり、多くの日本人が原子力の平和利用に肯定的になったからといって、軍事利用に反対する姿勢を堅持していたことは米国政府側でも認識していたことになる。

日本における原子力開発の始まり

日本における原子力平和利用キャンペーンの進行と並行して、米国政府は日本に実験用原子炉や燃料の提供を働きかけていった。まず、一九五五年一月、米国政府は、ビキニ被災に対する二〇〇万ドルの慰謝料の支払いを提案する一方、研究用の濃縮ウランの提供と原子力協力のための協定締結の意向を非公式に表明した。日米政府間で非公式の折衝が行われている最中の四月半ば、『朝日』が米国からの濃縮ウラン提供の申し入れがあることをスクープした。その結果、科学者やマスコミでは、米国の改正原子力法一二三条に規定された米国からの原子力協力を受け入れた国に要求される機密保持の義務が、日本学術会議などが決議し、政府もその尊重を表明していた原子力開発における「公開・民主・自主」の三原則と矛盾する点が問題視されていった（山崎 2011 : 221-25）。

また、政府の原子力利用準備調査会のメンバーであった藤岡由夫と工業技術院院長の駒形作次らは欧米の原子力開発状況を調査し、その結果を四月末に報告したが、天然ウランを燃料とする重水炉と並行して、米国から濃縮ウランを受け入れ小型の実験用原子炉を作る方向を提案した。このような検討を受けて、日米両政府は、機密保全義務が及ばない実験炉に限定して協定を締結する方向を模索したが、将来的に動力炉の導入に関しても随時協議を行うとした条項は機密保全問題の再燃を予測させた。しかし、その点を曖昧にしたままで、日本政府は、六月半ばに日米原子力協定の仮調印に踏み切った。その過程で、日本政府側では、あくまで「公開・民主・自主」の原則遵守を主張する伏見康治、武谷三男などの科学者を「反米左翼」と切り捨て、日米二国間の原子力協力を優先させる路線を選択した（同上:230-38）。その後、日米原子力協定は五五年一一月に正式調印された上、米国から提供される濃縮ウランを使用する実験用原子炉を運用する日本原子力研究所が東海村に設置された。

この経過で問題となるのは、米国が提供する濃縮ウランは、当時、米国しか製造できない状況にあったため、その受け入れは原子力燃料の米国依存の方向を決定づけるものであった。ただし、実用炉の点では、米国が濃縮ウランを燃料として実用化を目指していた軽水炉がまだ実用段階に達していなかったため、英国が推進していた天然ウランを燃料とする重水炉を導入する可能性も残していた。しかし、日米の原子力協力が軽水炉の導入の段階に進めば、必ず、米国原子力法が要求する機密保全の義務が発生することになるので、「公開・民主」の原則とも矛盾することになった。にも関わらず、当時の日本政府が機密条項を伴う可能性の高い日米間の原子力協力の方向を選択したことは、戦後日本の保守政権の「対米追随」的姿勢の現れであるとともに、原子力行政における秘密主義の始まりともなり、他からの批判を許さない後の「原子力ムラ」的体質の出発点となった。

このような日米原子力協力が進むのと並行して、日本における原子力開発の体制整備も進められた。五五年八月、ジュネーブで開催された国連主催の原子力平和利用国際会議には、藤岡由夫などの政府代表の他に、超党派の議員四名がオブザーバーとして参加した。その顔ぶれは、中曾根康弘（この時点では民主党）、前田正男（自由党）、志村茂治（左派社会党）、松前重義（右派社会党）の四名であった。丁度、その前月にジュネーブで米英仏ソの四ヵ国首脳会談が開催され、雪解けムードが高まっていただけに、社会党議員も原子力平和利用に期待する姿勢を見せていた。しかも、この国際会議では米英ソなどにおける原子力開発が予想以上に進んでいることが印象づけられたため、参加した議員の間では日本でも原子力開発の体制を整備する必要がある点で一致した。その結果、九月半ばに帰国するや、「総合的基本法たる原子力法を至急制定し、平和利用及び日本学術会議の所謂三原則の基本線を厳守するとともに、資源、燃料、技術の国家管理、安全保障、教育及び技術者養成、国際協力等の事項を規定すること」などの共同声明を発表した（同上 :253-56）。

この一九五五年は日本の政界の大きな再編期となり、一〇月には左右社会党の合同、一一月には自由党と民主党の保守合同が実現し、所謂「五五年体制」が発足することになるが、原子力基本法を超党派で実現しようとする動きは止まず、一二月半ばの衆議院に中曾根ほか四二一名もの議員が議員立法の形で提案し、わずか一日の審議で可決した（同上 :262-63）。また、原子力委員会設置法や総理府に原子力局を設置する法律も可決（原子力三法）され、日米原子力協定も批准された。また、翌五六年の三月から四月には、科学技術庁設置法、日本原子力研究所法、原子燃料公社法なども成立し、日本における原子力開発の体制がばたばたと急ごしらえで整備されることになった（吉岡 2011:84）。さらに、経済界でも三月に日本原子力産業会議が発足し、会長には東京電力会長が就任した。

(3) 日本における原子力発電体制の始動

実用原子炉開発をめぐる対立

一九五六年一月五日に原子力委員会が発足し、初代の委員長には正力松太郎が就任したが、正力は原子力委員会の権威を高めるため、日本初のノーベル賞受賞者である湯川秀樹の委員就任を懇請した。湯川は藤岡由夫と一緒に就任することを条件にしぶしぶ引き受けたが、他には社会党の推薦で有沢廣巳が、経済界から石川一郎が参加した(日本原子力産業会議 1957:46-47)。正力委員長は、第一回の委員会後の記者会見で、五年以内に採算のとれる原子力発電所を建設すること、そのために米国から動力炉を導入する協定を締結したいと表明した。当時の政界では三ヵ月後に新しく発足した自由民主党の総裁選挙が予定されており、出馬に意欲を燃やしていた正力としては原子力分野で早期に成果を上げたかったためと見られている(有馬 2008:146-47)。

しかし、この正力発言は、時間がかかっても原子力を自主開発しようと考えていた学界の見解と対立するもので、もともと嫌々ながら引き受けた委員を湯川は、五八年三月に辞任することになった。元来、湯川は、五五年七月に発表された核兵器の禁止を求めるラッセル・アインシュタイン宣言にも積極的に賛同したように核軍縮の賛成派であった。その湯川が、名目的にせよ、原子力の平和利用に協力しようとしたのは、原子物理学を専門とする学者として原子力に関する基礎研究の必要性は否定しなかったからであった。

他方、東大病院の医師として被爆者の治療にあたってきた都築正男の場合は次のように原子力開発に対して一九五四年に発刊された『思想』誌上で慎重論を展開していた。

「原子力の平和的応用について考える時には、常にそれとともに、というよりは、むしろその前に、放射能の障害防止について真剣に考えなければならないと思う。原子力を武器として利用することを止めよとは、今や全世界の声である。……しかし又、原子力の平和的応用を討議するに当たっても慎重でありたいと思う」(［上丸 2012:87］)。

しかし、米国の原子力委員会に属する科学者は、ビキニ事件直後でも放射線の人体に対する影響を低く評価し、日本での被曝マグロ廃棄の基準が「厳しすぎる」と批判していた(若尾・本田 2012:51–52)。その結果、日本政府サイドでは放射線被害の防止策を十分検討しないままに原子力発電の導入が進められていった。

英国からのコールダーホール型原発の導入

米国から濃縮ウランを燃料とする実験炉の導入が決定されたものの、実用炉の開発では英国が一歩先を進んでいた。それは、英国が、米国のような軍事優先の開発と違って、軍民両用の原子力開発を進めてきた関係で、原発の実用化が容易であったためであった。しかも、原発の輸出に熱心で、一九五六年三月には英国の前燃料動力相のロイドが来日し、日本のようなエネルギー不足の国では原子力発電を推進すべきだと説いた。対抗して四月には米国原子力委員会で原子炉開発を担当していたグッドマン副部長が来日し、米国型の原子炉の性能を強調したが、正力は米国の原子炉がまだ実用段階に来ていないとの印象を強めたという。翌六月には英国原子力公社のヒントン産業部長が来日し、英国の原子炉が十分採算が取れること（一キロワット時当たり〇・六ペンス、約二円五〇銭）を強調した。原子力関連の企業側では米国の軽水炉の実用化を待つべきとの意見もあったが、商業用原発の導入を急いでいた正力委員長は英国からの導入を決断した（日本原子力産業会議 1986:88–89; 上丸 2012:140–41）。それは、英国の原子炉が、入手が容易な天然ウランを燃料としていた上、原子炉の運転の結果発生するプルトニウムの返還を英国は、米国のように要求しなかった点も利点と考えられた（有馬 2012:92）。

同時に、原子力委員会では五六年九月に「原子力開発利用長期基本計画」を内定したが、そこでは、国産増殖炉を最終目標としつつも、当面の「つなぎ」としてコールダーホール改良型を商業用発電炉の第一号としつつ、六〇年代後半には米国型の軽水炉が主流になると想定していた（吉岡 2011:104）。また、コールダーホール型原子炉の受け皿となる組織をめぐっては、自由民主党の河野一郎が国営を主張したが、正力委員長は民営論を展開、結局、政府も出資した民間会社として、日本原子力発電会社の設立が五七年九月の閣議で決定された（日本原子力産業会議 1986:91–93）。

しかし、五七年一〇月、英国のウィンズケールにある軍用プルトニウム生産炉で火災事故が発生、大量の冷却水が注入された結果、放射能を帯びた水蒸気が大気中に放出され、三千人の労働者が避難し、牛乳が大量に廃棄される事態となった（若尾・本田 2012:273–75; ルドルフ／リドレー 1991:184–85）。事故を起こした原子炉はコールダーホール型の原型となっていた上、この事故後に英国側が事故の際の免責条項を持ち出したため、日本側ではコールダーホール型の安全性に疑問が発生し、調査団を派遣して設計変更を求めることになった。その際、関東大震災の記録映像まで持参して、耐震設計の強化まで要求したという（日本原子力産業会議 1986:96-97）。

他方、米国から導入した研究用の原子炉では一九五七年八月二七日に、核分裂が継続的に発生する「臨界」に到達し、日本で初めての「原子の火」がともった（上丸 2012:143-44）。しかし、コールダーホール型原子炉の方は設計変更が相次ぎ、着工が六一年六月と遅れた上、運転開始はさらに遅れ、六五年一一月となった。その間、蒸気漏れや火災、振動などが相次ぎ、その修理のため建設費用も当初の三五〇億円から四五〇億円にも膨れ上がり、差額を誰が負担するかでも対立が発生した（日本原子力産業会議 1966:151-53; 有馬 2012:123-34）。

結局、日本におけるコールダーホール型原発はこの一基だけで終わったのであり、性急な導入が大きなつけをもたらした結果となった。

米国型軽水炉の導入

一九五〇年代末になると、五〇年代半ばに盛り上がった原発が安価で、短期間で大規模化が可能という「夢」はしぼみ、英米でも原発への関心が低下した。それは、原発の実用化には様々な困難があることが判明する一方で、中東からの安価な原油の流入で火力発電が主要なエネルギー源となったためであった。この状況に変化が訪れるのは、一九六〇年代半ばになって米国での軽水炉の実用化の見通しがついたためであった。一九六四年八月にジュネーブで開催された第三回の原子力平和利用国際会議で米国のＧＥ社は沸騰水型軽水炉（ＢＷＲ）を、ウェスティング・ハウス社は加圧水型軽水炉（ＰＷＲ）を宣伝して、採算のとれる商業発電時代の到来を大々的に宣伝した。また、同じ月に米国で核燃料民有化法が成立し、核燃料の売却が容易になったことも原発への関心再燃を促進した（日本原子力産業会議1986：149–51）。

日本の原子力委員会は、すでに一九六一年二月に決定した第二回原子力開発利用計画の中で実用炉の二号機は軽水炉とすることを決定し、今後、一〇年間で日本における原発の主流になると想定していた（吉岡2011：120）。各電力会社も軽水炉の導入に乗り出し、原子力発電会社と関西電力は、六二年一一月に敦賀半島で、東京電力は六四年一二月から福島県双葉郡で、海象・気象の調査を開始した。米国でもシーボーグ原子力委員長が六二年から六五年に原発が「成年期」に達したと語ったように、軽水炉の発注が急増し始め、六六年には二〇基、六七年には二九基を記録した。この米国における軽水炉の発注急増は、製造コストの低下を実現し、低価格での輸出を可能にした（日本原子力産業会議1986：151–56）。

また、日本の電機会社では、三菱原子力工業がウェスティング・ハウス社と提携して、関西電力などに加圧水型の軽水炉を搬入し、東芝と日立がGE社と連携して、東京電力などに沸騰水型の軽水炉を納入していった。その際、GE社は完成品を固定価格で一括納入し、発注側はキーを回すだけという「ターン・キー」契約方式で受注を容易にした（同上：158–59）。それは、英国からのコールダーホール型原発の建設過程で建設費が増加し、トラブルとなった先例を避ける効果をもったが、同時に、地震や津波など日本の立地条件に見合った設計変更の余地を難しくさせるものでもあった。しかも、日本原子力産業会議が毎年刊行していた『原子力年鑑』一九六六年版では、軽水炉の安全性について、「米国の軽水炉は、その経験の程度から見て、或る程度安全設計と耐震設計に考慮を払えば、日本に導入して安全に運転しうる段階に来ていると見てよい」（日本原子力産業会議 1966）と記述していた。他でも軽水炉を「実証済み炉」であると規定する箇所が見られ、コールダーホール型の導入の際に見られたような度重なる設計変更はみられなかった。

例えば東京電力の福島第一原発の場合、原子力委員会の原子炉安全審査会の審査に、一九六六年一一月に通っているが、その際の審査結果では軽水炉の安全性を高く評価した上で、「この原子炉についての災害評価は、原子炉立地審査指針に基づき、炉内燃料が全部溶解したと仮定した場合でも、安全防護のための諸設備が十分な効果を発揮すると考えられ、周辺の公衆に放射線災害を与えないことが確認された」（日本原子力産業会議『原子力産業新聞』一九六六年一一月一五日）と述べていた。

「3・11」の東日本大震災とその後の福島第一原発事故の現実からみると、この審査結果は極めて甘いものと言わざるをえないが、地震や津波対策が不十分なまま福島第一原発一号機は七一年三月に操業を開始し、日本原子力発電の敦賀原発は七〇年三月に、関西電力の美浜原発は同年一一月に操業を開始した（吉岡 2011:122）。つまり、一九七〇年代に入ると、日本の軽水炉原発は一斉に営業運転を開始するのであり、その実績から日本の原発は圧倒的に米国型の軽水炉になっていった。ただし、徐々に国産化率も高まってゆき、八〇年代に操業を開始した原発の国産化率は九九％にまで達した（同上 :122–24）。

しかし、日本に軽水炉の導入が始まった一九六〇年代に米国の原子炉の安全性は確認済み、との説は疑問であった。何故なら、米国では、六一年一月にアイダホの実験炉で制御棒を引き抜いた際に、炉心の臨界事故が発生し、三名が死亡していたし、六六年一〇月にはフェルミ原発で部分的な炉心溶融事故が発生し、発電所が閉鎖されていた(ウィンクラー 1999:205)。それ故、米国の原発の安全性が「実証済」とはとても言えない状況であったが、日本では軽水炉の導入を急ぐあまり、安全性の確認が後回しにされた印象が強い。

中国の核実験と日本の核武装の断念

日本では原子力の平和利用と軍事利用を峻別して論じることが多いが、米国では両者を密接に関係づけて考えることが多い。原子力の平和利用の宣言とみなされることが多い、一九五三年一二月のアイゼンハワーによる「平和のための原子力」演説も、米ソ間の核軍拡競争の抑制と核保有国の増大を防ぐ狙いをもって、核の平和利用分野での国際管理体制を構築しようとしたものであった。それ故、一九六〇年代に日本で原発が実用化されてゆく過程に関しても、それと核不拡散体制の形成過程との関連に注目する必要がある。

一九六四年一〇月、中国が核実験の成功を発表したことは日米両国に大きな衝撃を与えた。ジョンソン政権内部では翌一一月に核不拡散政策の見直しをおこなう委員会を発足させたが、その審議の中では日本の保守政治家の一部に独自の核武装論があることが指摘されていた。また、国防総省のスタッフは、日本が進んだ原子力研究及び原子力計画を備えているので、一九七〇年までに日本が幾つかの核爆弾を製造可能になるとの観測を示した。また、長官レベルの会議でラスク国務長官は、中国に対抗するため日本やインドの核武装を容認することも選択肢の一つと主張したが、マクナマラ国防長官はその可能性を否定した。結局、ジョンソン政権としては、当面、核不拡散政策を堅持することになるが、日本の核武装問題はジョンソン政権の重大な関心事となっていた。日本では一一月初めに池田勇人から核武装論者と見られていた佐藤栄作への政権交代が起こったので、翌年一月に予定されていた日米首脳会談では核問題が重要なテーマとなった（黒崎 2006:49–50）。

この日米首脳会談では、ベトナム戦争、対中貿易、沖縄問題なども重要なテーマとなったが、核兵器問題については、米国側の外交文書によると、ジョンソン大統領が日本に対する「核抑止力」の提供を申し出たのに対し、佐藤首相は感謝の言葉を述べたという。また、両国の閣僚も交えた会談の中で、佐藤首相は、日本の国民が核兵器の保有も使用も望んでいないこと、中国の核保有に対抗して日本も核兵器を保有すべきとの意見もあるが、それは日本の政策ではないと語ったという（US, Department of State, 2006:70, 77）。

つまり、一九六五年一月の日米首脳会談では米国側が日本への「核の傘」の提供を保障する代わりに日本側が核武装を断念した経緯が確認できる。元来、米国国務省の内部では中国の核保有に対する対策を検討するため、レウェリン・トンプソン無任所大使を委員長とする「核兵器能力委員会」が発足したが、その日本小委員会では六五年六月に最終報告書をまとめた。その中では、日本の基本的安全保障措置として米国の核抑止に対する日本の信頼の維持と、核兵器を製造しないという日本の決意を永続させ、強化するという二目標が設定されていた。そして、この後者の目的を実現する方法として、「科学分野において、建設的かつ平和的な方法で技術力と熱望を発揮できるように日本を奨励し、支援すること」が明記された（黒崎 2006:62–63）。

つまり米国政府は、核不拡散体制を維持するため日本に核武装を断念させ、その代わりに、日本との科学技術協力の促進を考慮していたのであり、その結果、宇宙開発や原子力発電などの分野での日米協力が進展してゆくことになった。ただし、その後日本は、佐藤首相が一九六七年末に非核三原則を表明し、七〇年二月に核不拡散（ＮＰＴ）条約に調印したが、その批准は七六年まで遅れることになった。この遅れは、日本国内に核カードを手放してしまうことに対する強い抵抗感があったことを示している。

日米原子力協定の改定

日本の原子力発電が一九六〇年代半ばから軽水炉を中心として実用化の段階に入ったことは、当時、米国でしか生産できなかった濃縮ウランの需要が飛躍的に高まることを意味した。しかし、一九五八年に締結された日米原子力協定では研究用の原子炉に二・七トンの濃縮ウランの供給が約束されていただけであったから、その不足は明らかであった。そこで、六八年に期限を迎える協定の改訂にあたって日本側は濃縮ウラン供給の大幅な増加を要求していった。

例えば、一九六七年一月一八日付で原子力委員会参与会は改訂にあたって次のような要望を外務省に提出していた。まず、民間における原子力発電の機運が飛躍的に増大し、向こう五年間に着手予定のものも含めて一一基の原子炉が建設される見込みであること、これらの原子炉は、濃縮ウランを燃料とする軽水炉が多いが、この濃縮ウランの「供給源としては、差し当たり米国以外は考えられない情勢において、所要の濃縮ウランを新協定においていかに確保するかは、わが国のエネルギー政策上からも重要な点である」こと、さらに、民間レベルでウランを賃濃縮したり、購入を可能にすること、必要な濃縮ウランは「一〇〇トンを超える大量」となること、今後、高速炉の開発のために相当量のプルトニウムの確保が望ましいこと、などを要望していた（外交史料館公開文書「原子力の平和利用における協力のための日米間協定」B'0091 2156 など）。

結局、一九六八年に改訂された日米原子力協定では、米国から供給される濃縮ウランの枠は、旧協定の二・七トンから一六一トンに拡大されるとともに、日本の民間企業と米国原子力委員会との間で賃濃縮契約などが可能となった（村田 1968:276）。ここに、米国からの濃縮ウランの大量供給が可能となり、実用段階に入った日本の軽水炉を中心とした原子力発電の燃料問題は解決されることになった。しかし、それは、濃縮ウランという燃料の点でも、軽水炉という原子炉の点でも米国依存を強める結果となった。つまり、日本は、独自の核武装の可能性を断念することで、米国依存の原子力発電開発の道を邁進することになるのであるが、それは日本が国際原子力機関（IAEA）の「優等生」と呼ばれ、米国の核不拡散政策に協調してゆくことを意味した。

（4）スリーマイル島原発事故の衝撃

一九七〇年代の米国における反原発運動の高まり

一九六〇年代の米国で高揚した公民権運動やベトナム反戦運動は、七〇年代に入ると、一部の運動の急進化による警察などとの衝突が頻発し、衰退していったが、代わって女性解放運動や環境保護運動が地道な発展を見せていった。七〇年四月には地球環境の保全を訴える「アース・デー」が設定され、環境保護を求める住民の声を受けて、連邦議会は七〇年に大気汚染防止法、七二年に水質汚染防止法を制定した。

このような高まりを見せた環境保護運動は、火力発電所から出るスモッグの規制だけでなく、原発の安全性への批判にもつながっていった。そのため、原子力委員会のシーボーク委員長はむしろ原発を「クリーンで安価なエネルギー」と宣伝していった。また、ニクソン政権は、二〇〇〇年までに電力の五〇％を原発で供給するため、一〇〇〇基の原発建設を目標とすることを表明していた。その上に、一九七三年に石油危機が発生した。米国は当時、輸入原油の三〇％を中東に依存していたため、中東原油の一時的途絶やその後の大幅値上げを受け、石油に代わり、原発を推進する声が高まった。その結果、新規の原発建設数は、七〇年に一六基、七一年に二一基、七二年に三八基、七三年に四一基となった（ルドルフ／リドレー 1991 : 222-32）。

また、ニクソン政権は、マサチューセッツ工科大学の原子物理学者ノーマン・ラスムッセンを委員長とする調査委員会を一九七二年に発足させ、原子力委員会の協力のもとに原発の安全性について調査を進めさせた。七五年に発表されたその最終報告書は数千ページにもなる大部のものとなったが、千人以上の死者を出す深刻な原発事故の可能性は一年当たり一〇〇万分の一で、隕石が米国の人口集中地域に落下する確率と同程度であるとして、原発の安全性を強調するものであった。この報告書に対しては、米国の物理学会やシエラ・クラブなどから批判が出たが、原子力委員会は満足を表明した（ウィンクラー 1999 : 206-07）。

このように米国では一九七〇年代初めには原発が「クリーンで安価なエネルギーである」という宣伝が広まり、原発の新規建設も増加していたが、同時に、事故が続出し始め、原発批判も高まってゆく時期ともなった。事実、原発の新規建設は七三年の四一基をピークに減少し始め、七四年には二七基、七五年には五基、七六年には三基を記録するだけとなった（ルドルフ／リドレー 1991:249）。

つまり、一九七〇年代半ばになると、原発事故の増加と住民運動の高まりによって原発の新規建設が困難になる状況が出現していた。局地的な住民運動はすでに六〇年代から発生しており、六八年二月には、ウェスト・バレーにあった再処理工場から放射能汚染度が高い排水が川に流されていることが判明し、近隣住民の反対の中、この再処理工場は七二年に閉鎖された。また、七〇年一二月には「社会的行動を志す科学者・技術者」を名のるグループが原発の安全性を強調する原子力委員会への批判活動を開始した。さらに、有力な環境保護団体であるシエラ・クラブが七一年一月に原発の新規建設の凍結を要求した。また、新規建設に反対する住民訴訟も各地で始まった上、原子力委員会があまりに原発関連の企業寄りだという批判が各地の住民から各州の選出議員などに集中した結果、七四年には連邦議会が原子力委員会を改組して、原発などの安全性を監視する原子力規制委員会（ＮＲＣ）と原子力開発を推進するエネルギー研究開発局（ＥＲＤＡ）に二分することを決定した（同上 :220-27, 240-41）。

また、七〇年代半ばになると、ラルフ・ネーダーなどの提唱により環境保護運動と消費者運動が連携するようになり、反原発運動は広汎な広がりを見せるようになっていった。そのような折に、ブラウンズフェリー原発で七五年二月に火災事故が発生した上、六六年にデトロイト近郊で発生していたエンリコ・フェルミ原発事故の内情を暴露する『消滅するところだったデトロイト』というセンセーショナルな本がその直後に出版された。この出版を契機として原発のモラトリアムを求める住民投票がカリフォルニアなどの各地で提起されてゆき、七四年一一月にはマサチューセッツ州マンターギュ原発に反対する住民投票で反原発派が勝利した。さらに、七六年には原発設計の安全性に疑問を提起したため、ＧＥ社を解雇された三人の技師が連邦議会の合同原子力委員会で証言し、沸騰水型原発の設計上の不備を多数指摘する事態まで発生した。また、七六年一月には、ニューハンプシャー州のシーブルックで原発反対の市民的不服従の運動が始まった。この運動の主張に好意的であった原子力安全認可局長が更迭されたこともあって、この運動は全世界的に注目を浴びていった。しかも、このような原発批判の高まりに押されて、カーター政権は、七八年に公益事業政策規制法を制定して、ソーラー開発や再生可能エネルギー開発への助成を強化していった（同上：242–51）。

スリーマイル島原発事故の発生

一九七九年三月二八日午前四時ごろ、ペンシルベニア州ハリスバーグ近郊にあるスリーマイル島（ＴＭＩ）原発二号機で深刻な事故が発生した。給水ポンプに連結する安全弁が故障し、冷却系が機能不全に陥った結果、発電タービンが停止し、三つの緊急給水ポンプが作動するはずだったが、人為的ミスでその二つが閉鎖されたため、一六時間以上も炉心が冷却されず、部分的な炉心溶融が発生した。二日後、大量の放射性ガスが周辺に飛散し、二〇万人もの住民が避難を余儀なくされるという、米国の商業用原発史上最悪の事故に発展したのであった。事故の収拾には約一ヵ月を要したが、その後も建屋内部には放射性ガスと約百万ガロンの放射性汚染水が残った（ルドルフ／リドレー 1991：268–70；高木 2002：

第1章)。

この事故発生の数週間前に公開されていた、原発の炉心溶融で高熱の核燃料が外部に溢れ出し、地表を溶かして、地球の裏側の中国にまで達するという『チャイナ・シンドローム』の筋書きと奇妙に一致する展開で、多くの人々を恐怖に陥らせた。この事故は国際的にも大きな反響を呼び、核廃棄物貯蔵施設と再処理施設の建設が予定されていた北ドイツの小村に、ヨーロッパ中から一〇万人が集まり、反対を表明した。また、五月六日には首都ワシントンで原発と核兵器開発に反対する一〇万人ものデモンストレーションが展開され、秋にはニューヨークで一週間にも渡って反原発の行事が開催、延べ三〇万人が参加したという。そうした結果、原発を支持する世論は、七七年七月では六九％あったのが、スリーマイル島事故後には四六％に低下した(同上:271-73)。

深刻な事故を起こした原発二号機は、バブコック&ウィルコックス社製の可圧水型軽水炉で、試運転前から事故が多発していたが、七八年二月に原子力規制委員会が運転の許可を出したものの、その年の三月から年末までの間の二七〇日間で半分以上の一九五日も故障で運転停止を余儀なくされていた。そのため、「憂慮する科学者同盟」が七九年一月末に欠陥原発一六基の運転停止を原子力規制委員会に申し入れていたが、その中にこの二号機も含まれていた(高木 2002:108-10)。

つまり、事故は起こるべくして起こったのだが、そのような欠陥原発の操業を許可した原子力規制委員会の責任も問われることになった。カーター大統領は、四月一日に現地を視察した上で、事故原因の調査を行うため特別委員会を設置した。その報告書では、原子炉設計上の明白な欠陥、監視体制の不備、運転員の訓練不足、その他の日常運転面での深刻な諸問題が存在していたことを指摘した上で、次のように提言していた。

「組織、規則、慣行の各面において――そしてなかんずく――われわれが調査した諸機関のなかでは最も典型的である原子力規制委員会（NRC）と原子力産業の態度の面において、根本的な変革が必要であろう」（ルドルフ／リドレー 1991:274）。

しかし、電力会社や原子力機器メーカーの側では、事故が人為的ミスで起こったとし、原発機器自体の安全性に変わりがない点を強調する宣伝を強化するため、エネルギー啓発委員会を組織して、事故後半年間だけで一六〇万ドルもの宣伝費を投入し、大学での原子力関連の講座などを支援していった（同上 :275）。それにも拘らず、スリーマイル島原発二号機で発生した深刻な事故は米国における原発熱を急速に冷めさせることになり、新規の原発建設が凍結された。その結果、原発推進派からすると、続く八〇年代は「原発暗黒時代」となったといわれている（ウィンクラー 1999:214）。

日本におけるスリーマイル島事故の反響

日本では、一九七三年の石油ショック以来、「エネルギー安全保障」の立案が国家的課題と意識されるようになり、石油に代わるエネルギーとして原子力発電を重視する傾向が強まっていた。とくに、一九七三年七月に通産省から分離して設置された資源エネルギー庁の管轄下に総合エネルギー調査会が設置され、商業用原発の増設が推進されていった。また、米国における原子力委員会の改組に対応して、七八年に原子力安全委員会を科学技術庁の原子力安全局の下に設置したが、米国のような独立性は欠けていたし、調査を実施できる大勢のスタッフをもつ機関とはならなかった（吉岡 2011:160,

182-83)。

それ故、スリーマイル島原発の事故に対する日本の反応では、当然、原発反対派の論調を強めさせる効果をもったが、原子力行政や産業関係者は極力過小評価し、日本の原発には関係ないことだと主張した。例えば、原子力安全委員会の吹田徳雄委員長は、スリーマイル島原発事故の二日後に「事故の原因となった二次系給水ポンプ一台停止、タービン停止がわが国の原発で起きてもスリーマイル島のような大事故に発展することはほとんどありえない」とする楽観的なコメントを発表した（同上：158)。しかし、二次冷却水の給水系の故障が七三年七月に関西電力の福井県美浜原発で発生していたことが判明した。それでも、電気事業連合会の平岩外四会長は、「日本の原発は、炉型、機械、操作員などの面から米国のような事故が発生する恐れはないと信じている」と発言した（上丸 2012：319-20)。

むしろ、一九七九年にはイラン革命に連動した第二次石油ショックが発生したため、日本では一層石油に代わるエネルギーとして原子力発電を重視する議論が強まってゆき、スリーマイル島原発の深刻な事故を教訓として活かすことは不十分に終わった。例えば、一九八〇年には石油代替エネルギー法が制定され、石油以外のエネルギーの長期的な数値目標が閣議決定されるようになるが、原子力発電に大きな比重を置くようになった。事実、九電力会社の発電量のシェアをみると、一九八〇年度では石油四二・五%、石炭三・一%、天然ガス二〇・五%、原子力一七・六%であったのに対して、一九九五年度では石油一六・九%、石炭八・八%、天然ガス二七・九%、原子力三七%となり、この一五年間に原子力が倍以上に増加していることが分かる（吉岡 2011：183-85)。

つまり、スリーマイル島原発での深刻な事故は、米国では原発推進派にとって「原発暗黒時代」をもたらしたが、日本ではこの事故の教訓が原発に関係する行政や産業には活かされず、むしろ「原発増設時代」となったのである。スウェーデンがスリーマイル島事故の結果、「脱原発」に転換したのと対照的であった。

結びに代えて

原子力発電をめぐる日米関係を概観してみると、原発問題だけにとどまらない、戦後の日本社会における重大な欠陥が浮き彫りになってくる。それらの幾つかを指摘して結びに代えたいと思う。

第一には、日本における原子力発電が日本学術会議などの学者が重視した「自主開発」ではなく、米国からの直輸入で始まったために大きな被害を発生させたという問題がある。それは、原発の実用化を自らの政治的野心などに利用しようとした一部の政治家やマスコミ人が時間のかかる自主開発よりも、米国の軽水炉を直輸入した方が早期の実用化に結びつくと判断した結果であった。しかし、その場合でも、英国からのコールダーホール型原発の導入の際には、震災対策など様々な設計変更を要求していたのに、米国からの軽水炉導入に際しては、GE社などの「ターンキー契約」を受け入れて、米国から完成品をそのまま導入した印象が強い。このような、無批判的に米国に依存する体質は、戦後の日本の構造的欠陥であり、原子力開発でもその欠陥が露呈したといわざるをえない。

第二には、日本における原子力発電の開発が、米国に比べても「原子力ムラ」と呼ばれる「秘密主義」の壁の中で行われてきたため、安全対策などが疎かになってきた問題がある。それは、米国からの原子力技術や燃料の輸入に際して、米国から義務づけられた「秘守義務」に由来するが、それだけでなく、日本特有の行政機構の秘密主義が上乗せされてきた問題である。例えば、原子力行政の指揮命令機関である原子力委員会が米国では独立した行政機関であったのに対して、日本では原子力開発を推進する省庁の中に組み込まれたため、行政機関間のチェック機能が果たされなかったという欠陥がある。また、米国では政権交代があるため、住民運動などの声が政治家を通じて議会や行政に影響を及ぼしやすく、原発政策に変化や改良をもたらしてきた傾向がある。しかし、戦後の日本では長い間政権交代がなかったため、原発推進の議員・官僚・企業家・学者の「翼賛体制」が存続し、外からの批判を受け付けない体質が長く続いてきた。これは「はじめに」でも指摘した、戦後日本社会における民主主義の未発達という重大な問題の一環であり、政権交代の定着や官民癒着構造の精算など、抜本的な改革が必要になっている。

第三には、原子力の軍事利用と平和利用の関係の問題がある。日本では、両者を分離して論じる傾向がある。しかし、アイゼンハワーが一九五三年一二月に提案した「平和のための原子力」演説は、元来、ソ連を国際的な核管理体制に組み込んだり、核兵器の拡散を防止する意図も込められていたことが示すように、米国では軍事利用と平和利用は一体として把握されてきた。また、米国が日本に米国型の原発を提供する場合にも、日本が核武装を放棄し、核不拡散体制に協力することが重要な条件となっていた。その上、日本の原発が米国型の軽水炉を中心に展開してきた結果、米国に燃料の濃縮ウランを依存するだけでなく、原発稼働の結果発生するプルトニウムを米国に返還したり、核廃棄物の再処理を米国など外国に依存するといった形で、原発開発の国際的ネットワークに依存する結果となった点も無視できない。このネットワークは、企業レベルにも拡大しており、二〇〇六年には東芝がウェスティング・

ハウス社を買収し、翌〇七年には日立とGE社の原子力事業が統合されている。

野田政権が二〇三〇年代に原発ゼロを目指すという目標を掲げたときに、米・英・仏政府から懸念が表明されたのも、このような原発を推進する官民の国際ネットワークの存在と無関係ではないだろう。それ故、日本が「脱原発」をめざす場合には、このような国際ネットワークに対抗できる「脱原発」の国際ネットワークの構築が必要になる点も注意しなければならない。

参考文献一覧

アイゼンハワー、ドワイト 1965：『アイゼンハワー回顧録』Ⅰ、みすず書房。
朝日新聞特別報道部 2012-3：『プロメテウスの罠』第1～4巻、学研パブリッシング。
有馬哲夫 2008：『原発・正力・CIA』新潮新書。
有馬哲夫 2012：『原発と原爆』文春新書。
市川　浩 2007：『冷戦と科学技術――旧ソ連邦 1945-1955』ミネルヴァ書房。
ウィンクラー、アラン・M 1999：麻田貞雄監訳『アメリカ人の核意識』ミネルヴァ書房。
遠藤哲也 2010：『日米原子力協定（一九八八年）の成立経緯と今後の問題点』日本国際問題研究所。
紀平英作 1998：『歴史としての核時代』山川出版社。
黒崎　輝 2006：『核兵器と日米関係――アメリカの核不拡散外交と日本の選択 1960-1976』有志舎。
小森陽一編 2011：『3・11を生きのびる――憲法が息づく日本へ』かもがわ出版。
柴田秀利 1985：『戦後マスコミ回遊記』中央公論社。
上丸洋一 2012：『原発とメディア』朝日新聞出版。
高木仁三郎 2002：『高木仁三郎著作集1　脱原発へ歩みだす』七つ森書館。

竹内俊隆編 2011：『日米同盟論』ミネルヴァ書房。
田中利幸／ピーター・カズニック 2011：『原発とヒロシマ――「原子力平和利用」の真相』岩波ブックレット。
中沢志保 1995：『オッペンハイマー』中公新書。
日本原子力産業会議編 1957：『原子力年鑑』。
日本原子力産業会議編 1966：『原子力年鑑』。
日本原子力産業会議編『原子力産業新聞』。
（日本原子力産業協会の電子図書で検索可能）
日本原子力産業会議 1986：『原子力は、いま――日本の平和利用三〇年』上、丸の内出版。
平田光司 2011：「マンハッタン計画の現在」、『歴史学研究』一〇月号。
村田 浩 1968：『核エネルギーの平和利用』日本国際問題研究所。
柳田邦男 1986：『恐怖の2時間18分――スリーマイル等原発事故全ドキュメント』文春文庫。
山崎正勝 2011：『日本の核開発』績文堂。
山本昭宏 2012：『核エネルギー言説の戦後史 1945-1960』人文書院。
吉岡 斉 2011：『新版・原子力の社会史――その日本的展開』朝日新聞出版。
吉田文彦 2009：『核のアメリカ』岩波書店。
吉見俊哉 2012：『夢の原子力』ちくま新書。
ルドルフ、R／S・リドレー 1991：岩城淳子ほか訳『アメリカ原子力産業の展開――電力をめぐる百年の構想と九〇年代の展望』御茶の水書房。
若尾祐司・本田宏編 2012：『反核から脱原発へ――ドイツとヨーロッパ諸国の選択』昭和堂。
Hewlett, Richard G., Jack M. Holl, 1989: *Atoms for Peace and War 1953-1961*, University of California Press.
Rochlin, Gene I., 1979: *Plutonium, Power, and Politics: International Arrangements for the Desposition of Spent Nuclear Fuel*, University of California Press.

US, Department of State, 1990: *Foreign Relations of the United States, 1955–57*, Vol. XXIII, Government Printing Office.
US, Department of State, 2006: *Foreign Relations of the United States, 1964–68*, Vol. XXIX, Pt. Japan, Government Printing Office.

第五章

日本における原発問題の時期区分

宮地正人

はじめに

二〇一一年「3・11」フクシマ原発事故の大惨事は原子力発電の危険性、経済性、クリーンエネルギー性に関する長年にわたった論争に決定的な終止符を打った。しかし日本国民の原発からの撤退の決意は、その後、曖昧にさせられてきており、迫り来る巨大地震に第二のフクシマが再現される恐れが広範な日本人の中に広がっている。問題は極めて深刻であり、自覚的で長期の闘いなしには展望は開くことが出来ない。何故か？　それは原発問題が戦後日本史の根幹部分を構成し続けてきた問題だからである。今後のわれわれの脱原発の闘いを前進させるために、構造とその展開を時期区分し、全体を歴史具体的に捉えておくことは、闘いの一つの前提となる。本章はそのための一試論である。

(1) 前史

米国は一九四五年八月六日広島に、九日長崎に原爆を投下、日本民族に対するジェノサイドを行なった。原子物理学者たちによる核エネルギー発見という科学の成果は、軍事技術としてまず実用化された。

米国の核戦争脅迫に対抗し、冷戦下のソ連は四九年七月原爆を開発、米国はためらい抵抗する原子物理学者たちを排除しつつ水爆開発に着手し、五〇年一一月、米大統領は朝鮮戦争での原爆使用の可能性にすら言及する。米・ソの核兵器開発競争は全世界を恐怖の淵に立たせた。転機となったのは、五三年三月のスターリン死去及び英ソ両国の米国に先んじての核エネルギー平和利用としての原子力発電開発であった。

一九五三年一二月、アイゼンハウァー米大統領は国際連合で Atoms for Peace 演説を行ない、核エネルギーの平和利用と核兵器拡散阻止のため、国連のもとに国際機関（五七年七月、IAEA活動開始）を設立し、また天然ウランと核分裂物質の所有諸国は一部を平和利用のため国際的に供出すべきであり、米国は濃縮ウラン一〇〇キログラムを提供しようと提案した。この時期、米・ソの核兵器競争は依然として進行しており、同盟諸国の核アレルギーを平和利用を介して解消させ、そこへの核兵器配備を確実にする狙いも、この提案には籠められていた。

(2) 第I期——一九五四〜六六年

米国の方針転換を素早くつかみ、国家主導で原子力研究を推進すべく、五四年三月、初の原子力予算を成立させたのは、当時の改進党議員だった中曾根康弘だった。彼は平和利用のみならず、大国化のため核武装潜在能力の蓄積をも狙っていたはずである。岸信介首相も五七年五月、「核兵器は自衛権の範囲内なら許される」と国会で答弁し、「3・11」後の二〇一二年八月一〇日の『読売新聞』も、その社説で「核兵器材料にもなるプルトニウムの活用を国際的に認められ、これが潜在的な核抑止力としても機能している」と述べている。原発ならびに核搭載ミサイル技術に直ちに転用され得るロケット開発が、一貫して国家主導で推進させられてきた理由はここにある。

一九五五年一一月の日米原子力協定では、米国は研究用実験炉と濃縮ウラン六キログラムの提供を約したが、使用済み核燃料からプルトニウムを分離する再処理は厳しく制限し、また米国の事情で提供ウランはいつでも引き上げることが出来るとした。

同年一二月に成立した原子力基本法と原子力委員会設置法に基づき、翌年一月より湯川秀樹を含む五人の委員（委員長・正力松太郎）による原子力委員会が活動を開始、五月設立の科学技術庁初代長官に正力が任命され、彼は原子力委員会委員長を兼任、二〇〇一年の中央省庁再編による科技庁解体まで、長官が委員長を務める政治主導の原子力行政体制がここに始った。自主・民主・公開を基本に慎重で着実な原子力研究を主張する原子物理学者たちの代表、湯川秀樹を委員会の看板としながらも、早くも五六年一月、正力は五年以内の実用原子力発電所建設を言明、実業界は学界に対抗し原子力発電の早期導入を実現すべく、正力と協力し同年三月、日本原子力産業会議（二〇〇六年日本原子力産業協会と改称）を組織した。会議の中核には、五〇年一一月の「電気事業再編成令」「公益事業令」により、発電と送電を一体化し、全国九ブロックの地域独占企業として五一年五月に成立した東京電力・関西電力など、五二年には電気事業連合会（電事連）を結成する九電力会社が位置し、そこに鉄鋼、重電機メーカー、大手建設会社等、発足時点で二七一社が加盟、会長には東電の菅礼之助会長が就任し、事務局長には、戦時中翼賛政治会総務の正力と事務局長としてコンビを組み、四四年、共に貴族院勅選議員となった橋本清之助が就いた。

　正力は一九五六年四月、商業用原子力発電を可能にする広大な土地があることを計算の上で茨城県東海村を日本原子力研究所（原研）建設地に選定、五七年八月、米国から導入した実験用原子炉ＪＲＲ—1は原研で臨界に達した。続いて五八年九月、日米原子力協定は動力用原子炉開発を目的とした新協定に変更され、最大で二・七トンの濃縮ウランの提供が約束された。他方、着実で自主的な基礎研究なしの強引な実用化への政府・産業界の性急な策動は湯川秀樹を絶望させ、五七年三月、彼は原子力委員を辞任した。

　また産業界は原子物理学界の危惧感を念頭に置いた原研の研究活動すら無視、早くも五七年一一月、九電力会社共同出資で日本原子力発電（原電）を設立し、敷地を東海村に定めた。それまで原研理事長だった安川第五郎が原電社長に就任した。

　早期の商業用原子力発電を急ぐ正力は、米国との矛盾を孕みつつ、また英国側からの積極的売り込みもあって、五七年三月、原子力委員会でコールダーホール型原子炉導入を決め、五九年三月原電は原子炉設置許可願を申請し、原子力委員会安全審査専門部会は同年一一月英国炉を安全だと答申、当初から耐震性に関し重大な疑念が出され続けていた英国炉が短期間で許可されたことに「公衆安全に関する重大な審査が秘密の扉の中で行なわれるようでは国民の納得を得られない」と、委員の一人、坂田昌一は抗議の辞任を行った。五四年三月、原子力予算の成立以降、原子炉の耐震性、原子炉の制御困難性、放射性物質の最終処理方法の未確立性、生成される放射性物質の生命体への甚大な損傷性（五四年九月、第五福竜丸久保山愛吉、死の灰で死亡）など、「3・11」で全国民に周知となった原発の諸問題性は、総てこの申請許可までに科学者たちによって表明され続けていたのである。坂田は中立性を全く欠如した専門部会を、「家庭教師が入試をするようなもの」と評し、推進機関原子力委員会の下に規制機関の専門部会が置かれている矛盾を指摘した。五九年六月より科技庁長官・原子力委員会委員長となっていた中曾根は、同年一一月、「飛行機が落ちて来ても原子炉自体は三メートルものコンクリートで覆われているので安全だ」と記者会見で述べた。翌六〇年一月、初の商業用原発となる東海原発の建設が開始され、批判する科学者ではなく奉仕する高級技術者を養成すべく、この六〇年、東京大学工学部に原子力工学科が設置された。優秀な学生が同学科に殺到する。原子力工学の確立を目指す日本原子力学会が創立されたのは、前年の五九年二月のことであった。

科技庁は原子力研究を強力に牽引していった。ウラン原料をめぐっては五六年八月原子燃料公社を立ち上げ、六三年八月には原子力船第一号の設計・建造を目的に日本原子力船研究開発事業団を発足させた。他方六二年、自力で国産原子炉ＪＲＲ―３を製造した原研には、米国製動力用軽水炉ＪＰＤＲを導入させて翌六三年一〇月二六日（後日「原子力の日」に指定）に発電を成功させ、しかも原研の原子炉研究には国がカネをつけないため、ＪＰＤＲは研修・訓練用に使われ、原研内での原子力基礎研究はその比重を低下させられていった。九電力会社の原発尖兵の役割を果たすべく、原電東海発電所は六六年九月一日、出力一二万五千キロワットで営業を開始した。

(3) 第Ⅱ期――一九六六～七四年

第Ⅱ期は、商業用原発が出発時にぶつかる諸問題にどのように対応したか、の時期となる。この段階に入り、国は原子力に関わる全般的問題に対処すべく、六七年一〇月、動力炉・核燃料開発事業団（動燃）を発足させ、原子燃料公社をそこに吸収した。本事業団は国内外のウラン資源獲得から精錬、転換（ウラン精鉱を六フッ化ウランに転換）、濃縮、燃料加工、そしてプルトニウム・未反応ウラン・放射性廃棄物を分離し必要物質を回収する再処理、更に廃棄物処理・処分に至る核燃料サイクル全体の技術開発と共に、重点を、より効率的な新型転換炉とプルトニウムを燃料とする高速増殖炉の開発に置いた。高速増殖実験炉「常陽」は七七年に、つづいて商業用に敦賀に建設された高速増殖炉「もんじゅ」は九四年、臨界に達した。他方、敦賀で建設された新型転換炉「ふげん」は七八年、臨界に達している。動燃活動の展開は原研の立場を更に弱め、原研研究者の原発安全性への疑念と危惧の声は行政命令によって押え込まれることになった。

商業用原発の尖兵たる原電は、一九七〇年三月に敦賀に第二機目を、七八年一一月東海に第三機目を営業運転させ、つづいて九電力の内、関電の若狭美浜第一号機が七〇年一一月、東電福島第一の第一号機が七一年三月に活動を始めた。需要される濃縮ウランは米国に依拠せざるを得ないため、六八年二月、三〇年間で一五四トンを米国が提供する旨の日米原子力協定が結ばれたが、再処理には一回ごとに米国の同意が必要と厳しく規制された。核兵器保有諸国の独占を目的に核不拡散条約が締結されたのは六八年七月（日本は七六年批准）のことである。

しかしながら、ヒロシマ・ナガサキの原爆体験、五四年三月のビキニ水爆の「死の灰」体験を持つ日本人の核アレルギーは強く、原子炉の安全性も既に繰り返し事故の発生している諸外国の経験から強い不信感が抱かれており、六〇年代前半から原発候補地に挙げられていた全国各地では激しい反対運動が組織されていき、六六年九月には、熊野灘に臨む候補地・芦浜を視察に来た中曾根らの政府要人の行動を阻止したとして、漁民たちが起訴され、有罪判決を受けることとなる（長島事件）。反対運動を切り崩すため、原発建設を隠しての土地取得、利害関係者・関係団体の買収、地元マスコミへの贈賄など、あらゆる手段がとられ、しかも性格が裁判闘争も含め長期化するものでもあり、原発問題は戦後住民運動史と戦後地方政治史を実証的に研究する上での恰好の材料を提供している。

どのようにして現在の市町村になったのかは、一つには新潟の田中角栄、福井の熊谷太三郎（熊谷組オーナー）、島根の桜内義雄などといった強力な地元保守政治家の存在が関わっている。尖兵としての原電の茨城県誘致にしてからが、正力と戦前警視庁で同僚だった同県衆議院議員の大久保留次郎や、正力の先輩で東京帝大工科大学応用化学科で学び、戦時中のみならず戦後も隠然たる力を持ち続けていた、元内原訓練所長の加藤完治の存在が大きかったのである。あと一つは国会議員と結びつきながら、地元に利益を誘導し、県政基盤を固めようとする積極的な県知事の存在があった。福島県知事佐藤善一郎は、大熊・双葉両町にまたがる土地の中心部が旧日本軍航空隊基地として、土地取得上の困難が小さいことを踏まえ、東電と合意の上、早くも六〇年には誘致計画を発表している。また福井県知事を一九六七年から五期二〇年にわたって務めた中川平太夫は、在任中に県下原発一五基の内、一四基を着工させ、原発建設とその事故をもテコにしながら、国から種々の振興策を取り付ける政治手法に長けていた。

原発立地問題は容易ならざる様相を呈してきた。政府は、この問題をカネで解決しなければと、一九六八年度原子力関係予算の中に初めて広報啓発費一〇〇〇万円を計上した。同様の動きは原子力業界にも起こった。六五年七月、日本原子力産業会議(原産会議)の下に、広報機関として日本原子力普及センターが設立されたが、六九年七月、センターの活動を全国的規模で一元化し、目的に地元自治体・地域社会との接触、青少年教育に対する原子力知識の普及活動も含んだ日本原子力文化振興財団(橋本清之助が常務監事)が発足した。

当然のこととして原子力産業業界は、カネによる地域買収の法制化を求めることとなった。七三年に原産会議は「原子力開発地域整備促進法」を制定するよう政府に要望し、翌年一月、電事連は中曾根通産大臣に原発立地促進要請書を提出、田中首相と中曾根大臣の下、七四年六月、発電用施設周辺地域整備法・電源開発促進税法・電源開発促進対策特別会計法という、いわゆる電源三法が成立した。これにより、立地自治体には運転開始に先立つ調査段階から交付金が付けられ、それは着工事に大幅に膨れ上がる仕組みが作られた。しかし建設から一〇年経過すると、交付金が激減し、また施設の老朽化により固定資産税が減少していくため、立地自治体は新規原発建設の申請を拒絶できない体質が、ここに作られることになったのである。

（4）第Ⅲ期――一九七四～七九年

政府主導の原子力政策の第Ⅲ期の焦点は、プルトニウムを取り出す動燃東海再処理工場完成に伴う日米交渉であった。一九七七年九月、日米両国は東海再処理工場での二ヵ年九九トン再処理に関して合意し、同月より試運転開始、七九年一〇月、両国は二ヵ年の期間延長に合意、八一年一月より東海再処理工場は本格的運転を始めた。原子力エネルギーへの政府の積極的姿勢は、科技庁のほか、通産省への七三年七月資源エネルギー庁設置にも現れた。

一九七三年一〇月第四次中東戦争による第一次オイルショックは、原子力発電にとって、経済性を主張する上での絶好の機会となった。しかしながら、七〇年代に入ると公害問題は地球環境問題と意識されるようになり、七二年六月、第一回国連人間環境会議がひらかれ、Only One Earth が標語に掲げられた。日本人の国民性調査でも「人間が幸福になるためには自然を征服していかなければならない」への賛成は六八年の三四％から七三年には一七％に減り、逆に「自然に従う」は六八年の一九％から七三年には三一％に、更に二〇〇八年には五〇％を超えるようになる。

加えて原発への不信感を増大させたのは、原発営業運転開始直後から続々と起こる放射能漏れを含む原子炉事故であった。一九七〇年三月に営業運転をはじめた原電敦賀原発では、同年一一月、燃料棒から冷却水への放射性ヨウ素131漏出、並びに作業員の被曝が公表され、翌七一年一月には排水口近くのムラサキ貝から微量の放射性コバルト60が検出された。更に同じ七一年五月、修理に入った水道管工事会社社員が被曝、彼はやむなく七四年四月、訴訟に踏み切った。同じ七一年七月、原電東海原発でも三名の被曝事故が起こった。共産党のみならず社会党も七二年には建設反対の立場を明確にした。推進派に特に深刻な打撃を与えたのは七四年九月の原子力船「むつ」の放射線漏れ事故であった。七〇年、母港の青森県大湊港に入港、七二年九月核燃料を積み込むも、強い反対で二年間出港できず、ようやく七四年八月二六日、密かに出港、試運転を開始したその直後、九月一日の致命的な事故となってしまったのである。

このような国民意識と各地の反対運動の中で、六〇年代までに立地を受け入れた土地以外に新規立地を電力会社は確保できず、結果的に同じ立地に原子炉を次々と増設していき、更に古い原発の廃炉を延長せざるを得なくなっていく。原発が立地する市町村には電源三法によるカネと共に電力会社からの寄付金、その他名目の種々のカネ、電力会社社員が議員となっての地域世論作り、地元企業の原発下請け営業といった様々な要素による企業城下町化が進行させられて行った。

核アレルギーと原発不信感を分離すべく電力会社は全力を尽くした。東電社長木川田一隆はダイヤモンド社論説主幹の鈴木達《たつる》を口説き、七一年電事連に移動させ、七四年四月、電事連の原子力広報を広報部に一体化させて彼を責任者とした。鈴木は電力各社の社長会で「原子力の広報には金がかかるが、建設費の一部と思ってお考えいただきたい」と電気料金算定の元になる原価に組み込むことが認められている普及開発関係費をふんだんに利用し、日本原子力文化振興財団の名で七四年八月六日『朝日新聞』に「放射能は環境にどんな影響を与えるか」の一〇段広告を載せ、七五年には「原子炉が爆発しないのはなぜか」、「原子力発電の安全技術は大きく進歩しました」、「原始時代の昔から人類は放射線の中で暮してきました」など、二年間にわたり、毎月欠かさず原発広告を掲載し続けた。次に『読売新聞』が掲載を求め、更に反対の論陣を張っていた『毎日新聞』からも広告を依頼されるようになり、大新聞の論調を賛成の方向に転換させた。また『朝日』の原発広告開始は、一〇月二六日の「原子の日」に政府が地方新聞へ原子力広報を掲載できる道を開いた。

世論を原発賛成に誘導する一方、懐疑を呈するものは潰しにかかった。東京12チャンネルのディレクター田原総一朗は月刊誌の連載で大手広告会社が東電と組んで反原発住民運動の対策をやっていた、と書いたところ、この広告会社はテレビ局に「連載を続けるならスポンサーを降りる」と圧力をかけ、田原は会社の上層部から連載中止か退社かの二者択一を迫られて辞職した。

原発に安全性を厳しく要求しなければならない筈の原子力委員会原子炉安全専門審査会も、原子力行政推進の一翼を担っていった。一九七三年八月に伊方原発訴訟が起こされ、訴訟の中で原告側から、審査会が設けた部会の「延べ人員一三人がいずれも一・二日の調査を七回やっただけ」という杜撰さが指摘されるも、七六年二月証人に立った内田秀雄専門審査会会長は、「事務局があるし、調査委員もいますから」と平然と証言した。内田会長は七二年四月、福井県大飯原発の説明会でも、「事故は起こりえないが、起こったとしても十万年、百万年に一度」と強調していた（この似非科学的確率論は、スリーマイル島原発事故で消滅した）。伊方原発訴訟は七八年四月、松山地裁で敗訴となったが、これは、「エネルギー政策に関わるもので司法審査の対象に馴染まない」という国側の主張を追認し、「安全審査に問題なし」とするものであった。

しかし原発事故は先進地たる欧米各国で次々と発生し続け、一九七三年五月には米国のラルフ・ネーダーは原子炉運転停止を提訴、七六年二月にはGE原子炉建設部門担当管理職三名が辞職し、「我々の日々の労働が何十万年にもわたって我々の子供や孫たちに放射能という遺産を残すことになることを、我々は最早正当化することが出来なくなった」、「原発事故は確実に起きるということである。ただ分からないのは何時、何処でか、ということだけだ」と議会で証言した。

このような米国世論の高まりの中で、米国では一九七五年一月原子力委員会が廃止されて原子力規制委員会が成立し、七七年四月、カーター大統領は商業用再処理の凍結と高速増殖炉開発の延期を決定した。上述の日米合意はその直後であることに留意されたい。七九年には原子炉のメルトダウン自体を取り上げたチャイナ・シンドロームが上映される。上映三週間目にスリーマイル島事故が起きたのである。

この全世界的動向の中で中学社会科教科書の記述にも、日本書籍『中学社会』七八年度版は「原子力発電所の事故による放射線もれに対する安全性が大きな問題になっている」と、戦後初めて社会科教科書の上で懐疑的な記述をすることになる。日本国内でも批判され続けた「推進・規制一体」体制の変更がようやく七八年一〇月になされ、原子力安全委員会が原子力委員会と科技庁の中で分離された。

(5) 第Ⅳ期――一九七九～九五年

第Ⅳ期は、一九七九年三月二八日に勃発した米国スリーマイル島原発の人為的ミスによる炉心メルトダウン大事故から始まる。米国では規制委員会の権限が強化され、以降一基の原発も増設不可能となった。しかし日本の原子力行政も電力業界も、この事故からの教訓を真剣に汲み取ろうとせず、事故直後、電事連会長で東電社長の平岩外四は「（日本では）米国のような事故が発生する恐れはない」と頭から否定、八六年四月二六日、ソ連チェルノブイリ原発の人為的ミスによる原子炉爆発大事故に対しても、中曾根首相は「ソ連とは原子炉の型が異なり安全性が確保されている。原発の事故よりもソ連の事故である」と答弁して国民の懸念を一蹴した。

米国は核兵器製造が完全に軍の管理下に置かれ、民間の原発産業と分離しているため、後者を担当する規制委員会の積極的監視が容易であるが、日本では国策的原発振興政策の中で潜在的核武装力を確保しようとする支配体制のため、官民結合は極めて強く、二つの人類史的大惨事に何ら鑑みることなく、日本だけがその後二二基から五四基にまで原発を増設する異常な国家となっていった。米国も自国では原子炉改良研究も高速増殖炉実験研究も不可能となったため、軍事的に米国に引き寄せ、米日軍事同盟化を進める中で、日本に核燃料サイクルを開発させ、その研究成果を自国のものにしようとする姿勢に転換するのは、いわば当然の成り行きであった。米国は八二年六月、日本・ＥＣなど核拡散の危険のない諸国にはプルトニウムを取り出す再処理に関し特別の方法を適用することを決定、最終的には「包括的同意」を取り決めた八八年の新日米原子力協定に結実する。

再処理を含む商業的核燃料サイクルの実現にゴーサインが出たとして、政府と電事連は青森県六ヶ所村をその基地にすることを八四年に公表、研究開発の主体である動燃と技術提携協定を結びながら、九電力会社共同出資（原電と同一手法）の、再処理を含む核燃料サイクル会社日本原燃による工事が開始される。そして九二年にはウラン濃縮工場と低レベル放射性廃棄物処理施設が操業を開始し、九三年には再処理工場自体の建設が着工、二〇〇〇年より福島第二原発など全国の原発から使用済み核燃料の本格的搬入が始まった（試験運転は二〇〇六年）。さらに地元との合意が曖昧なまま、九五年一月には高レベル放射性廃棄物貯蔵施設が完成、フランスからの再処理済み物質が搬入されようとし、県知事が猛反対、「最終処分地は国の責任で探す」と科技庁が一札を入れた後の同年四月にようやく搬入された。また再処理工場に搬入されるまでの使用済み核燃料の中間貯蔵施設がむつ市関根浜に誘致された。六ヶ所村での日本原燃の核燃料サイクル諸施設の建設・運転と併行して九八年には東北電力の東通原発一号機が着工（二〇〇五年運転開始）、ウランとプルトニウムの混合酸化物（ＭＯＸ）燃料を燃やす電源開発（一九五二年政府系特殊会社として出発、卸電気業会社）の改良型軽水炉（大間原発）は、二〇〇八年に着工、工事半ばで「3・11」にぶつかるのである。

一九八四年の電事連による六ヶ所村選定は翌八五年の福井県敦賀での動燃の高速増殖炉「もんじゅ」着工と表裏一体のものであり、九一年には「もんじゅ」の試運転が行われた。

科技庁の原子力委員会は、このように強力に原子力行政を推進しながらも、六六年から商業運転が開始された各地の原子炉の耐用年数を明確にする必要に迫られ、不断の中性子照射により劣化が加速され続ける原子炉の廃炉に関し、八二年三月、原子力委員会の廃炉対策専門部会は運転開始より三〇年程度とする旨を報告、原電東海一号機は九八年廃炉となった。

科技庁の内部で分離した原子力安全委員会は、活動をアピールするために各地で公開ヒアリングを行うが、八一年八月の新潟県巻原発公開ヒヤリングでは陳述者二〇名のうち一九名が自民党員や東北電力の元職員がなるなど、それらは「やらせ」による世論作為の場にされていった。

それにしても、一九七九年三月以降は原子力行政と原発業界には逆風が吹き荒れる時期となった。確率論の信用性は地に墜ち、燃料ペレット・燃料被覆管・圧力容器・格納容器・原子炉建屋の五重の防禦による安全性の強調が前面に押し出され、電力九社の広告費は七九年の二〇〇億円弱から右肩上がりに増加、九五年には一〇〇〇億円弱に達した。八八年電事連は、原子力PA(パブリック・アクセプタンス)企画本部を立ち上げ、全国紙五紙に月一回のペースで全面広告を出し始め、通産省も同年原子力広報推進本部を設置して反原発の世論に対する反撃に出た。科技庁は日本原子力文化振興財団に「原子力PA方策の考え方」の作成方を依頼し、それは九一年にまとめられた。そこでは「記事も読者は三日すれば忘れる。繰り返しによって刷り込み効果が出る」、「広告には必ず三分の一は原子力を入れる。いやでも頭に残っていく」、「人気タレントが〈原子力は必要だ〉、〈私は安心しています〉といえば、人々が納得すると思うのは甘い。やはり専門家の発言の方が信頼性がある」などと提言されている。他方では、原発に批判的なものは圧力をかけられるか自粛させられていく。八八年六月、原子炉メーカー東芝の子会社東芝EMIは、反原発レコードの発売を中止、九〇年六月、瀬戸内海放送での自然食品会社のCM文字「原発バイバイ」は、二回続いた後に社の自主規制で放映中止となり、九二年に全国放映された広島テレビのドキュメンタリー番組「プルトニウム元年」には中国電力と電事連が圧力をかけ、製作担当者は営業局に移動させられた。

教科書では一九八〇年六月、検定を通過した中学地理に対し科技庁からいわれた文部省が出版社に自主訂正を要求、例えば日本書籍の「原子力発電には放射線もれの危険性という問題があり、発電所建設予定地では、どこでも住民の強い反対運動がおきている」との記述に対しては、「原発には危険性がない」、「反対運動はどこでも強いわけではない」という趣旨に変更させた。この線での強硬な訂正要求は

「3・11」までその後一貫して継続していくのである。

とりわけ下北半島全体の原子力基地化が目指された青森県での広告・宣伝にはすさまじいものがあった。一九八八年七月の参院選で反核燃の参院議員が誕生し、同年一二月六ヶ所村村長選でも核燃凍結を訴える候補者が当選したのである。八四年から九四年までの一〇年間、科技庁と通産省の核燃料サイクル関係広告費は四二億円、県下の報道七社あての一八億円の内一二億五二〇〇万円はテレビ局への広告となっている。九一年二月の青森県知事選挙では自民党本部と電力業界は全面的に推進派候補を支援して当選させ、県下の空気を「反対しても無駄」との雰囲気に転じさせていった。そして九〇年代に入ると、経済性にプラスし、地球環境を守るクリーンエネルギー性なるものが「安全神話」に付け加えられてくるのである。

カネでねじ伏せるとはこのことを言うのだろう。六ヶ所村には八八年より二〇〇四年まで電源三法交付金が二〇〇億円入ったほかに、固定資産税が年五〇億円、八九年には電事連などからの出資基金一〇〇億円で、むつ小川原地域産業振興財団が設立され、九四年度には電事連の寄付金二五億円で原子燃料サイクル事業推進特別対策事業が始まり、県内全域の自治体に資金が渡る仕組みが作られた。

しかし原子炉の経年劣化は着実に進行していった。福井県美浜原発第二号機（七二年運転開始）は、九一年二月九日、日本で初めての自動停止事故を起した。蒸気発生器の細管を固定する触れ止め金具が設計通りに取り付けられなかった結果、長年の震動で金属疲労が生じ、細管が破断し、五五トンの一次冷却水が流出してしまったのである。以前から細管破断（ギロチン）の危険性は指摘されてきたのにである。

反対運動においては、一九九二年九月「もんじゅ」差止め訴訟に対し、最高裁は原告全員の適格を認めた。立地自治体の住民だけでなく、二〇キロ圏内の原発被害を被る住民が裁判闘争に参加する窓口を、この判決は開いたことになる。

（6）第Ｖ期——一九九五年～二〇一一年「3・11」

第Ｖ期は、一九九五年一月一七日、活断層による阪神淡路大震災から出発する時期である。政府と電力業界は再処理を回転軸とする核エネルギー・システムの構築が出来たとして、最後まで懸案事項として残されていた高放射性廃棄物の最終処理場の確保を目指し、二〇〇〇年一〇月、原子力発電環境整備機構（ＮＵＭＯ）を発足させた。

この自信は同じ二〇〇〇年に、原子力委員会の長期計画に原発設備の海外への売込みが明言されたことにもあらわされた。それは二〇〇五年の閣議決定「原子力政策大綱」に引き継がれ、経産省資源エネルギー庁は翌〇六年、更に具体化した「原子力立国計画」の中で原発技術を国際的に展開していくとした。この「原発大国」の自信の上に、〇六年原発メーカー東芝は米国の原子力産業ウェスティング・ハウス社の商業用原子力部門を買収、〇七年原発メーカー日立は米国の原子力産業ＧＥ社と合弁会社を設立、米国企業としても日本との技術提携は望むところであり原発多国籍企業がここに成立した。同じく〇七年原発メーカー三菱重工業はフランスのアレバと合弁会社を設立する。この方向性は自民党政府のみならず民主党政府にも、そのまま引き継がれ、二〇一〇年六月、菅首相下の閣議は二〇年後電力の五〇％以上を原発で賄うため、最低でも原子力発電所一四基を増設すると決定した。

しかし、この驕った自信は粘土の足の上に立ったものだった。電気科学の産業生産技術電気工学への転化、化学の産業生産技術化学工学への転化に較べ、原子物理学の産業生産技術原子力工学への転化が如何に困難であり、原子炉の暴走制御至難性、放射性廃棄物の処理処分不可能性、常時放出され続ける放射能の生物体への有害性除去の不可能さなど、生産技術への転化上での山積みしていく障害を無視して営業・営利に突き進んだ先進諸国は一様にたじろぎ、止まるか、後退し始めた。その中で日本だけが、政官産学一体となってドンキホーテの如く、再処理を軸とする核燃料サイクルの実現に向け「安全神話」とカネを振り撒きつつ突進しつづけたのである。このサイクルの回転軸と位置づけられた回収プルトニウムを燃料とする動燃高速増殖炉「もんじゅ」は臨界から僅か二〇ヵ月後の九五年一二月、冷却材ナトリウムが漏れて鉄床に穴をあけ炉心崩壊に結びつきかねない火災事故を起こして運転中止となった。技術的困難を顧慮せず、〇四年原子力委員会は核燃料サイクルの維持を再度確認、一〇年に「もんじゅ」は運転を再開したが、再度事故を起こして運転を中断した。この結果MOX燃料を通常の原発で燃やすプルサーマル計画が浮上、猛毒性のプルトニウムが混入されているため、事故が発生すれば災害が何倍にも倍化されるMOXが、〇九年より玄海、一〇年より伊方と福島第一の各原発で使用が開始された。

再処理技術自体も未確立のままであり、九七年三月、動燃東海再処理工場で廃棄物を詰めたドラム缶が爆発し、続いて九九年九月、民間ウラン加工会社JCO東海事務所で国内初の、国際評価尺度でレベル４に達する臨界事故が勃発、作業員二名が被曝で死亡、被曝者六六〇余名を出した。作業は裏マニュアルに従って行なわれ、監督官庁たる科技庁は七年間もＪＣＯに立ち入り調査を行なわなかった杜撰な実態も明らかとなった。動燃は右の爆発事故の責任を取らされて九八年一〇月核燃料サイクル開発機構に改組され、続いて二〇〇五年、原研と統合再編され日本原子力開発機構となった。また原子力行政を統括してきた科技庁も責任を取らされ、〇一年中央省庁再編に伴って解体、一部は経産省資源エネルギー庁の下に原子力安全保安院となり、一部は文部省と合体した。この結果、原子力委員会と原子力安全委員会は内閣府に移り、原子力委員会委員長は民間人が勤めることになった。更に民間会社日本原燃が経営し、〇六年より運転を開始した世界最大級の六ヶ所村再処理工場でもトラブルが続発し、正常運転が出来ないままとなった。

一九八五年八月の日航ジャンボ機墜落事故以来、日本人の頭には「金属疲労」という四文字がこびり付いたが、九〇年代末からは七〇年代に運転を開始した老朽化しつつある原子炉の廃炉問題が緊急の課題となってきた。しかし政府は九九年、福島第一原発一号機など三基の寿命延長計画を認め、〇五年には原発の運転を六〇年間とすることを想定した対策をまとめた。

二〇〇四年八月、関西電力美浜原発第三号機（七六年一二月運転開始）の配管が破裂、蒸気が噴出し、作業員五名が死亡、六名が重傷を負った原発事故は老朽化原子炉事故の典型的なものとなった。老朽化による配管の減肉をこれまで点検せずに放置し、しかも点検作業には発電を停止すべきところを、営業を優先させて運転稼動のまま点検させたのである。しかし政府は廃炉措置を電力会社にとらせるのではなく、原子炉の運転が三〇年を越えた場合、道県に共生交付金を、そしてプルサーマルを実施する道県には核燃料サイクル交付金を支給する危険かつ姑息な手段をとったのである。核燃料サイクル確立の至難性、原子炉の老朽化による過酷事故発生の可能性の増大と共に、この第Ｖ期の出発から巨大地震の切迫問題が原発に鋭く突きつけられた。他国についてとやかく言うのではない、人口稠密な地震大国たるこの日本において、巨大地震に際し果して原子炉の暴走を制禦できるのかは、一九五〇年代、商業用原子炉発電の可否をめぐっての激しい論争時点から焦点になっていたポイントなのである。しかも九五年一月一七日の巨大地震は活断層がずれた際の恐ろしさも日本人の頭に叩き込んだ。それ以前から憂慮されていた東海地震の怖さもこれにより数段のリアリティーを持たされることになった。伊方第二号機訴訟では、伊方原発沖の活断層の存在が争点となったが、松山地裁は二〇〇〇年、設置時には活断層を看過していたが、その想定震度に対する耐震性を有しているとの理由で住民敗訴を宣告した。

しかし二〇〇四年一〇月の新潟中越地震で柏崎刈羽原発は停止し、〇五年八月の宮城県沖地震は宮城県女川原発の耐震設計想定震度を二〇〇ガルも上回る数値を示した。〇七年七月新潟中越沖地震は想定の二倍以上の揺れを示し、原発敷地内に一六〇センチもの段差をつくり出し、その結果、耐震補強工事で二年近く刈羽原発は運転を停止した。

行政追随・追認型の日本の裁判所にも、一九七八年に策定された原発耐震基準とその後の活断層地震も含めた地震の揺れの激しさとのあまりの齟齬に目を向けるところも出てきた。北陸電力志賀原発訴訟に対し、〇六年三月、金沢地裁は原告勝訴、運転差止め判決を下したが、それは原発近くの活断層に北陸電力が配慮せず、原告の立証に反証していないことが理由の一つとなった。

しかし続発する大地震を流石に原子力行政も無視できなくなり、二〇〇六年九月、原子力安全委員会は原発耐震指針を二八年ぶりに改定した。ただし、〇六年五月に発見された島根原発近くの活断層の存在などが勘案されていないと、原発震災の危険性を以前から警告し、浜岡原発の廃炉を主張していた検討分科会委員の石橋克彦は、「社会に対する責任が果せない」として八月に辞任していた。

二〇〇三年に提訴された静岡浜岡原発訴訟は耐震指針の更新、大地震の続発という中で注目されたが、〇七年二月、中部電力側証人に立った東大教授斑目春樹（二〇一〇年四月より原子力安全委員会委員長に就任）は、原告側の主張する非常用発電機の起動失敗と配管破断といった複数のトラブルが重なる危険性について反論、「同時に起こらないと考えるのは一つの割り切り」と、この時期になっても複合事故発生の可能性を「想定外」におく証言を自信をもって行なっていた。同年一〇月の静岡地裁の判決は、旧指針であっても審査基準を満たしており、東海巨大地震は仮説の域を出ず、老朽化や人為ミスに対しても中部電力は安全確保の努力をした、と原告に敗訴を言い渡した。なお最も事故が憂慮されていた一号機（七六年より運転）と二号機（七八年より運転）は、耐震補強の費用が掛かりすぎると、〇八年一二月中部電力は廃炉を決定した。

原子力行政と原子力産業の規模が拡大し国際化を深める一方、他方で現実が突きつける問題と課題は手に負えなくなってきた。また二〇〇〇年代に入り原爆症認定集団訴訟と結びつきながら内部被曝研究が進み、人工放射能特有の放射性原子が集団をなしてDNA分子を切断することが明らかとなり、原発が常時放出し続ける放射性物質にも鋭い目が向けられるようになって来たのである。

このような状況の中、政官産学からなる原子力関係諸集団は外に対し堅い防禦の姿勢を固めるようになっていった。「原子力ムラ」という名称が現れ始めるのが九〇年代後半、飯田哲也は九七年の論文で「（原子力ムラの人々は）内に向かっては批判を許さず、外に向っては一枚岩となって防禦する。その村人は自分の論理で思考せず、（原子力推進という）組織目的に無批判に同調する」と指摘した。電力会社からは自民党に役員献金を行ない、自民党は原子力行政機関に原発推進を要求し、関係官庁の高級官僚は電力会社等関連企業に天下る。歴代の資源エネルギー庁長官は天下って東電の顧問から常務、常務から副社長になるのが通例であり、他方で東電の副社長だった加納時男などは九八年自民党参院議員となって二期務め、発送電分離や電気事業法改正の動きを押さえ込み、電力の安定供給を掲げる「エネルギー政策基本法」成立（二〇〇二年）や、初めて原子力政策として閣議決定された「原子力政策大綱」（二〇〇五年）策定に、電力業界の利害を代弁すべく全力を尽くすのである。

日本人の原発への不安と危惧に対し、その安全性なるものを「安全神話」にまで高めることは、逆に周辺住民と自治体に対し、万一の際の対策を何らとらせようとしない姿勢を、国と原子力産業の身につけさせることになった。「安全神話」と矛盾するからである。

そしてこのことは、批判を許さないという体質をも強めていく。地震予知連絡会会長を務めた茂木静夫は静岡新聞からコラム欄を提供されており、〇三年二月二日号に「原発立地と地震想定」を書き、東海巨大地震が想定されている地域で浜岡原発を稼動していることは重大問題だと批判、橋や建物と違い原発の場合は「想定外の事故がおこった」は許されないと述べたところ、新聞社の常務は「原発のことは勘弁して下さい」と自宅を訪問、茂木はコラムを中断した。〇八年一〇月、大阪毎日放送が放映した京大原子炉実験所の反原発の立場をとる研究者たちのドキュメンタリー番組「なぜ警告を続けるのか」にも直ちにこの姿勢は現れた。直後に「原子力が分かっていない」と関西電力が反応し、その後に関電社員を講師に原子力の安全性に関する勉強会が局内でもたれることとなる。電力会社は意に沿わない番組にはＣＭ引き揚げで報復し、視聴率の高い報道・情報番組には進んで提供スポンサーとなることによって、情報統制を行なうのである。

この一方的で傲慢な態度は、不都合なことは隠蔽することを常態化していった。一九九五年一二月の「もんじゅ」事故で、事態を撮影していたビデオテープを隠していたことが暴露され、更にビデオ隠しの社内調査を担当した動燃総務部次長が飛降り自殺するという悲劇を生んだ。各地の原発訴訟でも企業秘密を理由に必要データを公開せず、裁判所は被告が負うべき立証責任を住民に負わせ続けることになるのである。

事は反対意見の封殺、情報とデータの隠蔽のみならず、情報とデータの改竄という事態に進んで行った。九八年一〇月、原電の子会社が使用済み核燃料輸送容器で使用される中性子遮蔽材データを改竄していることが判明、科技庁は調査委員会を設置せざるを得なくなった。

だが、この捏造は原電子会社だけが行なったのではなかった。二〇〇〇年通産省に届けられた内部告発の封書がきっかけで、一九八六〜二〇〇一年までの間に、福島第一・第二、柏崎刈羽の各原発は、冷却水の水流を調整する炉心隔壁のひび割れやポンプの磨耗などを、検査官の目を誤魔化すため金属部品を取り付けたり、記録紙を修正液で直したりする捏造・偽造の方法で隠し続けていた深刻な事態が、二〇〇二年八月に明らかにされた。

福島県知事佐藤栄佐久は、直ちにこの事態に対処した。佐藤は一九八八年に知事に当選するまでは原発に対し何らの疑念も抱いていなかったが、八九年一月、福島第二原発三号機で原子炉の再循環ポンプが破損し、部品が原子炉内に流入する重大事故が、東電から国に、国から県に、最後に立地町に伝わる事態に直面し、住民の安全に責任を持つべき自治体を国と会社はまったく無視していると怒り、「原発の安心・安全」念仏を疑い始め、二〇〇一年には県庁の中にエネルギー政策検討会を組織して、主体的に取組んでいたからである。今回の捏造・隠蔽も東電が業者に「ほころびのない記録」提出を要求、業者が無理につじつまを合わせたものだったので、第一・第二原発の稼動を総て停止させ、またMOXを福島第一原発三号機で燃やすプルサーマル計画の受け入れを撤回した。東電は再開に持ち込むために点検その他に二年三ヵ月を要した。佐藤県知事は実弟の汚職事件に巻き込まれて〇六年九月に辞職、プルサーマル発電は二〇一〇年一〇月に開始された。その五ヵ月後に、「3・11」福島第一原発の大惨事を福島県は迎えることとなったのである。

おわりに

第Ⅵ期は、「3・11」に始まる現在である。東電は事故の責任を総て津波に帰し、地震の揺れによる原発の重要機器の破壊、冷却機能を失う配管破断の発生を頭から否定しているが、高放射能のため、立入り調査すら不可能のままである。当日の想定内震度での事故だとすれば、対策が更に求められ再稼動が遠のくことは電力会社の最も嫌うところである。全原発ストップの中、電力会社の圧力に屈し、民主党野田内閣は二〇一二年七月、福井県大飯三・四号機の再起動を許可した。同年一二月総選挙における自民党の大勝により電力会社は強腰となり、電力自由化の鍵となる発送電分離の方向にすら激しく抵抗している。早期の原発再稼動を主張する電力会社の背後から、東芝・日立・三菱重工業などの原発メーカーと大手建設企業が後押ししている。そして当面の窮地脱出のため原発プラントの海外輸出に全力を挙げているのである。

ただし、事は日本国内の問題に止まらない。今日のグローバル化の本質はこの原発問題に集約されている。米国のオバマ政権は原発産業を有力な支持母体としており、「事故が起こるたびに追加の安全対策が必要となる。そこらじゅうに水が漏れている堤防の穴を防ぎ続けているようなものだ」と原発建設許可に反対した原子力規制委員会のヤツコ委員長を一二年五月に辞任させ、二ヵ所四基の原発建設を許可した。このためには日本製部品が不可欠である。

二〇一二年九月、野田内閣は「二〇三〇年代に原発ゼロ」方針を決定しようとしたが、直ちに強い圧力をかけたのが米国であり、原発推進方針のフランス・イギリスも懸念を示し、結局「参考文書」の扱いにさせられた。同年一二月成立した安倍内閣は参考にするどころではなく、一九五〇年代以降、一貫して取り続けてきた原発維持・拡大の方向に、自らの長年の誤りを何ら認めることも反省することもなく、国民の顔色を伺いつつ、舵を切り戻しつつある。

「稼動させなければ資産価値ゼロ」という見事な資本の論理を人口稠密な地震大国のわが日本で再び地域の隅々にまで貫徹させ、原発難民を一〇万単位で生み出し、美しく歴史と文化に富んだ国土を壊死させ続けるのか、「経営の安全」ではなく「生命に対する安全」をわれわれの力で勝ちとっていくのか、今日、この選択が、総ての日本人に課せられているのである。

本章を書くに当たっては、新聞報道に多くを頼った。原発の危険性をたゆむことなく訴え続けてきた『しんぶん赤旗』は事故直後から「神話の陰に」「原発の源流と日米関係」「原発利益共同体」等の特集記事および単独記事の中で、一九五〇年代以降の原発史に鋭く切り込んだ。また『朝日新聞』は二〇一一年七月、「脱原発」の方向を確認した後の同年一〇月三日より一二年一二月二七日まで三〇六回の長期にわたり夕刊に「原発とメディア」特集を組み、地方版記者も参加させながら、多面的に、五〇年代以降の自社報道を真摯に点検している。特に「茨城版」では一二年一月一日より七月七日まで「原子のムラ」特集を続け、五〇年代から六〇年代の茨城県と原子力研究・原子力発電の関係を詳細に取材している。

単行本では、山本義隆『福島の原発事故をめぐって』（みすず書房、二〇一一年八月刊）が核武装潜在能力問題を正面から取り上げていること、肥田舜太郎・大久保賢一共著『肥田舜太郎が語る　いま、どうしても伝えておきたいこと』（日本評論社、二〇一三年二月刊）が核兵器廃絶運動と原発反対運動の関わらせ方を語っていること、それらは共に筆者にとって示唆的であった。

コラム③

フクシマと核不拡散条約（ＮＰＴ）

宮地正人

フクシマ原発事故の結果、大量に放出された放射性物質の体内摂取による内部被曝の長期的影響と晩発性障害が、深刻に憂慮されている。既に二〇〇三年に開始した各地の原爆症認定集団訴訟の中で、内部被曝によるＤＮＡレベルの分子切断の恐ろしさを、それぞれの裁判所が認めるところとなってきているのである。

今日、脱退を表明している北朝鮮を含めて加盟国が一九〇に達しているＮＰＴは、一九七〇年の発効当初より、「核軍備競争の早期の停止及び核軍備の縮小に関」し、核保有諸国が責任を果たすことが約束されていた。核兵器完全廃棄を求め続ける核非保有諸国は、二〇一〇年五月の国連第八回ＮＰＴ再検討会議最終文書において、非核兵器地帯を追加設立し、そこへ核保有諸国が安全を保障する条約を結ぶこと、核保有諸国が核兵器禁止条約に向け具体的措置をとることを求めた。核保有諸国が依然として核抑止力論にとどまっている状況を打破すべく、二〇一五年の第九回再検討会議に向けた一二年四月の第一回準備委員会は、「たった一発の核兵器の放出する放射能だろうと、将来の世代にわたっての恐ろしい脅威になり続ける」と、人道的側面を強調する一六ヵ国共同声明を発した。そして一三年三月、声明国の一員ノルウェーは「核兵器による人道的影響」国際会議を主催し、広島・長崎の実態が、被爆と癌・白血病との因果関係も含め報告・討論された。この成果が、四月の第二回準備委員会に反映されることとなる。

また数世代にも及ぶ甚大な影響を生む核兵器使用を阻止し、北朝鮮・韓国・日本三ヵ国の非核地帯化と、そこへの安全を核保有諸国である米国・ロシア・中国の三ヵ国が法的に保障する北東アジア非核兵器地帯構想も、下から動き出している。

第六章　イギリスにおける原子力発電の展開

木畑洋一

はじめに

二〇一三年四月に死去したマーガレット・サッチャーは、イギリス首相在任時代の一九八二年九月に日本を訪問した時、原子力発電所のある茨城県の東海村を訪れた。来日中のスケジュールとしてはあまり目立たぬものであり、それについての新聞報道は少なかったが、その訪問は第二次世界大戦後の日英関係の重要な一面に関わっていた。日本で最初に建設された東海村の原発（一九六六年に営業開始）は、イギリスから導入されたものだったのである。後に触れるように、一九五〇年代に日本で原発建設の動きが盛り上がってきた時、民生用原子力発電の分野で先頭を切っていたのはイギリスであったため、そこからの導入が決定されたのである。その後日本の原発はアメリカに依存するようになっていったが（第四章油井論文、参照）、イギリスは原発の廃棄物再処理の引き受け国として、日本の原子力産業にとって重要な国でありつづけてきた。

本章では、こうした日本との関連に注意を払いつつ、イギリスの原子力発電の歴史を概観していきたい。

（1）核兵器の開発

イギリスの原子力発電の歴史は、核兵器開発の歴史と密接な関連をもっている。

第二次世界大戦期、イギリスはいち早く一九四〇年に原子爆弾生産の可能性を検討する科学者委員会を設置し、四一年秋には原爆開発方針を決めた。しかし、戦争を遂行していく上で軍事的にも経済的にも余裕がなくなっていたイギリスは、その後、自国内での原爆開発を断念してアメリカに協力する姿勢をとることになった。イギリス人科学者が、アメリカの核開発計画、マンハッタン計画に全面的に協力したのである。

イギリスのチャーチル首相とアメリカのローズヴェルト大統領の間では、四三年八月に核開発情報を秘密裏に共同管理するためのケベック協定が結ばれ、さらに四四年九月には、戦争終了後も核に関する両国間の協力を継続するという合意（ハイド・パーク合意）が成立した。しかし、アメリカが原爆実験に成功し、広島・長崎でそれを使用して、実際に戦争が終結すると、アメリカは核開発の機密を独占する姿勢を示すようになり、これらの合意は実質的に反故となった。

イギリス政府（四五年七月の選挙で労働党が勝利し労働党内閣が誕生した）はそれに強く反発し、独自に核兵器開発を進める方針をとった。戦後のイギリスは経済的に苦境に立っていたため、巨額の出費を要するこの方針に対しては、経済関係の閣僚から強い反対意見が出されたが、世界の大国としてのイギリスの位置に固執し、アメリカの後塵を拝することをよしとしないベヴィン外相など、大国としての威信を保つためにも核兵器をもつことが必要であるとする人々の意見が優位を占めたのである。ベヴィンは、原爆開発をアメリカに独占させておくわけにはいかず、イギリスの国旗であるユニオン・ジャックが原子爆弾の上にはためかなければならない、と主張した（力久 1992:72）。

核兵器開発のため、一九四六年には原子力研究所が設立され、四七年にはイングランド西部のカンブリア州の海岸地域に原爆（プルトニウム爆弾）のためのプルトニウム生産用原子炉（ウランをプルトニウムに変えるための炉）を建設する許可が出された。そのサイトはウィンズケールと呼ばれることになった*。こうした核兵器製造準備の過程は当初全く秘密の内に進められた。核兵器製造計画があることが初めて明らかにされたのは、四八年五月の議会における国防相の答弁の際だったのである（Morgan, 1990:54）。それ以後も、核開発問題をめぐる政府の秘密主義は一貫して続いていくことになる。

＊　一九八一年に「セラフィールド」と改称した。以下、本章においてはそれ以前についてもセラフィールドと表記する。

セラフィールドで生産されたプルトニウムを用いた原爆の最初の実験は、五二年一〇月、イギリス本国を遠く離れたオーストラリアのモンテベロ島において行われた。これ以後、オーストラリアの砂漠地帯における原爆実験、さらにクリスマス島における水爆実験と、五〇年代にイギリスは核実験を繰り返していった。その過程で、オーストラリアのアボリジニなど、多くの人々の健康が放射能によって蝕まれることとなった。

このように、第二次世界大戦後のイギリスの核開発は、原爆保有国となるという軍事目的のために推進されていったわけであるが、原爆のためのプルトニウム製造の過程で生じる熱を利用して民生用の発電を同時に進めるということは、当初から考えられていた（Gowing, 1974:236-40）。イギリスでは、核兵器製造を第一の目標としながら、それと密接に関連する形で、核エネルギーの「平和的」な利用が追求されていたのである。

（2）原子力発電の開始と日本

核兵器開発がある程度形をとってきたところで、一九五三年、民生用の核エネルギー開発が本格的に追求されることになり、セラフィールドの軍事用原子炉に隣接する所で、そのための原子炉建設が開始された。これは、世界最初の商業用原子炉として、一九五六年に完成した。マグノックス炉（超高温に耐えるマグノックスという合金を使っていることに由来）と呼ばれたこの型の原子炉は、軍事用プルトニウム生産炉の延長上にあり、減速材に黒鉛が、冷却材に炭酸ガスが用いられた。最初に作られた土地を流れる川の名前（コールダー川）からコールダーホール型ともいう。これは商業用原子炉であったが、軍事用の役割ももつ、いわゆる二重目的炉であった。原発の使用済み核燃料が再処理工場に運ばれ、原爆用のプルトニウムが分離・抽出されたのである。

イギリスではこの型の原子炉が、一九五〇年代に七基、六〇年代に一七基、七一年に二基、建設されていく。これらの原子炉は現在（二〇一三年）までに一基（二〇一四年まで稼働予定）を残してすべて稼働をやめているが、イギリスにおける当時の原子炉建設のペースはめざましいものがあり、七二年まで、イギリスは原発による発電量では世界のトップを走ることになった（秋元 2012:272）。

イギリスで最初のマグノックス炉の建設が進んでいるちょうどその頃、日本でも原子力発電をめざそうとする動きが強まり、五四年春には改進党議員中曾根康弘によって提案された二億円強の原子炉築造費が修正予算として国会で認められた。そうした日本に対し、まず自国の原子炉の売り込みを図ったのは、五五年一月に濃縮ウランの提供を含む援助計画を申し出たアメリカである。日本の電力業界なども、アメリカの加圧水型軽水炉導入を推す声が強かったが、民生用原子力発電のための原子炉建設については、イギリスの方がアメリカの先を行っていたこともあり、できるだけ早く原子炉操業を開始することを望む勢力の核となっていた読売新聞社主の正力松太郎*などは、アメリカにこだわらず、イギリスでもよいといった姿勢をはっきりと示した。

＊ 一九五五年総選挙で衆議院議員に当選、国務大臣となり強い政治的野望をもっていた。五六年一月に作られた原子力委員会委員長に就任する。

イギリス側も五六年三月には前燃料動力相のロイドを、さらに五月にはイギリス原子力公社産業部長ヒントンを日本に送り、マグノックス炉の経済性を強調してその導入を働きかけた。マグノックス炉の完成が近付いているという状況（稼働開始は五六年一〇月）のもとでの、このイギリスからの働きかけは、正力などをさらにイギリスに傾斜させた（日本原子力産業会議編 1986:89）。五六年六月七日の読売新聞は一面トップに、正力が来日中のアメリカ原子力調査団に対して原子力発電については英国式をとりたいと表明したとの記事を載せている。

その方針に沿って、五六年一〇月から一一月にかけて、原子力委員会委員石川一郎をはじめとする調査団が訪英し、稼働を始めたばかりのコールダーホール原子力発電所を訪れた。視察団は、原発の耐震性に関心を払い、それについての質問を行った。コールダーホール原発では、核分裂反応を効率的におこすための減速材である黒鉛を、ブロック状に積み重ねただけの構造になっていたため、耐震性には疑問がもたれたのである。しかし、地震がほとんどない国であるイギリス側からは満足のいく回答は戻ってこなかった（『朝日新聞』茨城版二〇一一年四月一〇日）。それにもかかわらず、この調査団の報告書は、コールダーホール型原子炉は安全性と経済性にすぐれているとの結論を出し、日本はイギリスからの原子炉導入に突き進んでいった。五七年一月に日本学術会議の主催で開かれた第一回原子力シンポジウムで、コールダーホール型原子炉に耐震上の考慮が全く払われていないことが指摘されるなど、問題は明らかになっていたが、その動きに歯止めがかかることはなかったのである（中島・服部 1974）。結局、コールダーホール型炉の耐震問題は、いろいろに形を変えた黒鉛を組み合わせてはめこむという方法で対処されることになった（日本原子力産業会議編 1986:97）。

（3）原子力発電計画の曲折

その後、イギリスの原子力発電は、次の段階に入っていった。一九六四年には「第二原子力プログラム」という白書が出され、次世代の原子炉として、マグノックス型の改良炉、すなわちガス冷却型の原子炉を採用するか、それともアメリカ型の軽水炉（減速材と冷却材に軽水、すなわち普通の水を使用）を採用するかの選択肢が提起された。アメリカ型を推す声も強かったが、原発開発にかけたイギリスの威信という要因が強く働いて、第二段階でもガス冷却炉が採用されることになり、一九七〇年代、八〇年代に一四基のガス冷却炉が稼働を開始した（World Nuclear Association, 2013）。これらの第二世代原子炉は、二〇一三年現在も稼働中であるが、二〇一四年から二三年の間に稼働をやめることになっている。

さらに次の段階に移ったのは一九七八年であり、性能が疑問視されてきたイギリス型への固執をやめ、軽水炉を建設する方針が採択された。その結果、九五年に一基の軽水炉が稼働を始めた。この原子炉は、二〇三五年まで稼働する予定である。

ただし、その後の軽水炉建設計画は進まなかった。一九八六年のチェルノブイリ原発事故による衝撃は大きく、初の軽水炉こそ八七年から建設されたものの、それ以降原発の建設は続かず、九〇年代半ばには原発建設計画が放棄される方向に向かったのである。しかしその姿勢は、労働党のブレアが政権を握っていた二〇〇六年に再び変化した。化石燃料への依存を減らすという地球温暖化対策上の理由と、天然ガスの対外依存度が将来きわめて高くなる可能性への対処というエネルギー安全保障上の理由から、イギリスは新たな原発を建設する方向に舵をきったのである（『朝日新聞』二〇〇六年五月一七日）。その新方針のもとで、新たな原発の建設予定地八ヵ所が選ばれ、さらに原子炉の型が検討されている時点で、福島第一原発問題が起こった。しかし、原発建設方針を撤回したドイツなどと対照的に、イギリスはフランス同様、原発建設を推進していく姿勢を変えていない。

こうして、一九六〇年代以降曲折を経ながらイギリスの原発建設は展開してきたが、日本での原発へのイギリス型の導入は東海村の原発で終った。その一方で、日本の原発開発とのイギリスの関わりは、使用済み核燃料の再処理をめぐる協力関係の形をとって続いてきた。原子炉の使用済み核燃料から再使用が可能なウランやプルトニウムを取り出すための再処理施設をもつ国（アメリカは核不拡散の立場から再処理を行わない政策をとっている）の内、外国の原発のための再処理も行っている国はイギリスとフランスであり、日本はこの二国に対して、将来は日本での再処理をはじめるという前提のもと、一九七〇年代から使用済み核燃料を輸送してきた（輸送は二〇〇一年までに終了）。その内、まずフランスからの返還が九五年に始まり（二〇〇七年に終了）、イギリスからの返還は、二〇一〇年に始まって、現在も続行中である（『朝日新聞』二〇一三年四月七日）。イギリスの再処理工場にとって日本は最大の顧客であるが、イギリス自体は、日本への返還を終えた後は、再処理工場を閉鎖し、アメリカ同様使用済み燃料を再処理することなく保存・管理する計画をもっている。

イギリスの原発政策の展開については、それに対する世論の問題にも触れておきたい。一九五〇年代イギリスが核実験を行っていたことに対して、イギリス国内では核兵器批判の声が高まり、五八年には「核非武装運動」（Campaign for Nuclear Disarmament、略称ＣＮＤ）という組織が作られて、活発な運動を展開した。五八年の復活祭の日にロンドンから核兵器研究の本部が置かれていたバークシャーのオールダーマストンまで核爆弾への抗議行進が行われたことは世間の耳目を集めた。翌年以降もつづけられたこの「オールダーマストン」行進は、平和運動のシンボルとなり、ＣＮＤの影響力は広がった。また、核兵器反対の声は労働組合や労働党の中でも強まり、六〇年の労働党大会は「一方的核軍縮」を求める動議を採択した（力久 1992）。このように、五〇年代末から六〇年代初めにかけて、イギリス世論の中での核兵器反対の声は高揚をみせたが、批判の声は、核の「平和的」利用とされた原子力発電には、向けられなかった。

その状況は、一九八〇年代初めに、米ソによるヨーロッパでの核兵器の新たな配備に対する批判の声が盛り上がり、長く低迷していたCNDの勢力が一挙に回復、拡大をみせた時も変わらなかった。核兵器という問題に対象を絞らず、核エネルギーの「平和利用」問題も批判していくべきだとする声がなかったわけではないが、核兵器に反対しつつ、平和のための原発は積極的に推進すべきだといった見解が、筋金入りのCNDメンバーによって表明されるといった状況だったのである（Minnion and Bolsover, 1983:100, 104–06）。

こうした状態が変化し、世論全体の中でも核エネルギーへの疑問が強まって、原発建設方針が一時期放棄されるにあたっては、上述したようにチェルノブイリ原発事故のインパクトが大きかった。しかし、イギリスの原発自体でも、大きな事故は早くから起きていた。

（4）原発事故

国際原子力機関（IAEA）と経済協力開発機構原子力機関（OECD／NEA）は、原子力事故の激しさを示すために、国際原子力事象評価尺度（INE）を策定しており、福島第一原発の事故は、その尺度では、チェルノブイリ原発事故とならんで最高のレベル7（深刻な事故）とされている。その尺度でレベル5（事業所外へのリスクを伴う事故）とされている事故に、一九五七年におけるイギリスのセラフィールド原発事故がある。また同じセラフィールドでは、近年になっても二〇〇五年に、レベル3（重大な異常事象）とされる事故が起こっている。

レベル5はアメリカのスリーマイル島原発事故と同じである。しかし、スリーマイル島事故が広く知られているのに対し、このセラフィールドでの原発事故は、日本であまり注目されてこなかった。それが起こった五七年というと、上記のように日本がイギリスからの原子炉導入に動き出していた時であったが、この事故についての日本での報道はその時点でもきわめて少ない。『日本経済新聞』はこの事故について全く報じていないし、他の主要紙もごく小さな記事しか載せなかった。イギリス自体での報道も事故の重大さに見合うような大きさのものでなかったことは事実であるが、それ以降もこの事故は日本であまりに軽視されてきたといってよいであろう。

一九五七年事故とは、一〇月一〇日にプルトニウム生産炉（軍用炉）が、減速材黒鉛の過熱によって大きな火災を起こしたことをいう。最初は、空気での冷却を試みたもののうまくいかず、最後の手段として水を用いて何とか消し止めたが、大量の放射性物質が放出されてしまうという事態になったのである（Arnold,1995:Ch.4）。この事故の結果、セラフィールドの二つのプルトニウム生産炉は永久閉鎖されることになった。周辺の牧草地が汚染されたため付近からの牛乳が一〇月から一一月にかけて出荷停止となるなど、大事故であったが、最も大きな被害をこうむることになった周辺住民に十分な情報は伝えられなかったばかりか、影響は小さいとされた。以下は事故直後のイギリス原子力公社のスポークスマンの言である。

「爆発はありませんでしたし、普通の意味でいう火災も起こりはしませんでした。大量の放射能が放出されたわけでもありません。放出された放射能は危険なほどの量ではなく、風によって海に運ばれていってしまいました」（McDermott, 2008:106）。

事故後すぐに作成された公式の事故報告書の全文は非公開とされ、それから三〇年が過ぎた一九八八年になってやっと公開された。また、この事故が周辺の人々の健康に与えた影響も、八〇年代になってようやくはっきりとしてきた。八二年に、オクスフォードの科学団体、政治的生態学研究グループが、約二五〇件の甲状腺ガンが発生し、死亡した人の数も一三人から三〇人にのぼることなどを、研究の結果として明らかにしたのである（マクソーリ 1991：第一章）。八三年には、地元のヨークシャーテレビが、事故についてのテレビ番組を作り、セラフィールド近辺での子どもの白血病などの発生率が通常よりも高いことを報じて、広い関心をよんだ（Patterson, 1985：137；原子力情報資料室 1990：27-28）。

一九五七年のこの事故は、イギリスの原発事故として最大のものであったが、その他にも例えば、七三年にセラフィールドの古い再処理工場での再処理試験中にガスが逆流し、建物が汚染されるといった事故が起こるなど、いくつもの事故が起きてきた。また、セラフィールドの核燃料再処理工場からは、再処理に伴ってでる放射性物質を含む廃液が海に流されるという事態も生じている（マクソーリ 1991：第六章）。それは、特に七〇年代に激しかった。

おわりに

イギリスの原発建設方針が、二〇世紀の終わりから二一世紀の初めにかけて、放棄から再開へと揺れ動いたことは前述した。その結果、現在イギリスで稼働中の原発は一六基となっており、内一基を除いて二〇二三年までに廃炉となる予定である。

その状況は、新たな原発建設によって変わってくることになるが、これから新たに取り組まれる原子炉建設に関して日本の日立製作所が大きな役割を演ずることになった点が、注目される。二〇一二年一〇月、日立製作所は、イギリス政府の原発建設候補地八ヵ所の内二ヵ所を所有する原子力発電事業会社ホライズン・ニュークリア・パワーの買収を発表した。それを受けて一三年一月には、原子炉建設にあたる日立GEニュークリア・エナジー（日立とゼネラル・エレクトリックの合弁会社）への建設認可に向けた評価手続き開始の指示が、ヘイズ英エネルギー相によって出されている。

日本がイギリスから原子炉を導入した時から、こうしてイギリスの原子炉建設を日本企業が請け負おうとする事態が進行している現在まで、半世紀以上が経過したが、陣営配置が変わりこそすれ、原子力エネルギーをめぐる日英協力は一貫して続いている。それが、日英両国の人々にとって何を意味するか、これからも監視が必要である。

参考文献一覧

秋元健治 2012：「イギリスの原子力政策史」、若尾祐司・本田宏編『反核から脱原発へ――ドイツとヨーロッパ諸国の選択』昭和堂。

原子力情報資料室 1990：『セラフィールド、ラ・アーグに生きる人びと』原子力情報資料室。

中島篤之助・服部学 1974：「コールダー・ホール型原子力発電所建設の歴史的教訓」Ⅰ・Ⅱ、『科学』四四―六・七。

日本原子力産業会議編 1986：『原子力は、いま――日本の平和利用三〇年』上、丸の内出版。

マクソーリ、ジーン 1991：『シャドウの恐怖――核燃料再処理工場で汚染された人々の運命』シャプラン出版。

力久昌幸 1992：「イギリス労働党の核兵器政策（一）」、『法学論叢』一三一―六。

Arnold, Lorna, 1995 (2nd ed.) : *Windscale 1957 : Anatomy of a Nuclear Accident*, Basingstoke:Macmillan.
Gowing, Margaret, 1974:*Independence and Deterrence:Britain and Atomic Energy, 1945-1952*, Vol.1, Basingstoke: Macmillan.
McDermott, Veronica, 2008:*Going Nuclear:Ireland, Britain and the Campaign to Close Sellafield*, Dublin:Irish Academic Press.
Minnion, John and Philip Bolsover, 1983:*The CND Story: The First 25 Years of CND in the Words of the People Involved*, London:Allison & Busby.
Morgan, Kenneth O., 1990:*The People's Peace. British History 1945-1989*, Oxford:Oxford University Press.
Patterson, Walter, 1985:*Going Critical. An Unofficial History of British Nuclear Power*, London:Paladin Grafton Books.
World Nuclear Association, 2013:"Nuclear Development in the United Kingdom", updated in January.（http://www.world-nuclear.org/info/inf84a_nuclear_development_UK.html）（2013年8月2日アクセス）

コラム④
ドイツ「エネルギー転換のための倫理委員会」報告

増谷英樹

二〇一一年三月一一日の福島の原発事故に対して最も敏感に反応し、自国のエネルギー政策をあっという間に転換させたのは、事故を起こした当事国である日本ではなくドイツ連邦共和国であったことはよく知られ、これについてはすでに多くの報告書や記録が出されているが、ここではそうした原発政策からの転換（ドイツ語では電車などから「降りる」ことを意味するAusstiegeという言葉が使われている）がどのように行なわれ、それがなぜ可能であったのかを、エネルギー転換を提起した「倫理委員会」の報告を中心に紹介しておこう。

「3・11」福島原発事故の日、ドイツ首相メルケルは「原発賛同者として目覚めたが、同日夜、眠りにつく時には彼女は原発反対者になっていた」とドイツの週刊誌『シュピーゲル』が伝えたように、多くの論者は核エネルギーからの転換要因をメルケルの個人的「勇気ある決断」に求めたが、現実にはドイツの決断にはそれ以前の政治的・社会的諸運動の展開がその基盤にあった。簡単に述べると、第一に、ドイツではおよそ一九七三年の第一次石油危機以来エネルギー問題への関心が強まり、同時に同じ頃に起こってきたバーデン州の「黒い森」をめぐる環境問題の現出などにより、早くから環境問題や自然保護運動が盛んであったことが挙げられる。「ドイツ環境自然保護団体（ＢＵＮＤ）」が成立したのは一九七六年のことである。こうした環境保護運動は、その後もゴミ回収問題やCO_2問題などにおいて社会的に重要な役割を果たしていく。

第二に、政治的には一九七〇年代に成立した「新しい社会運動」であるディ・グリューネ*の運動の台頭である。「緑の党」の運動は環境問題、平和問題、女性運動などと共に、最初から反核運動をその内容としていた。

＊　以下「緑の党」、一九七九年に成立、一九八〇年連邦政党に、一九九三年東独の市民運動「連合90（Bündnis 90）」と連合して「連合90／ディ・グリューネン」として活動。

「緑の党」は一九九〇年のドイツ再統一の年の選挙で政党成立要件である五％条項を突破し、一九九四年一〇月の連邦議会選挙では七・三％の得票（四九議席）を獲得、一九九八年には六・七％の得票を得て、社会民主党と連立政府を形成するにいたった。このいわゆる「赤緑連合」政府は二〇〇二年に原子力法を全面改定し、原子炉の寿命を三二年に限定し、原発の利用を二〇二二年頃までとすることを決定していたが、その政策決定には「緑の党」の主張が強く影響していた。しかしこの決定は、二〇〇五年の選挙によってキリスト教民主同盟のメルケル政権（社会民主党との大連立）ができると「再検討され」、二〇一〇年には変更され、原子炉の稼働年限が大幅に延長され、その稼働は二〇五〇年頃まで可能とされてしまった。そうしたメルケル政権にとっては二〇一一年の福島の原発事故は思いもよらぬ逆風となった。特に政治的には二〇一一年は重要な州議会選挙を控えており、そのことがメルケルの個人的決断の第三の要因となった。メルケルは三月一四日急遽三ヵ月間の「原発稼働モラトリアム」を発表し、原発稼働期間延長の凍結、旧型原発の運転の停止、すべての原発の安全検査を行うことを決定し、逆境を乗り越えようとした。それにも拘らず、三月二〇日のザクセン・アンハルト州、二七日のラインラント・プファルツ州とバーデン・ヴュルテンベルク州の選挙は、メルケル与党のキリスト教民主同盟と自由民主党の敗北、緑の党の大躍進という結果を導き、連邦政権与党は州の支配権を失い、緑の党の州首相も誕生した。ドイツの世論における脱原発の傾向が明らかになったといってよい。

そうした世論の大転換を受けて、メルケルは三月二二日に「核エネルギーの技術的倫理的側面を検討し、核からの離脱に関する社会的コンセンサスを用意し、再生可能なエネルギーへの移行の提案を作成するための「安全なエネルギー供給のための倫理委員会」」を設置した。それはメルケルが福島の事故に対して取り得た必死の決断であり、メルケルの恐らく最後の貢献であった。というのは、極めて短い期間に迅速に仕事を進めた「倫理委員会」が五月三〇日に提出した四八頁の短い報告書は、ドイツの世論のこれまでの議論を踏まえ、あらゆる意見を検討し、脱原発、持続可能で安全なエネルギー供給体制の確立にむけての転換に対して一定の結論を導いているからである。以下に、この報告を読み、そうした転換がどのような発想から生まれ、どのような方向でその実現を追求しようとしているかを、日本における迷走的政策決定に対する批判と反省を込めてその意味を検討しておきたい。[*]

＊ 報告は、Deutchlands Energiewende-Ein Gemeinschaftswerke für die Zukunft（ドイツのエネルギー転換―未来への共同作業）であるが、すでにネット上では日本語への翻訳がなされており、ここでの引用は、百済勇氏の翻訳を利用させていただいた。www5.sdp.or.jp/policy/policy/energy/data/toshin02.pdf. 感謝申し上げる次第です。尚、下線は増谷。

この委員会はメルケルの諮問委員会として成立したが、委員会の構成と報告は日本ではほとんど期待できないようなものであり、我々が大いに学ぶべき内容を含んでいる。そもそも「倫理委員会」というその名称には、確かにヨーロッパ独特のキリスト教的伝統を感じないではないが、同時にその名称は、この問題に関しては極めて根底的な思想レベルから考えて行かねばならない「共同事業」であることを意識したものである、と理解してよいであろう。委員会の成立に関して「2　誘因と委託」の項目では、委員会の使命として以下のように述べている。

「ドイツ連邦政府は、倫理的責任感をもつ決定に必要な根拠並びにそれに基づく帰結を総体的に考察する為に、「倫理委員会、〝安全なエネルギー供給〟」を任命した。ドイツに必要なより安全な未来は、持続性を持つ三つの支柱より成立している。即ち、健全な環境、社会的正義及び堅実な経済である。かかる三つの原則に沿ったエネルギー供給こそ、ドイツにおいて、国際的な競争力を持つ経済、雇用の確保、社会の豊かさ並びに社会的平和に必要な長期的な基礎なのである」。

さらに報告の第4章は「倫理的立場」と題し、次のように書き出している。

「核エネルギーの利用、その停止及び選択した様々なエネルギー生産による代替エネルギーに関する決定は、社会の価値判断に基礎づけられているが、それは技術的及び経済的な観点に優先されるものである。将来のエネルギー供給及び核エネルギーに対する倫理的評価に必要な鍵となる概念は、資源や自然環境を保ちながらの「持続性」と「責任」である。エコロジー的に調和させるという目的は、かかる持続性をモティーフにして、社会的な均衡及び経済的な効率と並行して、未来に相応しい社会形成を協力しながら達成する事だ」。

財界依存の日本政府の対策にこうした根源的な発想を期待することは無理な相談だが、少くとも日本の国民は、そうした未来をみつめた基礎的な発想を提起していく場を創出す必要性を、感じないではいられない。

この報告は、委員会が既に「核エネルギーからの離脱」に関しては、すでに合意に達し、その実現を目指すさまざまな具体的施策を提起しているが、委員会がそうした合意に達し得た理由については、彼らの福島事件に関するリスクと原発に対する「安全性」への根本的危惧からであることを、はっきりと言及している。我々のリスク認識と一致している面もあるが、重要な基礎認識であるので引用しておこう。

「フクシマにおける大災害は、原子力発電の〝安全性〟に関する専門家の判断、その信頼性に衝撃を与えた。このことは、またそうした判断を、これまで(専門家を)信用してきた市民達にも該当する。そこで、基本的に制御し得ない大災害の場合、如何にそれに対処すべきか、という問題は、今や原発絶対反対派に属していない市民達もまた、それに関する回答に関しては、最早、いわゆる様々な専門家委員会に任せられないと思っている」。

さらに、「4―I　リスクおよびリスク認識」では次のようにも言う。

「核エネルギーのリスクは、フクシマによって変わったわけではないが、だがリスク認識が変わったのである。多くの人々は、大事故によるリスクは、仮想上だけにあるものではなく、そうした大事故は具体的に起きるものだという事を自覚させたのであった。これにより社会の（原発は危険という）かかる重要な部分の認識が、リスクの現実性となったのである。かかる現実の認識となったことにとって重要な事は以下の三点である。第一点は、日本の様な高度なハイテク国家においても原子炉事故が起きたことである。こうした事実を前にして、かかる大事故はドイツにおいて起こらないであろうとの確信が揺らいできたことである。こうした事は、今回のような大事故にも、また事故をどう収拾させるかということで、全く無力であった事にも該当しよう。第二点は、事故が発生してから数週間経っても災害の終結の見通しもたてられず、その最終的な被害額の算定、或いは明確な放射線汚染地域からの避難、撤退といったこともなされなかったことである。これまでの広く行き渡っていた考え方、即ち、それは大規模な事故の、そうした損害度合いは、充分に把握、規定でき得るし、その被害も限定できるとし、かつ科学的な情報に裏付けられた討議・検討過程において、（核エネルギーの有利さは）他のエネルギー源の不利益さと比較し得るとの考え方であったが、その説得力を大幅に失った。第三点は、かかる大事故が原子炉を安全な見通しを持たずして〝設計〟されたという過程を経ての大事故である、という事実である。かかる事態は、技術的なリスク評価の限界を明示している。フクシマにおける災害によって、これまでの判断は特定した思い込み、例えば地震安全対策や津波の最高の高さなどに関して、かかる思い込みが現実によって誤っている事が証明されたのである」。

以上の文章は、日本におけるリスク認識やリスク管理がドイツではどのように受け止められているかを示していて、日本でのリスク認識の甘さが、転換に踏み切れない一つの要因となっていることを示している。

さらに、報告は「核エネルギーからの離脱」の過程を「将来に向けての（国民全体の）「共同事業」として具体化されなければならない」と位置付けるだけではなく、それは国民全体にとっての「大きなチャンス」ととらえていることも重要だ。「3　共同事業「ドイツ・未来のエネルギー」」は次のように述べている。

「その過程は、議会や政府、市町村、大学、学校、企業並びに様々な機関、施設における多くの人々による参加、それら多くの人々の納得、決意を必要とするし、また可能にしている。この新たなエネルギー転換への移行は、多くの人々に、とてつもない多くのチャンスを提供しているが、それはそうした人々の教育、職業選択によって将来の職場や豊かさを生み出す基礎を創り出している。また、社会における「共同事業」や企業経営並びにその競争力及び技術革新にも役立つ大きなチャンスをも提供している。とりわけ、核エネルギーからの離脱に関する社会的な対話は、核エネルギーに関する意見対立により我々の社会が陥っている現在の有害な社会的風潮をなくすチャンスともなっている」。

確かに、エネルギー転換の具体化は、社会全体に関わる大きな共同事業であることはその通りであるが、日本においてそうした発想をしている政治家や企業家、専門家がどれだけ居るかは心もとない限りである。いわんやそれを社会的に大きなチャンスであると受け止めることの出来る人たちがどれだけいるであろうか？　しかし、我々が受けた事故をそうしたチャンスとみなし、「社会の豊かさの基礎並びにその将来に関するより豊かなコンセンサスで、進歩的理念及びリスクへの対応並びに安全の実現を達成し」ていくことは、「エネルギー供給構造の再編に必要な基本的な前提条件である」ことは確かであり、日本ではそうした前提条件の欠如という寂しい現実である。

引用したい箇所はまだまだあるが、それは読者に直接ネットで読んでいただくとして、このような「倫理委員会」とその報告は、「福島」以降の我々の原発に対する考え方、将来のエネルギー政策に対する施策に関して根本的で重要な示唆を与えてくれる。勿論、日本とは状況と考え方の違いはあり、基本的考え方や今後の具体的行動や施策に関しては異なるところが多々あり、そこにはドイツにおけるこれまでの運動や議論が背景にあることを確認した上でだが、この報告書は一読の価値がある、と私は思う。

コラム⑤

フランスにおける原子力発電

木畑洋一

フランスのサルコジ大統領は、「3・11」福島第一原発事故の直後に来日し、菅首相と会談した。その際サルコジが、問題は原子力を推進していくか否かではなく、いかに原発の安全性を高めるかであると論じ、原子力発電の継続に何ら疑問を差し挟んでいなかったのは、印象的であった。

またサルコジ訪日とほぼ時を同じくして、フランスの大手原子力メーカーであるアレバ社の最高経営責任者も来日し、東京電力からの協力要請に応えて、原発汚染水の浄化処理についてアレバ社の技術を提供する姿勢を示した。

こうした大統領やアレバ社の素早い対応は、電力の約七五%を原子力に頼っている「原子力大国」フランスの姿を体現していたのである。

そのフランスは、放射能を発する力を示す単位ベクレルが、一九世紀末に放射能を発見したフランス人の名にちなむことからも分かるように、もともと原子力研究の先進国であった。しかし、第二次世界大戦が終わった時には、大戦中にマンハッタン計画を推進した米英に大きく遅れをとる状況となっていた。そこでフランス政府がまず乗り出したのが、民生用の原子炉開発であった。戦後すぐの一九四五年一〇月に原子力庁が設立され、手持ちのウランとノルウェーからの重水を利用する重水炉の建設が始まったのである。

その後すぐに核エネルギーを軍事目的に利用しようとする動きが強まり（原子力庁の初代長官となっていたジョリオ・キューリーはその流れに抗し、一九五〇年に解任された）、五〇年代半ばからは核兵器の開発が本格化していった。五二年からの第一次原子エネルギー五ヵ年計画で建設が始ったプルトニウム生産用の天然ウラン黒鉛ガス炉（フランスの独自技術によるもので、UNGG炉と呼ばれた）は、五七年からの第二次五ヵ年計画のもとでも建設が続けられ、軍事利用と民生利用を共に目的とすると位置づけられた。その結果、フランスは核兵器保有国となり、六〇年二月には最初の核実験が、アルジェリア（当時は独立をめぐるアルジェリア戦争が進行中であった）のサハラ砂漠で行われた。

フランスの核実験はその後、太平洋の仏領ポリネシアに場所を移して続行され（一九六八年には初の水爆実験も行われた）、七二年には、それに対する抗議活動を行っていた平和団体グリーンピースの船にフランスの情報機関が爆薬をしかけて爆破し、死者一名が出るという事件（レインボー・ウォリア号事件）で、世界の耳目を集めた。

ド＝ゴール（アルジェリア戦争収拾のため一九五八年に首相に就任し、翌年大統領となった）のもとでアメリカとの対抗姿勢を鮮明にとっていたフランスでは、アメリカに燃料面でも技術面でも依存しなくてすむUNGG炉が重視されたが、採算性にすぐれるアメリカ型の軽水炉を推す声も強まり、両者の優劣をめぐる論争が六〇年代に展開した。

この論争は、ド＝ゴールの時代が終わった後の一九七〇年、発電用原子炉を軽水炉とすることで決着をみた。そして七三年、メスメール首相のもとでの「メスメール計画」によって、原発の大量建設をめざす方針が採択され、今日の「原子力大国」フランスの姿があらわれはじめたのである。

電力需要が予想通りには伸びなかったこともあり、「メスメール計画」は計画通りには進まなかったものの、電力供給の中心に原発がすわる体制は確立した。二〇一三年現在、フランスには五八基の原子炉があり、新たに一基（第三世代軽水炉と呼ばれるもの）が建設中である。

フランスでも原子力関係の事故はしばしば起こっている。これまで最大の原発事故は、一九八〇年に起こった国際原子力事象評価尺度でレベル４（事業所外への大きなリスクを伴わない事故）である。最近では二〇一一年九月にも、放射能廃棄物処理・調整センターで溶融炉が爆発して一人が死亡する事故が起こっている（レベル1と判定）。

原発事故についてのフランスの対応としては、一九八六年のチェルノブイリ原発事故の際の、放射性物質の拡散による影響はほとんどないと強調しつづけた政府の姿勢が、よく知られている。そのフランスでも、福島原発事故以降は、「原子力大国」でも原発への不安の声が高まってきたことは事実である。二〇一二年の大統領選で当選したオランドも、選挙運動に際しては原発依存度を減らす方針を掲げていた。しかし、大統領就任後はそれを具体化する政策はとっていない。脱原発の方向を鮮明にしたドイツやイタリアと比べた場合、フランスの原子力エネルギーへの固執度は極めて高く、近い将来に大きな変化が起こることは予測し難い。

二〇一三年六月にオランド大統領が来日した際、日仏政府が原子力をめぐって包括的な協力体制をしいて両国企業による原発輸出を支援するという方針が合意されたことも、こうしたフランスの姿勢をよく表していた。

参照文献

小島智恵子 2004：「科学史入門――フランスの原子力発電開発史」、『科学史研究』二三〇。

真下俊樹 2012：「フランス原子力政策史――核武装と原発の双璧」、若尾祐司・本田宏編『反核から脱原発へ――ドイツとヨーロッパ諸国の選択』昭和堂。

山口昌子 2012：『原発大国フランスからの警告』ワニブックス。

World Nuclear Association, 2013: "Nuclear Power in France", updated 31 July. (http://www.world-nuclear.org/info/Country-Profiles/Countries-A-F/France/) (2013年8月2日アクセス)

第七章

ソ連の原爆開発と原子力産業の成立

加納　格

はじめに

東日本大震災・津波と福島第一原発事故は、地球、自然と人間、人間と科学技術・産業の関わりを考えさせることとなった。自然科学分野の研究の進展は、われわれが住む地球という惑星が偶然に生成され、また地球上の人間を含む動植物も極めて稀な生成回路を通って生まれた存在だということを明らかにしている。それは、われわれ人間という「種」自体が地球上の多種多様な生物の一つとして、多様さの中で生き、暮らし、死んでいくのだと認識し直すことを求めている。そう考えると、われわれは地震、津波といった自然事象に地球上の生き物である「人」という類の「共感」、「共生」をもって対応できるかを問われているといえよう。

しかし、人間という厄介な生き物は、社会をつくり、社会の中で様々な科学技術と産業を発展させ、それを自然に向かわせてきた。加えて厄介なのは、社会から生まれた組織がその技術を活用するとき、それはしばしば地球にある人間、自然の中の人間というあり方を踏み越えて、自然そのものを征服するという方向をとりがちなことである。中でも現在最も強力な組織である国家は、人間自身の共生関係も、人間と自然の共生関係も破壊する方向をとることがままある。

本章では、自然界に存在しない物質（プルトニウム）を作り出して製造された原爆がソ連でどのような経過で創りだされたかを見ることとしたい。ソ連ではその後「民生利用」の名目で様々な原子炉が建造され、独自な論理で存続していく原子力産業が成立する。ゴールドマンは、かつて「計画経済」、「生産手段国有」のソ連に環境問題は存在しないというのは「伝説」でしかない、そこには議会、世論、また土地、希少資源利用への市場によるチェック機能が存在しないと指摘した（ゴールドマン 1973:1–2）。「伝説」は、その後のチェルノブイリ原発事故ではっきりと否定されたが、ソ連原子力産業の性格は、核問題一般を考える上でも共通する問題を提供していると思う。

ソ連の核開発に関してはこれまで原爆製造・実験の事実の論及はあっても、開発過程は明らかにされてこなかった。[*] 近年このテーマの空白を埋める多巻本資料集、リャベフ編『ソ連の核計画』（Рябев, 1998–2010）が公刊された。リャベフは、核開発を管掌した中規模機械製作省の改革により大臣となった人物で、資料集は大統領アルヒーフを含め、広範な資料を収集している。またリャベフは、ゴンチャロフと共に論文「最初のソ連核爆弾製造について」も執筆している。この資料集を利用した本格的研究が待たれるところだが、本章ではこれらの資料の一部を利用する。また執筆にあたり、筆者は自然科学の素養に乏しいため、［常石 2010］に学んだこと、及び優れたルポルタージュである［田城 2003］を参照したことを付記する。

＊ ソ連の核開発に関する数少ない邦語文献である『ソ連・ロシアの原子力開発』及び『原子力大国ロシア』（藤井 2001; 藤井・西条 2012）は、残念ながら、「ロシア人技術者への信頼」、「物作り精神への敬意」といったそれ自体は貴重な個人的信頼を理由にロシアの原子力開発、ひいては原発を賞賛する立場にあり、論者とは立場が異なる。原

発「安全神話」の虚妄を説く議論は、この著者たちにはどうとらえられているのだろうか（これについては［高木2000］を参照）。

（1）ソ連の核開発――一九四五年以前

ソ連でスターリン体制が確立する時期、一九世紀末以来の放射線科学が一層の進展を遂げようとしていた。一九三八年末にハーンの仕事を受けたマイトナー、フリッシュにより核分裂の仕組みが理論的に説明されたのである。そしてその後一年余をへてフリッシュは、英政府に提出した文書で核連鎖反応を利用した「スーパー爆弾」が可能であることを示した。ウラン235が臨界量に達した時に原子核エネルギーの解放により太陽内部に匹敵する高温が作り出され、広範囲の生活環境を破壊するとともに、放射性物質の放射線が人を死に至らしめるのである（常石2010:149–52）。これを受けて英ではモード委員会が組織され、核爆弾開発に向かう国家的取り組みが始まった。またこれとは別に米でも同じ時期に国防研究委員会が設置され、ウラン核分裂研究が始められた（山極ほか1993:11–12、また同書解説論文）。

ではソ連では核利用はどのように意識されていたのだろうか。欧米各国への留学を経験していた理論物理学者フランケルは、フリッシュ、マイトナー、また仏のジョリオ・キュリーの論文が発表された直後に理論的検証を行い、デンマーク出身の著名な物理学者ボアーとの接触を図っていた（Рябев 1-1:57–58）。また科学アカデミー原子核委員会のフランクは、三九年一一月に開かれた原子核シンポジウムで既に世界的趨勢は原子核エネルギー利用の際《きわ》にあると報告した（同上:79–86）。こうしたことからわかるように戦前のソ連の原子核研究は、国際的な研究者ネットワークにあって核研究の最先端にキャッチアップしていた。しかし、これらの知見の軍事応用については、日程に上っていなかった。独ソ戦開戦直前にハリコフの物理研究者は、最新研究動向では核物質の「連続反応」が可能であり、これを利用した「耳にしたことのない威力の爆発物」が製造されうると軍事利用を国防相に提言した（同上 :224-25）。これに対してアカデミー会員でラジウム研究所所長を務めるフロピンは、中性子による原子分裂エネルギーの利用は、「目指すべき多少とも遠い目標」であって、「今日明日」の問題ではない、とした。その理由は、第一に爆弾に必要な連続崩壊反応に現時点では世界のどこも成功していないこと、第二に確かにウラン一 kg から石炭 2.1 × 10^6 kg の燃焼エネルギーが得られるにせよ、原料のウランが稀少だからである。世界で取得されるウランは年間二五〇～二七五トン、ソ連に限ればウラン取得量は四一年には僅かに〇・五トンにすぎないので、爆発物質としての利用よりも航空機そのほかへの動力としての利用が合目的的だとフロピンは述べた（同上 :228-29）。

こうした状況にあったソ連の原子核研究・開発が変化したのは、一九四二年秋である。四二年九月二七日、国家防衛委員会議長代理モロトフは、アカデミー総裁ヨッフェ、高等教育委員会カフタノフと共にスターリンに書簡を送り、開戦以来中断したウラン原子核研究の復活、「ウラン研究組織」の設置を求めた（同上 :268-69）。その理由は、英米、また独が核軍事利用を急いでいるという状況にあった。四一年秋にイギリスが核の軍事利用を推進しているとの情報が内務省諜報機関からもたらされていたが（同上 :242-43）、四二年秋には機密保持のために欧米学会誌で核関連の研究論文の掲載が止まり、英戦時内閣に設置された「ウラン問題研究委員会」がウラン爆弾製造に向け調整を行っていることもわかった。カフタノフが受け取った将校で物理学者の人物の手紙は、次のように核研究の必要を述べていた。「歴史は今戦場でつくられているが、技術を動かす科学は科学探求の研究室で戦われていることを忘れてはならず、最初に核爆弾を実現した国家が自分の条件で全世界を支配できることを常に理解する必要がある。そして自分の過ち、つまり半年の無為を、唯一正すのは研究の刷新であり、戦前よりもより大きな規模でそれを行うことである」(Гончаров, Рябев, 2001:14)。

戦後世界秩序を見据えて核開発が必要だというのである。これと別に内相ベリヤも諜報情報に基づく危機感から国家防衛委員会にすべてのウラン原子エネルギー研究者を動員する研究組織設置を提案した(Рябев 1-1:271-72)。これらの動きを受けてスターリンを議長とする国家防衛委員会は、四二年九月に「ウラン研究の組織化」を決定した。それは次のような内容であった。

① 研究遂行機関として連邦科学アカデミーに原子核特別研究室を設立する。

② 研究室でウラン235の核分裂実験を可能とするために各アカデミー研究所、各省庁は、実験に必要な物的資源の準備、必要機材の国外買付を行う。

当初、実験研究の場として選ばれたカザンにはタタール自治共和国人民委員会議に対して広大な研究所と住居用地を一〇月半ばまでに用意するよう求めた。政府機関の動員で原子核エネルギー開発を復興するのである(同上:268-69)。研究開発を担う原子核特別研究室の責任者にはヨッフェの推薦でレニングラード物理技術研究所の中堅研究者であるイーゴリ・ヴァシリエヴィチ・クルチャトフが就いた。クルチャトフは、一九〇二年生まれで当時四〇歳、ソ連初のサイクロトロン製造(三九年)に関わってきた。この後一九六〇年に病で亡くなるまでソ連の原爆、原子エネルギー開発の一貫した担い手となる

（Залевский, 2011：268）。

こうしてソ連は、米のマンハッタン計画が四二年六月の科学研究開発局長官ブッシュ提案の承認に始まったとすると、三ヵ月遅れでやはり国家プロジェクトの核開発を開始したのである（山際ほか1993：34-41）。

しかし、ソ連のこの核開発にはいくつかの問題点が存在した。その一つは核爆弾製造可能性の確認である。クルチャトフは、モロトフが提供した諜報情報の分析結果を一一月に報告したが、そこではソ連のウラン研究が英米から大きく立ち遅れていること、ウラン爆弾の実現可能性の確認は、手元にある物質量では不可能であること、しかしながら、戦争にウラン爆弾といった「恐怖兵器」が持ち込まれる可能性は排除しえないことが述べられたにすぎなかった。しかし、その後の追加情報によりクルチャトフは、ウランまたは新物質のプルトニウムによる爆弾生産の可能性を確信することとなった。それは、砲弾型の円筒収納でその端の部分にウラン235またはプルトニウム239の原子爆薬を置くもので重量二〜五kgでTNT火薬一〇〇〇トンに相当するのである（Гончаров, Рябев, 2001：18-19；Рябев 1-1：276-80）。

第二の問題は、研究者、技術者の不足である。ジョレス・メドヴェーデェフは、大粛清で逮捕された科学者、技術者は数千人に達し、これにより新技術の開発、科学技術の進歩は大幅に遅れたとしている（メドヴェーデェフ1980：38）。実際、原子核研究、核爆弾開発でもこの影響は大きかった。クルチャトフは、四四年一一月に招請が必要な研究者名簿をベリヤに提出している。そこには物理問題研究所所長カピッツァ、物理技術研究所所長ヨッフェらと共に、三八年に逮捕されたが、カピッツァの奔走で釈放されたランダウの名もある。ランダウは、ことに放射性溶液の研究で優れた業績を有していた。またそうでなくとも、多くの研究者には、なお原爆製造への技術的な懐疑も強かったとされる（Рябев 1-2:162）。第三の問題は、原料となるウラン取得である。ウランのソ連国内の生産は少なく、四二年以降行われたアカデミー傘下の地質学研究所の埋蔵地探査も目立った成果を挙げることはできなかったのである（同上 :145）。

こうした問題点を克服するために四四年末にウラン取得の責任組織を内務人民委員部に設置することが決まった。またウラン研究全体の監督はベリヤに委ねられた（同上 :169-71）。内務省の強力な権力で開発を進めるということである。

このようにして内務省主導の原爆開発体制がつくられた。しかし、クルチャトフが四四年五月にスターリンに示した報告によると、ウラン235生産の工場建設は四六年、それによる実際のウラン235の獲得と原子爆弾組み立て予定は四七年であった。米は、既に四二年末に世界初の原子炉であるシカゴ・パイル1を完成させていたので、その差は大きかった（同上 :74-78; 常石 2010:202-03; ウィルソン 1990:124-32）。

（2）米の原爆使用とソ連の原爆開発

米の原爆実験と広島、長崎への投下がソ連指導部に与えた衝撃は、いうまでもなく大きかった。ポツダム会談時にスターリンは、トルーマンから原爆の実験成功とその使用を仄めかされたにも拘らず、何ら表情を変えなかったので、英首相チャーチルは、スターリンは会話の内容を理解しなかったとみた。しかし、実際のところスターリンは、米が四五年七月中に原爆の実験を予定する旨の報告をベリヤから受けていた。スターリンは、会談では平静を装い、戻ったところでモロトフ、ジューコフに対してクルチャトフの進める核研究を推進するとしたのである（Жуков, 2002:Гл. 27；長谷川 2006:252–65; Рябев 1–2:333）。

ソ連は、国家防衛委員会付属特別委員会を設置した。八月二〇日にスターリンの署名で発足した特別委員会は、「原子力計画の真の参謀本部」（Гончаров, Рябев, 2001:36）といわれる最高権限を持つ組織であった。政府からはマレンコフ、ヴォズネセンスキー、アカデミーからはクルチャトフのほかカピッツァらが入った。議長はベリヤである。その権限は広く、ウラン取得と原料基盤の創出、ウラン加工、特殊設備・物質の生産、原子エネルギー設備の建設、原爆の研究・生産に及んだ。つまり原子力関連の研究と共に、産業建設・軍事分野をも所管したのである。ウラン取得に関してはソ連国内だけでなく、ブルガリア、チェコスロヴァキアなどの国外産出ウランを利用することが明記された。実行組織としては閣僚会議直属で特別委員会に服属する第一総局が設立された。特別委員会の指示は、各人民委員部の義務とされ、中央銀行に独自の職員、予算口座を持ち、ゴスプランは第一総局予算を「特別委員会支出」の特別枠とすると定められた。この強力な集権的組織は、国家防衛委員会、閣僚会議の決定・指示案をすべて審議し、必要なら修正し、スターリンまたはベリヤの承認に提出するのである（Рябев 2–1:11–14）。

特別委員会及び第一総局によりソ連の核開発は急速に進み始め、四六年一二月には初の実験炉が完成した。ベリヤ、クルチャトフらは、「ここに必要範囲で原子炉運転をコントロールし、計画されている連続核反応を管理する可能性が達成された。……建設されたウラン黒鉛炉によりわれわれは原子エネルギーの工業的取得と利用の最重要の問題を解決できる。それはこれまで理論的計算による想定だけで検討されてきたものである」と誇らしげにスターリンに報告した（Гончаров, Рябев, 2001:41）。利用されたウランは、不足分を東欧諸国から調達したものである。＊ 翌四七年にはシベリア・オビ川支流のテチャ川河畔に原子関連工場コンビナート817の建設がクルチャトフを責任者にして始まった。この施設は、産業用原子炉、プルトニウム抽出放射化学工場、プルトニウム分離のための金属工場から成っていた。産業用原子炉は、一年後に稼働し、プルトニウムの産出が始まった（同上：42–43）。急速な建設と稼働は、厳しい「人的動員」を伴ったようである。リャベフらによると、「できるだけ短期間に原子力産業を創出し、原子爆弾を生産するという課題を解決する必要性がこの活動に必要な物的人的資源を振り向けるための過酷な手段の利用を必要とした」のである（同上：38）。クルチャトフは、陣頭指揮をとり、放射能事故の現場に自ら身をさらした。コンビナート警備責任者は、原子炉の調整で放射線の高度汚染が生じるが、クルチャトフは安全規則を無視し、許容量を越えるスペースへ自ら入室していると報告している（Рябев 2-3:836-37）。現場労働者も当然こうした作業を受け入れざるをえなかったと推測される。

＊　ドイツ占領によって研究者、実験・生産設備、原材料の獲得がなされた。重要な問題だが、ここではふれない。

特別委員会設立時の予定からは二度延期されたが、四九年八月二九日、プルトニウム爆薬型（РДС《エルデーエス》-1:「スターリン型ジェットエンジン」1、原爆の隠語として用いられた）の原子爆弾実験が行われた。これは、開発を急ぐため諜報活動により得られた米原爆の設計をそのまま用いたものであった。実験は、四七年に実験場と決定されたカザフスタン・セミパラチンスク市西方一七〇㎞の平原で、このために設置された高さ三〇ｍの鉄塔上で爆発させる形で行われた。これも米で行われた最初の原爆実験と同じ仕様である。規模はTNT火薬一万トン相当で、爆発と放射性物質が産業、民生装備、軍事技術にどれほどの破壊力を持つかを評価することが目的とされた（Рябев 2-1:636-638）。

実験終了翌日ベリヤとクルチャトフは、スターリンに「四年間の緊張した活動の結果ソヴィエト製原爆を製造するというあなたの発した課題は履行され」、その破壊力は「傑出」したものだったと報告した。衝撃波圧力は、爆心から八〇〇mで二八トン／㎡、一〇㎞離れても一・二トン／㎡に達した。この結果、爆心の鉄塔と近くに効果測定用に建てられたレンガ棟は完全に消滅した。爆心五〇〇mの鉄筋コンクリート作りの工場は完全に破壊され、鉄橋は中間部が完全に破壊され、レールは五〇〜一〇〇m吹き飛ばされた。同じく五〇〇mにおかれたT34戦車は、横転するか砲塔が破壊され、二五〇mにおかれた同戦車は炎上した。熱効果では、爆心土壌は半径三〇〇mにわたり溶解し、木造家屋は八〇〇〜一八〇〇mの距離で熱放射により炎上した。また露出地に効果測定のために配置された動物は、一二〇〇mの距離で火傷を負った。放射線強度は、事前予測で三五〇〜四〇〇mで二二〇千レントゲン（一レントゲンは約一〇ミリシーベルト）、二〇〇〇mで六〇〇レントゲンとされていた。当時は動物の致死被爆量が一〇〇〇レントゲン、人間が四五〇レントゲンとされていたので、その基準でも半径一二〇〇m以上にわたって屋外にあるすべての者が致死被爆量に達することになる。効果測定用に置かれた動物は初日で二二%が「消失」した。「原爆病」の影響は、被爆四〜七日後に現れるので、影響はなお以降、増大することになると報告書は述べている。米のアラモゴードでの原爆実験を伝えるグローヴズ報告書には放射線についての記述はないが（山際ほか 1993: 480–86）、核爆弾使用後四年を経てこの爆弾が通常爆弾と異なる影響を生物に持つことは、ソ連の核開発指導者には意識されていたのである。*

＊　一九四五年八月半ばに在日ソ連大使館付武官が広島・長崎の現地調査を行っていた（常石 2010: 237）。また広島・長崎の破壊状況を伝える四五年八月二九日付『毎日新聞』記事が英語から翻訳され、ベリヤに届いていた（Рябев

1-2:365–66)。

こうしてソ連は、世界で二番目の核保有国となった。三週間後の九月二三日、トルーマンがソ連の核爆弾実験について声明し、世界に衝撃を与えた。これに対してタス通信は、二五日に声明を発し、ソ連は四七年から「核の秘密」を知っていたのであり、ソ連核武装について喧伝される脅威論は、根拠を持たないとした。なぜならソ連は、原子兵器の無条件使用禁止を求めており、将来もその姿勢に立つからである(Рябев 2-1:645)。他方一〇月末にベリヤは、原爆の威力は、八月三〇日の報告よりも五〇%以上大きかったと正式にスターリンに報告し、実験成功で叙勲されたクルチャトフら開発者一同は課題をなお一層発展させると誓った(同上:645–59)。米ソは冷戦の中で所有する核爆弾の量を競う時代に入ったのである。

(3) 原子力産業――ソ連「原子力村」の成立

特別委員会は、プルトニウム型原爆(РДС-1)に続いてやはりプルトニウム型のРДС-2, РДС-4, РДС-5、プルトニウム・ウラン235混合型のРДС-3の実験を一九五一年、五三年に成功させた。ここからは原爆に利用される爆薬は、主にプルトニウムとする選択がなされたと見られる。開発にサハロフが大きく関わった水爆(РДС-6)の実験は五三年八月に行われた。前年には米が総重量六五トンの実用向きではない水爆実験を行っていた(Гончаров, Рябев, 2001:45)。*

＊ サハロフは、その後放射線のひき起こす重大な生物学的影響に気付き、核実験停止を主張するようになる(サハロフ 1990:292–310)。

核兵器が増強される中で五一年三月にベリヤは、スターリンに五〇~五四年に予定される爆弾製造と原子力工業発展計画について報告している。爆弾備蓄に関しては、五〇年に九発、五一年に二五発を製造するので年末までに三四発が確保され、計画は超過達成される。核爆弾地下保管庫の建設が始められており、五一年末にその第一号が完成し、以降順次同様の施設が建設される。また重量三・二トン、TNT火薬換算威力三万トンと、五〇%の軽量化と破壊力倍増に成功した新型爆弾は、五一年半ばにセミパラチンスクで実験されるとした。原爆の輸送手段取得の課題も遂行されつつあり、特別仕様で製造されたツポレフ4で乗員訓練が行われ、高空一万mの爆弾投下が可能となった（Рябев 2-5:665-87）。

こうした核兵器増強は、コンビナート817「マヤク」のプルトニウム生産強化が可能とした。ベリヤ報告ではコンビナート817の化学工場で人員の放射線被曝が起こり、遮蔽強化が必要だとしつつも、二原子工場（原子炉）、化学金属工場が稼働し、さらに三原子炉の稼働を予定するとしていた。これにより現在日産四一〇gのプルトニウム生産能力は、一kgに増強され、さらにクラスノヤルスク近郊に日産九〇〇gのコンビナート815を地下に建設しつつある（同上）。

このようにソ連は、急速に核兵器の備蓄とその運搬手段の獲得に向かっていた。これまで難問とされてきたウラン鉱石の確保についてもベリヤは、五〇年には国産ウラン鉱石は、約四五〇トンであったが、外国産を併せて二〇八六トン、さらに五一年には国産六三六トン、外国産一六九四トンで計二三三〇トンが確保されるとしている。この外国産とは東欧諸国からの資源輸入であり、ソ連東欧社会主義ブロックの形成が核戦力増強を支えることになったのである（同上、また［下斗米2004:29-30］参照）。

民生への核開発の応用については、ベリヤ報告に付された第一総局による「原子力企業発展経過」報告の最後の部分で「国民経済の要求への原子エネルギーの利用」として触れられているにすぎない。その第一は医療、産業分野での応用で、腫瘍、皮膚・血液疾患の治療が想定された。産業では金属製品の構造検査への使用である。このためのコンビナート817の同位元素製造には「多額の支出は不要」なのである。第二は、発電所建設で、三つの実験施設の建設が五二年からの発電を目標に想定されていた(Рябев 2-5:675)。

ベリヤのこの報告は、ソ連の原子力研究とその応用は原爆実験後も東西冷戦下の軍事力拡大と増強を基本動機とし、スターリン＝ベリヤの政治権力回路で推進されたことを示している。

スターリンは、一九五三年三月死亡し、ベリヤは同年六月に逮捕された。ベリヤ逮捕と同日、ソ連の原子力研究・生産体制は大きな変更を受けることとなった。中規模機械製作省の設置である。六月二六日に公布されたソヴィエト最高会議幹部会令は、閣僚会議の承認で企業、組織を同省に移管するとし、翌月出された閣僚会議決定で第一、第三総局に属する企業、施設、組織、旧特別委員会の人員、文書館、機関事務を中規模機械製作省へ移管した。

中規模機械製作省の任務は、「核エネルギー、ロケット制御、航空機爆弾、遠距離ロケット分野におけるソヴィエト科学技術の先進的地位を保障する」ことにあり、次の事項が挙げられた。

① ウラン、トリウム鉱石、金属鉱石取得、原爆製造、科学研究、実験組み立て作業、資本建設の政府承認計画の履行。

② 原子核の一層の研究の方向で原子エネルギーに関する理論、科学研究、実験組み立て活動の一層の発展。より強力な原子兵器、分裂物質の工業生産の完成、国民経済、防衛そのほかの必要のため

表 1　閉鎖都市・閉鎖組織（1953 年 11 月制定）

①　コンビナート 813：その集住地とスヴェルドロフ州ヴェルフ＝ネイヴィンスク鉄道駅.
②　コンビナート 815：ミンジュリ川右岸，エニセイ川右岸カン川河口まで，クラスノヤルスク地方のいくつかの地点.
③　コンビナート 816：トムスク州.
④　コンビナート 817：クシトイム市，カスリャ市，タトイシュ，チュブク，クヴァルシ駅．チェリャビンスク州の村落を含む.
⑤　工場 418，施設 717，917：スヴェルドロフ州.
⑥　工場 544：ウドムルチ自治共和国.
⑦　工場 906：ドニエプロペトロフスク州.
⑧　コンビナート 6：タジク，キルギス，ウズベク連邦共和国.
⑨　コンビナート 7：エストニア連邦共和国.
⑩　コンビナート 9：ドニエプロペトロフスク州.
⑪　コンビナート 11：キルギス連邦共和国.
⑫　鉱山 8：キルギス連邦共和国.
⑬　鉱山 10：スタヴロポリ地方.

出所 :Л. Д. Рябев. Ред. Атомный проект СССР. Документы и материалы. Т.2, Кн. 5, М., Наука, Физиматлит, 2005. с .600-602.

に原子エネルギー利用の新しい形の生産を目的に原子爆発の一層効率的な方法の研究。

③　地質調査活動の一層の展開、ソ連におけるウラン、トリウム鉱石取得の原料基盤を需要の完全な保障まで拡大。ソ連外のウラン産地の利用テンポ促進（ルーマニア、ドイツ民主共和国、ブルガリア、チェコスロヴァキア、そのほかの諸国）。

④　高射統御ロケット、統御航空爆弾、遠距離ロケット、それと関連する新しい研究とその現代化に関する航空科学研究と組み立ての発展（同上 :561-74）。

ここからいえることは、旧特別委員会がベリヤを通じてスターリンに直属する全権的組織であったのに対して、中規模機械製作省は、形の上では一つの行政機関として閣僚会議に服属する組織となったことである。しかし、他方で所管分野は、原料調査を目的とする東欧諸国との独自の対外関係、この時期から重みを増す核運搬手段としてのロケット開発、原子力潜水艦建造といった軍事分野への進出、原爆技術の深化といった領域にわたることが明記された。中規模機械製作省は、特殊技術、知識を独占するソ連版「原子力村」を形成する一方で、軍事、対外関係分野へも影響力を持つ一大国家機関となり、「国家内国家」、「原子力帝国」と揶揄される存在となるのである。またこれまでベリヤによって所管されてきたコンビナート、工場の保安問題が検討され、施設とその周辺に特別パスポート制度を維持し、「閉鎖都市」を設置することとした。表1に見るように閉鎖都市は、生産設備を持つコンビナート、工場のほか鉱山を含みソ連全域にわたって点在する。この地域は外国人の訪問は勿論、住民の移動も制限されることとなった（Рябев 2-5:600-02; Первая в мире:10-11）。

こうして政府に直属する原子力産業が形成され、ソ連各地の原発の建設、原潜、原子力砕氷船、ロケットの建造が進められることとなった。この下で一九五四年、オブニンスクに出力は小さいが、人類初の発電用原子炉が稼働したのである（同上:582-83, 596-98）。

（4）核の暴走──「マヤク」事故

一九五七年九月二九日夕刻、コンビナート817「マヤク」で核爆発が起こった。原爆開発を急ぐ中で建設され、プルトニウム生産の中心であったこの施設は、四九年以来、実験・生産過程で出る放射性廃棄物を近くのオビ川支流のテチャ川に放棄し、五一年の川の氾濫では広範な地域の核汚染を引き起こした。今度は、地下廃棄物保管所の冷却装置の故障で廃棄物が臨界に達して核爆発を起こしたのである

（表2、参照）。この施設で働いていた人物は当日の様子を次のように記している。

「その日われわれは休息日だった。自分は工場の側に向いている窓に並んだベッドの下段で寝ていた。突然私は、床へ叩きつけられた。隣の者は転落ですり傷、あざを作ったが自分は、驚いただけだった。立ち上がり、ガラスが壊れた窓に近づき、急速に大きくなる真っ赤な〝きのこ〟を見た。その傘は、空に広がり、直に太陽を隠した。三〇分程で黒い煤けた降下物が落ちてきて周りすべてを覆った」（Первая в мире:4）。

爆発は、TNT火薬七〇～一〇〇トンに相当し、蓋のコンクリート製プレートを打ち破って多量の煤と煙を巻き上げ、高さ一㎞のきのこ雲となった。保管容器に含まれていた放射性物質総量は、二〇〇〇万キュリー（一キュリー＝三七億ベシレル）で、内一八〇〇万キュリーは、コンビナート敷地内に落下し、残る二〇〇万キュリーが、その後風向きの変化で北東方向へ、距離にして一〇〇㎞流れ、チェリャビンスク、スヴェルドロフスク、チュメニ州の二七万人余が居住する地域を汚染した。ストロンチウム90による二キュリー／㎢汚染地域は二〇〇〇～三〇〇〇㎢以上とされる（Первая в мире:2; 田城 2003:158-60）。

施設を所管する中規模機械製作省大臣は、当時スラフスキーであった。スラフスキーは、四六年から五三年まで中断を挟み第一総局局長代理の職にあり、同時に四七～四九年に「マヤク」の責任者でもあった。フルシチョフに促され、現地と連絡したスラフスキーが受け取った事故時の状況は次の通りであった。

「五七年九月二九日一六時二五分。生産合同「マヤク」において原子兵器用プルトニウム製造か

表２　チェリャビンスク「マヤク」の核関連事故

年月日	事　項
1949.03.03	液体高放射性廃棄物をテチェ川に大規模投棄．51 年にかけて．
1951.04.27	テチャ川が氾濫期に出水．広範な領域を核汚染．
1953.03.15	プルトニウム溶液の連続反応．
1957.09.29	冷却システム不能で放射性廃棄物の貯蔵庫爆発．周辺に放射性物質拡大．
1958.01.02	ウラン硝酸液の連鎖反応．３名死亡．
1967.04.02	春の乾燥により放射性廃棄物が廃棄されているカラチャイ湖底露出．これに続く暴風により数十kmにわたり放射性塵飛散．
1968.04.05	実験時の放射能事故で２名死亡．
1993.07.17	プルトニウム加工区画で放射能投棄物とともに爆発．
1993.08.02	腐食で管破壊の結果放射性スラム流出．
1994.02.04	敷地内で放射性ガス放出．
1994.03.30	放射能ガス放出．
1994.05.23	排気システムから放射性物資放出．
1996.11.20	廃棄設備修理時に放射性大気の放出．
2003.04.24	放射能大気増加．

出所：Календарь ядерной эры. http://www.greenpeace.org/russia/ru/press/reports/411139/ より作成．起こった事故のすべてを示すものではない．

らの放射性廃棄物を保管する地下埋設地で熱爆発が起こり、容器から一〇〇〇～一五〇〇万キュリーの放射性物質が大気に放出された。保管容器からは爆発で一六〇トンのコンクリートプレートがはぎとられた。煙と塵の柱が一kmの高さになった。半径三kmで建物、施設、技術、輸送の破壊と損傷がある。マヤクの人員以外に事故への対応と設備保全に内務省部隊と特別消火保安隊が活動している」（Первая в мире:11）。

こうしてチェリャビンスク周辺は大量の核物質で汚染された。除染には施設警備にあたっていた内務省軍と消防のほかに、現地住民、特に若者が特別装備もなく、放射線の危険も知らされないままに大量動員された。当時スヴェルドロフスクにいた一七歳の少年は、授業から直接トラックで現地へ運ばれて作業にあたったが、線量計は、基準値を越えると罰せられるため衣服箱に放置したという。この少年は、長じて一九八六年に癌で死亡したが、原因は事故によるものと公式に認定された（Катастрофа:2–3）。

事故の四ヵ月後、閣僚会議決定で現地調査した中規模機械製作省・保健委員会特別委員会は、高度汚染地域の長期居住は不可能なので汚染地を埋め立てたうえで住民の移住が必要としたが、対象住民は五〇〇〇人弱に過ぎなかった。これに対して五八年の春から夏に行った調査で農業省は、チェリャビンスク、スヴェルドロフ州のコルホーズでは多くの家畜が放射線病の兆候を示しており、かつ既に家畜が放射線検査抜きで食用に出荷されていると報告した。汚染被害地ははるかに広範だったことが窺われる（Пономарев и другие, 1999:113–15）。チェリャビンスクでは、表2にあるように施設内の事故が幾度か起こったが、六七年には放射性廃棄物を堆積した敷地内カラチャイ湖が乾燥で湖底を露出したところを暴風が襲い、放射性塵を周辺数十㎞に飛散させる事故も起こった。時代を経て九〇年末に出されたソ連人民代議員大会核エネルギー・エコロジー小委員会委員長の閣僚会議議長あて書簡は、チェリャビンスク州の五一年、五七年、六七年の三度にわたる大規模核事故の被曝者は五〇万人にのぼるとし、彼らへの援助を求めた（同上:182–83）。

チェリャビンスクの核事故は、原爆製造を至上課題とし、人的資源を動員してつくりあげたソ連原子力産業の破綻であった。何よりここに原子力産業の要である核燃料・爆薬製造の中心があったからである。しかし、関係者には事故について厳しい箝口令が敷かれ、除染作業に従事した者もその内容について一切語ることを制限された。そして当時様々なソースで事故を把握していた英米政府も公表しなかった。これは、丁度同じ時期にイギリス・ウィンズケールで歴史上初の原発事故が起こったためといわれる。こうして人々の記憶からチェリャビンスク事故は抹消され、[*]二〇年後のジョレス・メドヴェーデェフによる核爆発事故の暴露が大きな反響を呼ぶことになったのである（メドヴェーデェフ 1982：第1章）。

＊ 同様の核燃料工場における事故は、ソ連解体後の九三年にトムスク7において起こった。この場合は蒸気ガス爆発で、プルトニウムを含む放射性物質が大気中に放出し、北東方向へ三七㎞、約二五〇㎢が放射線汚染地域となった。これは、国際基準で「重大事故」とされる基準であった（［田城 2003：164–75］参照）。

おわりに

一九九九年八月、モスクワで式典が開かれた。それは、ソ連の原爆実験五〇周年を祝うもので、スローガンは「最初の国産原爆実験からの五〇年は、平和の五〇年」であった。ここで讃えられるのは、大国の勢力バランスをとるためのソ連の核兵器製造である。それは、「世界史における転換点」となり、これにより「一国の核兵器独占」が打ち壊されて、ソ米の「戦略的均衡」を達する過程が始まった。それが「地球規模の安定」を生み、「新たな世界戦争を防いだ」のである（Гончаров, Рябев, 2001：50）。他方で九七年九月、やはりモスクワの内務省式典ホールで顕彰の集まりが持たれた。それは、「マヤク」核事故の鎮静化にあたった当時の内務省軍関係者を讃えるものであった。一番の年長者は、七五歳の三名で、彼らは「この日が来るとは思わなかった」と涙を隠さなかった。その内の一名は、クシトイムの秘密を守り、医師にも自分の病の原因が放射線だといえず、家族にもクシトイムのあの混乱について口を滑らすことはできなかったと述べた。悔いるのは、クシトイムの悲劇を国が知っていたならば、チェルノブイリの悲劇は繰り返されなかったろうということであった（Первая в мире：10）。

この二つのエピソードは、ソ連の核開発が持っていた性格をよく示していると思われる。それは、米国に対抗するために核兵器を持たねばならないという国家の至上命令と、真実と義務の間で呻吟し、他者への共感を表明することを望む人間の存在である。だが、国家の「至上命令」も、人間のあり様も厚いヴェールに覆われていた。

こうしたヴェールを破った契機は、強まる国際的連関とソ連体制の変化の中で起こったチェルノブイリ事故であったといってよかろう。事故対応を検討した八六年七月の共産党政治局では、原発の安全神話は虚偽であったこと、原発の出す廃棄物問題は未解決であり、そうした問題を「超閉鎖性」の中規模機械製作省が隠蔽してきたといった議論が展開した。原発稼働三〇周年の八四年に『プラウダ』が原発は「安全基準」たりうると述べたのは虚偽だったのであり、厳密な規則順守により原発建設は可能で「原子エネルギーを守る」と主張する中規模機械製作省次官の意見は、「制服の名誉」を守っているにすぎない。[*]重視されねばならないのは、「次の世代への責任」、「諸国民への責任」であり、「率直さ」をもって語ることなのである（Черняев и другие, 2006:54）。

＊　別にもたれた関係小委員会でも同様の発言を、中規模機械製作省関係者は述べている（ヤロシンスカヤ 1994:391）。

こうしてソ連の核開発を蔽っていたヴェールが取り除かれ、様々な機密が暴かれることとなった。これによりわれわれは、「マヤク」事故も、チェルノブイリ事故も、トムスク7事故についても、より広い事実を知ることができるようになった。またソ連で繰り返された核実験による核汚染、様々の核物質をめぐる盗難・窃取などの犯罪についても知ることになった。

考えてみれば、われわれは核分裂の知見を得て、地球上に存在しない物質＝プルトニウムを生みだしてから七〇年余しか経ていない。にもかかわらず、核分裂による地球環境と人間への被害を大量破壊兵器の使用と核爆発によって経験してきた。そして現在、日本では福島第一原発の破壊による被害を経験しているところである。自然と人間との関わりの歴史からみれば、まったく短い時間にかくも大きな損失を蒙ってきたこととなる。とすれば、人間の自然への関わりを再考し、核爆弾の材料でしかない無用の物質を生み出すことを止める時が今来ているように思える。そしてこのことは、核爆弾と制御できない核エネルギーが生まれたことを知る世代の現在と「未来の世代への責任」と思えるのである。

参考文献一覧

日本語文献

ウィルソン、J 1990：『原爆をつくった科学者たち〈同時代ライブラリー〉』（中村誠太郎・奥地幹雄訳）岩波書店。
ゴールドマン、M・I 1973：『ソ連における環境汚染――進歩が何を与えたか』（都留重人監訳）岩波書店。
サハロフ、アンドレイ 1990：『サハロフ回想録（上）』（金光不二夫・木村晃三訳）読売新聞社。
下斗米伸夫 2004：『アジア冷戦史』中公新書。
高木仁三郎 2000：『原発事故はなぜくりかえすのか』岩波新書。
田城　明 2003：『現地ルポ　核超大国を歩く――アメリカ、ロシア、旧ソ連』岩波書店。
常石敬一 2010：『原発とプルトニウム』PHPサイエンスワールド新書。
長谷川毅 2006：『暗闘――スターリン、トルーマンと日本降伏』中央公論新社。
藤井晴雄 2001：『ソ連・ロシアの原子力開発』東洋書店。
藤井晴雄・西条泰博 2012：『原子力大国ロシア』東洋書店。

メドヴェーデェフ、ジョレス 1980：『ソ連における科学と政治』（熊井譲治訳）みすず書房。

メドヴェーデェフ、ジョレス 1982：『ウラルの核惨事』（梅林宏道訳）技術と人間社。

山極晃・立花誠逸・岡田良之助編訳 1993：『資料マンハッタン計画』大月書店。

ヤロシンスカヤ、アラ 1994：『チェルノブイリ――極秘』（和田あき子訳）平凡社。

ロシア語文献

Гончаров, Г.А., Рябев, Л.Д. 2001: О создании первой отечественной атомной бомбы. *Успехи физических наук*, №171. http://wsyachina.narod.ru/history/rds_1.html による。
Залесский, К.А. 2011: Кто есть кто в истории СССР, М., Вече.
Катастрофа на комбинате «Маяк» 29 сентября 1957 г. http://nuclear.tatar.mtss.ru/fa230907.htm による（Катастрофаと略記）。
Первая в мире радиоактивная авария. Черябинск-65. http://www.liveinternet.ru/community/ による（Первая в мире と略記）。
Пономарев, В.И. и другие. Сост. 1999: Экология и власть 1917–1990. М., МФД.
Рябев, Л.Д. Сост. 1998–2010: Атомный проект СССР. Документы и материалы. Т.1, 2, 3. М., Наука, Физиматлит.（Рябев1-2として巻、分冊順で表記）
Черняев А. и другие. Сост. 2006: В Политбюро ЦК КПСС... По написаниям Анатолия Черняева, Вадима Медведева, Георгия Шахназарова（1985–1991）. М., Альпина Бизнес Букс.

第八章

中国の経済・環境問題と原発政策

奥村　哲

はじめに

二〇一一年三月一〇日の『朝日新聞』は、「中国原発　一〇年で六〇基増」という見出しで、「中国国有の原子力発電会社、中国核工業集団傘下の中国核電工程副社長の劉巍氏」に対するインタビュー記事を掲載している。それによれば、当時一三基が稼働して約一一〇〇万KWの原発の発電容量を、二〇二〇年までに「約七倍の七〇〇〇万KW以上とする方向で調整が進められていること」が明らかにされた。その結果「二〇年には七〇基余が稼働し、日本を上回る」ことになる。平均すれば二ヵ月に一基増やすことになるが、「日本のような地元の抵抗はない」という。記事の末尾では、記者が「日本人は中国の急速な大量建設を心配しています」と告げたのに対して、劉巍氏は次のように答えている。

「二〇年来の安全運転をしてきた実績がある。安心してほしい。中国、日本、韓国は原発が一〇〇基以上も集積する地域になる。安全と平和利用に向けて協力できる点は多い。昨年は新潟、柏崎刈羽原発を見学し、地震について学んだ。良い機会だった」。

この記事が出た翌日三月一一日、東日本大震災が発生し、その後福島第一原子力発電所の事故が伝えられたのである。この危機的状況を目にして、一六日、中国の国務院は核施設の全面的な安全精査と原発プロジェクトの承認の一時停止を決定した。しかし、これは計画自体を全面的に再検討するものではなかった。八月二一日に安全精査が終了すると、新規原発建設計画の審査と承認手続きが再開され、現在は「将来世界一の原発市場に」なることが目指されている（郭 2012）。

（1）中国経済の「未富先老」の危機

原発の凄まじい危険性が白日の下に曝されたにもかかわらず、中国はなぜその大拡張路線を突き進むのだろうか。

現在の中国を理解する重要な鍵の一つは、その二面性にある。一面は核兵器を保持し国連の常任理事国でもある大国としての中国で、経済でもGDPで日本を抜いて世界第二位に躍り出た。しかし、もう一面は発展途上国としての中国で、一人当りGDPは二〇一一年に五〇〇〇ドル余で、日本の約九分の一でしかない。このために、中国は今後もなお高い経済成長率を追求していくであろう。ただし、経済成長には陰りが見え始め、その前途は必ずしも楽観的ではない。

中国の急激な経済発展を支えた要因の一つに、人口政策がある。毛沢東時代には人口は国力だとして、経済発展のために調整を主張した馬寅初を失脚させたが、改革開放の時代に入った中国は一人っ子政策を実施し、人口の急激な増加による経済的負担を回避しつつ、所謂人口ボーナスにも依拠して、「世界の工場」といわれる地位を築いた。しかし、一人っ子政策が三〇年近く続いた結果、一五～五九歳の労働人口が減り始め、二〇二〇年頃からその減少が加速すると推計されている（「老いゆく中国」、

『朝日新聞』二〇一二年四月二〇日)。少子高齢化はすでに進行しつつあり、かつての年一〇%近い急激な経済成長は不可能になってくる。このままでは、下手をすると権力と結びついた一部の大富豪が繁栄を謳歌するだけで、大多数の庶民は貧しいまま将来に大きな不安を抱えて老いていくという、「未富先老(豊かになる前に老いてしまう)」の到来にもなりかねない。無論、政府もそれは熟知しているからこそ、一人っ子政策の転換を始めるとともに(「一人っ子政策　岐路」、『朝日新聞』二〇一三年二月二五日)、急いで後の経済成長のための基盤を作っていこうとしているのである。

(2) エネルギー問題と環境問題

しかし、その重大なネックの一つになりかねないのが、エネルギー問題である(以下[郭 2012]に依る)。経済成長はエネルギー消費量の激増をともない、中国でも一九九〇年に比べて現在は三倍以上に膨らんでいる。電力の需給ギャップが拡大し、二〇一一年には供給不足が四〇〇〇万KWに達した。今後、経済成長の計画を遂行すれば、二〇三五年にはエネルギー消費量はさらに現在の二倍近くになると推計されている。世界平均よりも三倍も低い、エネルギー消費効率も改善されねばならないが、さらに問題になるのがエネルギー源である。

現在の中国の大きな問題点は、化石燃料が九割以上を占め、さらに石炭がその七割以上を占めるという、エネルギー源の構成にある。石炭は主に内陸部の山西省や内モンゴルなどで産出し、主要な消費地の沿海部からは遠いことが、輸送上の問題を生んでいる。他方で、電力に関して言えば、二〇一一年現在で原発は一一八八万KWで、発電設備容量一〇億五五七六万KWの約一・一%を占めるに過ぎない。これを世界の主要な原発諸国（所謂先進国）の平均一八%強に比べると、その低さが明瞭になる。

また、化石燃料の多用は、環境悪化という他の重大な問題の原因となる。まずは、地球温暖化の原因となる、膨大な二酸化炭素の排出である。改革開放政策が開始されたばかりの一九八〇年頃には年四億トンにすぎなかったが、急激な経済成長を遂げた結果、二〇〇九年には七四億トンに達し、世界全体の二四%を占めて第一位になってしまった。それでも経済成長への影響を恐れ、排出量第二位のアメリカとともに、京都議定書では削減量の具体的数値を示すことを拒否したのは、周知のとおりである。

ただ、中国がこの問題をけっして軽視しているわけではない。化石燃料が大半を占める現状のまま経済成長を続ければ、排出量は二〇二〇年には二〇〇五年比で六〇%も増えてしまう可能性がある。そこで、二〇〇九年末にコペンハーゲンで開催された「気候変動枠組条約第一五回締約国会議（COP15）」で、中国は二〇二〇年までにGDP一万元当り（単位GDP）の排出量を二〇〇五年比で四〇~四五%削減すると宣言した。予想される中国のGDPの増加を考えれば、二酸化炭素排出量の絶対量は増え続けるのだが、その増加する割合を減らそうというのである。そのために打ち出されたのが、エネルギー消費効率の向上とともに、一次エネルギー中の非化石燃料を一五%まで増やすという方針であり、その際期待されるのが、電力での太陽・風力・地熱などの再生可能エネルギーとともに、「クリーン・エネルギー」とされた原子力の利用ということになる。

こうして二〇一一年三月の全人代で、二〇一五年までに一次エネルギーにおける非化石燃料の比率を一一・四%に引き上げることになった。冒頭で示した、「3・11」直前に示された野心的な原発政策は、直接にはここから出ていたのである。

無論、環境問題は地球温暖化にとどまらない。大気汚染もきわめて深刻で、それは今年（二〇一三年）一月以来、北京一帯のひどい情況と飛来するPM2.5などの日本への影響が、たびたび報道されていることからも明瞭であろう。その原因としては、石炭暖房とともに、急増した自動車や工場による排気ガスが挙げられている。これらは、フィルターのないストーブや「安上がりを優先し、先進国に比べて硫黄分が高い質の低いガソリン」や、煤煙の放置など、高度経済成長期の日本と同様、急激な経済成長に公害対策が追い付かず、なおざりにされている結果である（「大気汚染　成長中国に影」、『朝日新聞』二〇一三年二月一日）。ここからも、化石燃料による排気ガスを浄化する技術的な対応とともに、「クリーンなエネルギー」としての原子力に対する指向が出てくるのである。

（3）原発政策の展開

ここで、中国の原子力政策を概観してみよう。李春利の時期区分（李 2012）に依拠してその過程をたどると、次のとおりである。

第一期（一九五五〜七一年）は、軍事利用（核兵器関連）中心の自主開発期である。朝鮮戦争でアメリカから原爆使用の可能性の示唆という脅迫を受けた中国は、五五年一月、共産党中央書記処拡大会議でソ連の援助に基づく原子力工業の建設を正式に決定し、四月にはソ連と原子力協定が締結された。そして五七年には、ソ連が核兵器のサンプルを中国に供することを約束した、「国防新技術協定」が締結される。しかしこの頃から生まれつつあった中ソ間の亀裂がその後拡大して対立に向かい、五九年六月、ソ連は「国防新技術協定」を一方的に破棄した。これ以後、中国は「両弾一星」（原爆・水爆と人工衛星）の自主開発に転換し、これが六四年の原爆実験、六六年の核ミサイル実験、六七年の水爆実験、六九年の地下核実験、さらには七一年の原子力潜水艦の運行開始になっていく。また五八年頃から、一連の核燃料サイクル関連の鉱山開発や施設の建設に着手している。

第二期（一九七二～九三年）は、軍事だけでなく原子力の「平和利用」も開始された時期である。七二年の米中の関係改善は、東アジアの冷戦が次第に解体して行く契機となった。ベトナム戦争の終結や毛沢東死後の権力闘争を経て、七八年に改革開放政策が打ち出され、八〇年代にはソ連との関係も改善に向かう。こうした中、中国自身もそれまでの戦争不可避論を放棄し、防衛戦略を転換し、兵員を削減しつつ軍の近代化を図った。このような情勢の転換を背景に、原子力に対しても軍事利用とともに、経済発展にも大きな役割が与えられることになったのである。

中国最初の秦山原発（浙江省）の設計が着手されたのは七三年であったが、本格的に動き始めるのは改革開放政策に転じた八〇年代である。八一年に原子力発電開発計画（秦山I期）が承認され、翌年の全人代で「『エネルギー長期戦略・原子力発電計画』が発表され、二〇〇〇年までに一〇〇〇万KWの原子力発電所を建設するという具体的な数値目標が初めて示された」（李 2012）。この計画はスリーマイル島原発事故の影響などで遅れ、国産炉の秦山I期原子力発電所はようやく八五年に着工した。この間にフランスからの導入炉による大亜湾原子力発電所（広東省）の建設が承認され（八二年）、八七年から着工された。

第三期（一九九四〜二〇〇六年）は原発の基盤の確立期で、上記の二つの原発が営業運転を開始した一九九四年から始まる。これより前、八九年の天安門事件や東欧革命、九一年のソ連の解体によって、帝国主義による「和平演変」（軍事力によらない社会主義体制の転覆）を警戒して停滞していた改革開放政策が、鄧小平の南巡講話（九二年）を契機に再開され、中国は年率一〇％を超える高度経済成長に突入していった。これが沿海地域の深刻な電力不足を引起し、秦山原発の原子炉を増やすとともに、広東省の嶺澳原発、江蘇省の田湾原発の建設を導いたのである（表1）。こうして二〇〇〇年代に入り、第一〇次五ヵ年計画（二〇〇一〜〇五）では原発の「適度な発展」を目指す方針を掲げていた。

第四期（二〇〇七年〜現在）は原発開発が加速された時期である。高度経済成長がさらに進行すると、第一一次五ヵ年計画（二〇〇六〜一〇）では、原発の「積極的な推進」へと転換した。その具体化として二〇〇七年に「原子力発電長中期発展計画（二〇〇五〜二〇）」が公表され、二〇〇六年末段階で八五九万KWの発電容量を、二〇二〇年までに四〇〇〇万KWに拡大し、総発電設備容量の四％にするとともに、その時点で建設段階にある発電容量も一八〇〇万KWにするという、数値目標が掲げられた。さらに、この翌年に発生した国際金融危機に対して、中国は総額四兆元（約五六兆円）の大型景気対策をとり、その一環として原発計画も一層加速されることになった。二〇〇九年には「積極的な推進」から「強力な開発」に方針転換し、翌二〇一〇年には二〇二〇年までの目標を八〇〇〇万KW、総発電設備容量の七〜八％に引き上げたのである。冒頭で記したように、二〇一一年の福島原発事故以後も、この目標は変えてはいない。

こうして二〇一二年三月段階で、一五基の原発が稼働（発電能力は約一二五二・八万KW）している

表1　中国における稼働中の原発基地（2012年3月現在）

地域	場所	基数（計15）	建設開始（年月）	稼働開始（年月）	設備容量（万kW）（計1252.8）	原子炉
広東	大亜湾	2	87.8	94.2	98.4×2=196.8	仏・M310
	嶺澳Ⅰ	2	97.3, 98.4	02.5	99×2=198	仏・M310
	嶺澳Ⅱ	2	0.5, 0.6	10, 11,8	108×2=216	中・CPR1000
江蘇	田湾	2	99.10	04.12	106×2=212	露・VVER1000
浙江	秦山Ⅰ	1	85.3	91.12	30×1=30	中・CNP300
	秦山Ⅱ	4	97, 99, 05	02.4, 04.5, 10, 11.12	65×4=260	中・CNP600
	秦山Ⅲ	2	97, 98	02, 03	70×2=140	加・CANDU6

出所：［郭 2012］より引用.
Ⅰ～Ⅲ：工事の時期（例：嶺澳Ⅰ＝嶺澳原発基地の第Ⅰ期工事で建設した部分の意，以下同）

（表1）ほか、二六基が建設中である（表2）が、これは世界の六二基の四割以上であり、二〇二〇年までにさらに約四〇基が新規に建設される予定である（図1）。さらには、二〇三五年までに二三〇基、二億三〇〇〇万KWにまで拡大する構想もあるという。原発超大国への道を、ひたすら突き進んでいるのである。

その進む先には、当然、原発プラントの輸出もある。現段階では一九九三年からパキスタンに四基輸出しているだけだが、今後は東南アジアやCIS（独立国家共同体）・南米などの諸国への輸出をはかっている。「中国は将来的に世界最大の原子炉供給国になるだろう」と予測する専門家もいるという（郭 2012:39, 42）。

（4）原発の危険性と市民運動

しかし、それはいくつもの大きな危険を孕んでいる。

まず、「3・11」を経験した我々がもっとも危険を感じるのは、地震の問題であろう。なぜなら、二〇〇八年の四川大地震でも示されたように、中国は世界有数の地震国でもあり、地震帯の所在を示した図2を図1に重ねると、稼働中あるいは建設中の原発の

表2　中国における建設中の原発基地（2012年3月現在）

地域	場所	基数（計26）	建設開始	完成予定	設備容量（万kW）（計2924）	原子炉
遼寧	紅沿河	4	07.8〜09.8	12〜14	108×4=432	中・CPR1000
山東	海陽	2	09, 10.6	14, 15	125×2=250	米・AP1000
浙江	三門	2	07	12	125×2=250	米・AP1000
	秦山Ⅰ増設（方家山）	2	08.12	13	108×2=216	中・CPR1000
福建	寧徳・福清	7	08〜10	13〜15	108×7=756	中・CPR1000
広東	陽江	3	06〜10	11〜15	108×3=324	中・CPR1000
	台山	2	09.10	14.11	175×2=350	仏・EPR
広西	防城港	2	10.7	15	108×2=216	中・CPR1000
海南	昌江	2	10.4	15	65×2=130	中・CNP600

出所：［郭2012］より引用.

いくつかが、地震帯に近いことがわかるからである。例えば、「稼働中の広東、福建省地区の原発、建設中の遼寧省大連の紅沿河原発、山東省の海陽原発など」であり、計画中の原発でも遼寧省の徐大堡や重慶市・四川省の原発は地震帯に近い。そして、稼働中・建設中の原発はすべて沿海部にあるが、郭四志によれば、防波堤は「ほとんどの場合、六メートルぐらいしかない」という。東日本大震災の経験は、これではとても安心できないことを教えている（郭2012：47–49)。

内陸部に計画中の十数ヵ所の原発基地には、さらに水資源が大きな問題となる。原発は大量の冷却水を必要とするため、内陸では大きな河川や湖の傍に建設せねばならない。しかし、温暖化による干ばつや乱開発などによって、かつての暴れ竜の黄河が涸れたりするなど、中国全土で近年深刻な水不足がたびたび起こっている。二〇一二年のある報告では、「都市部の三分の二では水が不足し、農村部でも、三億人近くの飲料水が衛生的ではなく、水の安全性の問題に直面している」とされている（同上：50)。これではいざという時の冷却水の確保が危ういだけではなく、事故があった際の放射能による水質汚染がもたらす影響の深刻さも懸

図1　中国の原子力発電所

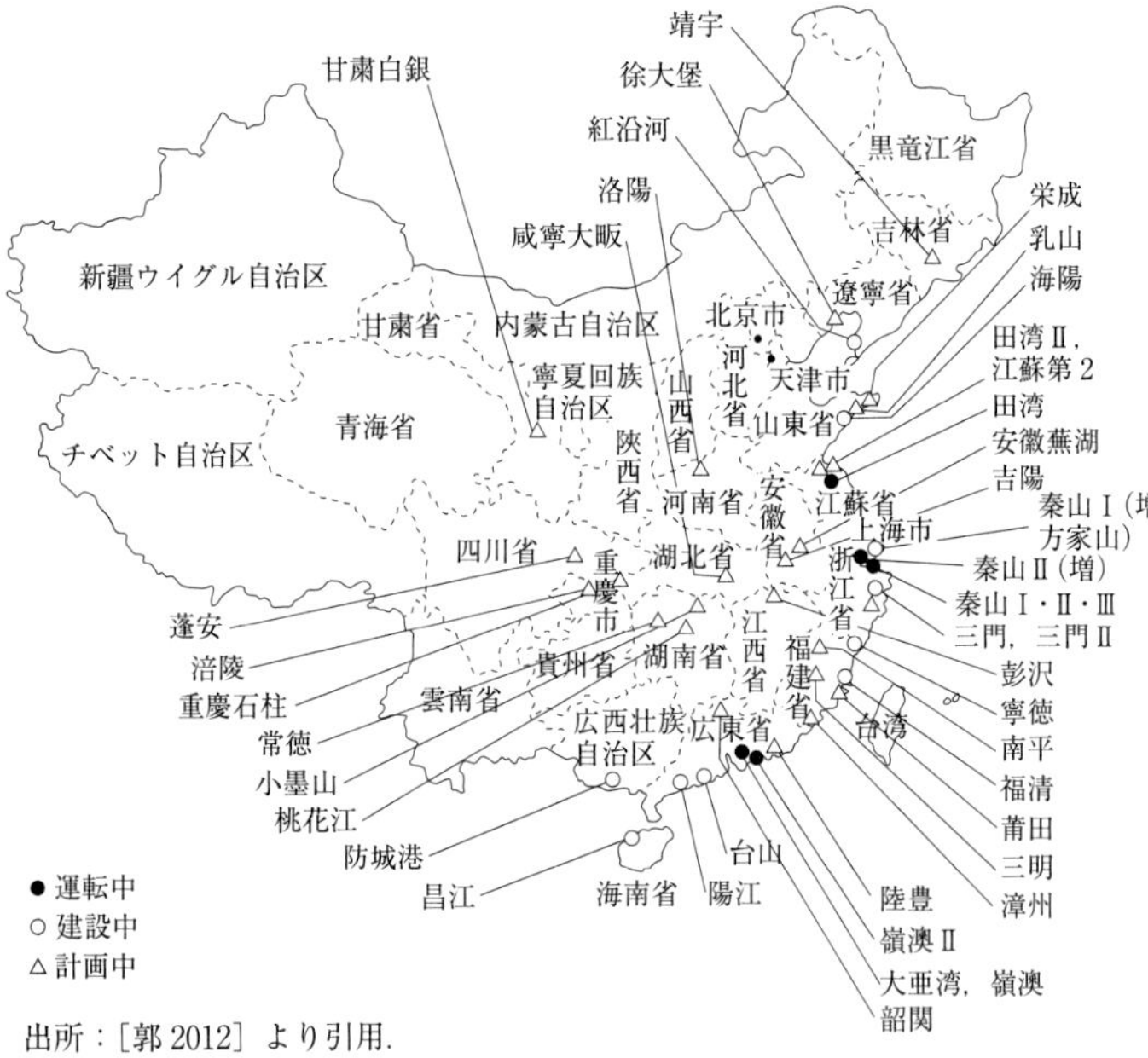

出所：［郭 2012］より引用.

念せざるをえない。このため最近は、内陸部での原発計画を見直そうという提言もあるようである。

人材不足も大きな問題である。「先進諸国においては、原発一基ごとに安全監督のスタッフが約四〇人必要だとされているが、中国原発における安全監督のスタッフはすべて合わせても三〇〇人にすぎない。現在稼働・建設中の原発ユニット四一基で計算すると、ユニットごとに平均七・三人ということになり、世界の平均をはるかに下回っているのである」。中国も人材の育成に努め、ある程度の成果をあげてはいるが、なお不十分なままである（同上：51）。

原発建設工事の質も問題となる。郭四志によれば、現在建設中の二六基の原子炉のうち、一八基がフランスのアレバ社

図２　中国の地震地帯

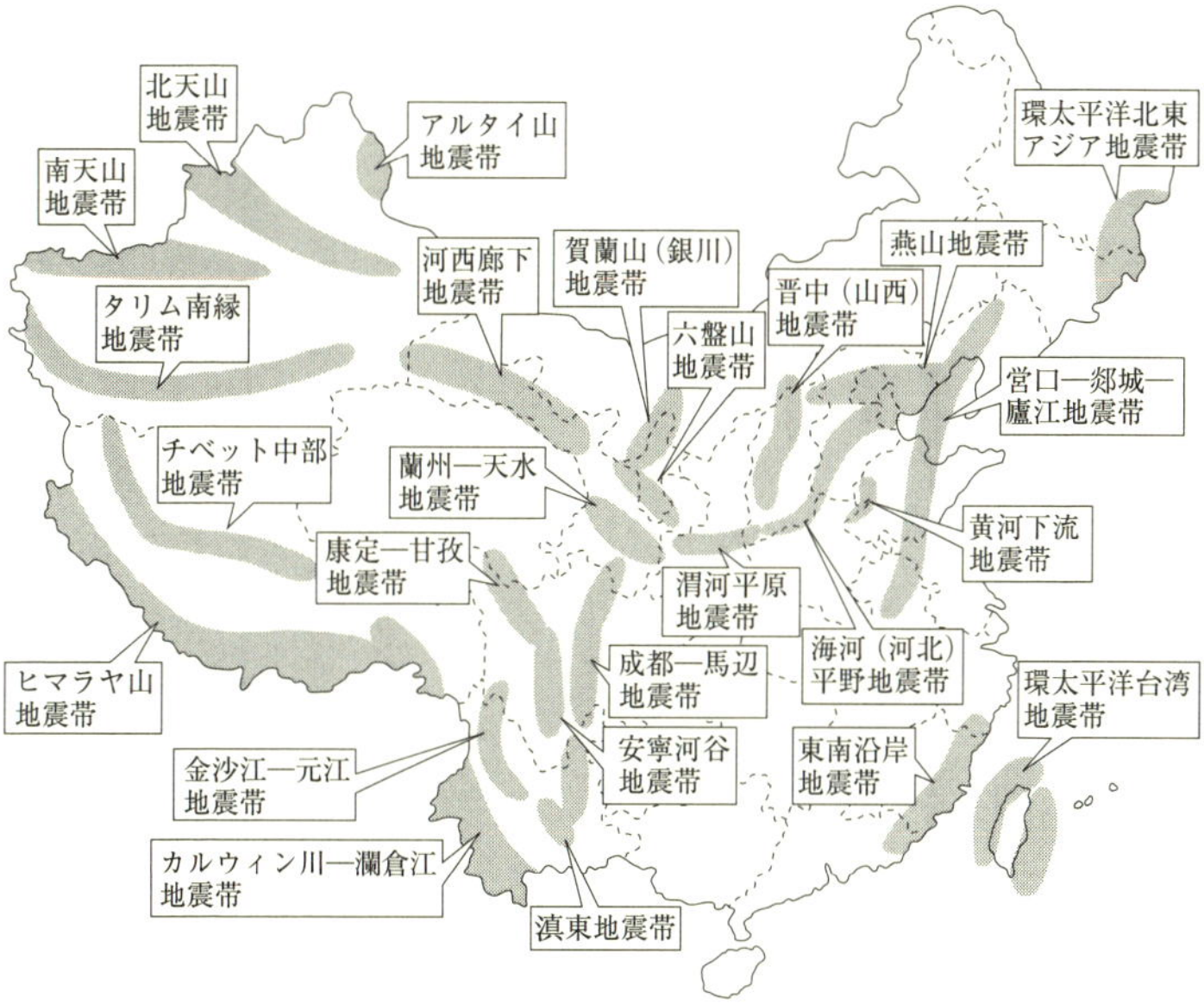

出所：［郭 2012］より引用.

製を改良したCPR1000で、国産化率は八〇%、四基がアメリカのウェスティング・ハウス社のAP1000で、これも国産化を進めているという。しかし、「中国では高性能な工業製品の品質保証システムがまだ十分ではない面があるうえに、工期を急ぐため、品質に問題が発生している」。さらにそうした技術・設備だけでなく、「原発基地の工事や設備・部材の据付などに関わる者の仕事の品質がより懸念される」。なぜなら、「こうした仕事に従事する業者は、一次、二次、三次の下請け会社であり、経済性を優先し、納期に間に合うように施工を急ぎがち」だからである、という（同上:52）。急激な発展にモラルの形成が追い付かず、中国では手抜き工事がないはずがないと言われたりするが、原発関連の工事もそうだとすれば、鳥肌が立つ話である。

こうした大きな危険性があるにもかかわらず、中国では「原発の立地・建設をめぐって、周辺住民との交渉における摩擦・対立は、これまであまり見られ」なかった（同上：44）。冒頭で引いた劉巍氏が、「日本のような地元の抵抗はない」と豪語する状況だったのである。そこには「中国の原発は安全だ」という政府の大宣伝も部分的には作用しているかもしれないが、一党独裁による政治的束縛や言論統制が大きな妨げになっていることは明らかである。それでも近年、環境汚染に対する住民運動が起こり、地元政府に工場の操業停止や建設計画の中止をさせたケースが見られ始めた。原発では二〇一二年に、江西省九江市の彭沢原発の建設計画に対し、隣接する安徽省の望江県政府が建設中止を求めていることが報道されている（同上：45）。そして、まさに本章の脱稿の直前、二〇一三年七月一四日の『朝日新聞』は、次のように伝えている。

「広東省の鶴山市で計画中だった原子力発電用の核燃料製造工場の建設が、住民の反対デモを受け、中止になったと、市政府が一三日発表した。原子力関連の計画が住民の反対で変更されるのは、中国では極めて異例だ」（「核燃料工場建設を中止　中国当局『デモの意見尊重』」）。

これを発端として、今後は原発建設についても、かなりの反対運動が起こることが予想される。

おわりに

以上、郭四志と李春利の研究にほとんどを依拠して、中国の原発について概観してきた。環境に留意しながら経済を発展させるために原発建設を推進するというのは、中国だけではなく、発展途上国に共通している。そのためには、原発が持つ大きな危険にはあえて目をつぶろうという政治家や経済人たちがいるのである。

だが残念ながら、日本もそれを嗤える状況にはない。二〇一二年の衆議院選挙では脱原発はほとんど争点にはならず、その結果成立した安倍内閣のいわゆるアベノミクスの下で、脱原発計画は放棄されて積極的な運転再開に向かうとともに、ベトナムなど海外への原発の売込みが図られている。他方で、核拡散防止条約（ＮＰＴ）再検討会議準備委員会に提出された「核兵器の非人道性を訴え核兵器廃絶を求める共同声明」に、日本は唯一の被爆国でありながら、アメリカの核に守られているからという理由で、政府はまたも署名を拒否した（「「核の不使用」署名せず　日本、ＮＰＴ準備委の共同声明」、『朝日新聞』二〇一三年四月二五日、夕刊）。

しかし、中国で原発事故が起こった場合、当の中国はもちろん、日本や朝鮮半島にもPM2.5どころではない、はるかに深刻な被害が及ぶのは避けられない。いや、本章冒頭に掲げた劉巍氏が言うように、「中国、日本、韓国は原発が一〇〇基以上も集積する地域になる」。そのどこかでひどい事故が起こったら……。ちっぽけな島の領有問題で、互いに争っている場合ではないであろう。

参考文献一覧

郭　四志 2012：『中国　原発大国への道』岩波ブックレット八三四。
李　春利 2012：「中国の原子力政策と原発開発――時期区分を中心として」、『愛知大学国際問題研究所紀要』第一三九号。

第九章

ベトナムの原発建設計画と日本

古田元夫

(1) ベトナムの電力事情

この間、年平均七%の高度経済成長をとげてきたベトナムでは、電力消費量も年平均一四%と急増してきた。ベトナムは、発電施設の増強に力を入れてはいるが、この需要の急増に追いつくのは容易ではない。また、ベトナムは、水力発電が発電量の四割を占めているが、近年の雨量減少による渇水のため発電量が減り、ハノイ市、ホーチミン市や、外資系企業の工場が並ぶ工業団地でも計画停電をせざるをえず、停電、電力不足はベトナムの経済発展のボトルネックになっている。加えて、ベトナムは、その電力不足を、隣国である中国、ラオス、カンボジアからの電力輸入で補っており、その量は二〇一二年で国内消費の四%に達している。[*] 小国であるラオス、カンボジアからの輸入の拡大には限界があり、電力輸入の拡大は、中国への依存度を高めることと同義である。これは、エネルギー問題という範囲を超えて、ベトナムの安全保障上も好ましくない事態と考えられている。

二〇一一年にベトナム政府が発表した「二〇三〇年までの国家電力開発計画ビジョンの二〇一一～二〇二〇年の国家電力開発計画」[**]では、二〇二〇年の国内生産・輸入電力量は約三三〇〇億～

三六二〇億kWh、二〇三〇年が約六九五〇億〜八三四〇億kWhと見込まれている。この見込みの低いほうの数値をとったとしても、二〇一〇年比で二〇二〇年が約三・五倍、二〇三〇年は約七倍以上となる。発電量構成としては、二〇二〇年が、水力一九・六％、石炭火力四六・八％、ガス火力二四・〇％、再生可能エネルギー四・五％、原子力二・一％、輸入三・〇％、二〇三〇年が、水力九・三％、石炭火力五六・四％、ガス火力一四・四％、再生可能エネルギー六・〇％、原子力一〇・一％、輸入三・八％とされている。

＊ ベトナムの電力事情については、ジェトロハノイセンター編『ベトナム　電力事情　2011』（二〇一一年六月）等を参照。

＊＊ ジェトロハノイセンター編『ベトナム　第七次国家電力マスタープラン（邦訳）』（二〇一一年八月）。

従来、電源として大きな役割を果たしてきた水力発電は、すでにその新規建設には限界が見えており、二〇一〇年以降の電源開発は石炭・ガスに移行している。しかし、国内炭の生産は需要拡大に追いつけず、二〇一五年には石炭の輸入が本格化する見込みである。天然ガスも、国内生産は頭打ちになっており、輸入に頼らざるをえない状況になりつつある。他方で、再生可能エネルギーの開発は、風力、太陽光、バイオマスなどがベトナムでも重視はされているが、コスト高からその発展には限界があると考えられている。こうした近い将来の国内エネルギー源の枯渇を想定し、電力の安定供給を確保するという理由で、ベトナム政府が推進をはかろうとしているのが、原子力発電である。

現在ベトナム政府は、二〇三〇年までに一四基の原子力発電を建設する計画をもっている。建設候補地となっているのは、いずれも中部海岸平野に位置するハティン、クアンガイ、フーイエン、ニントゥアンの四省である。中部海岸平野は、北部の紅河デルタ、南部のホーチミン市周辺、メコン・デルタに比して、経済発展が遅れている地域で、二〇〇八年の数値で人口一人当たりの収入は、全国六四省・中央直轄市中で、フーイエンが三八位、ニントゥアンが四五位、クアンガイが五一位、ハティンが五八位といずれも平均以下である。* この中でも最初の原発候補地となるニントゥアンは、一九九〇〜二〇〇四年のドイモイ期の年間の一人当たりGDP成長率でみても、全国で低いほうから二番目であり、** かつ二〇〇九年の人口調査で、省内人口の一一・九三%（六万七二七四人）を少数民族のチャム族が占めている。*** ベトナムの原発計画は、中部海岸平野の貧困削減という位置づけも負っているのである。

＊ Tổng cục Thống kê, *Kết Quả Khảo Sát Múc Sống Hộ Gia Đình Năm 2008.* Nhà xuất bản Thống kê, 2010, tr. 210–217.

＊＊ Nguyen Huy Hoang, *Regional Welfare Disparities and Economic Growth in Vietnam,* Mansholt Graduate School of Social Sciences, 2009. p.145.

＊＊＊ チャム人は、かつてベトナム中部に存在したチャンパー王国を建てた人々の末裔で、ニントゥアンは、一九世紀初頭まで存在した最後のチャンパーの地方王権パーンドゥランガの一部だった。

（2）ニントゥアン省の原発建設計画

ベトナム政府が、原発建設計画の推進に本格的に乗り出すのは、二〇〇八年四月に、一〇〇万KWの原発を四基、二〇二〇年までに建設することを決定してからで、二〇〇八年六月の国会で原子力エネルギー法が採択されたのに続いて二〇〇九年秋の国会に、ニントゥアン省での二つの原子力発電所の建設計画が審議にかけられた。ベトナムでは、国家の重要な開発プロジェクトに関しては、その計画に国家資金を投資することの可否を、国会が審議・決定することになっており、この時の審議もこれによったものだった。

国会で検討された計画は、省都ファンランから南二〇キロのフォックジン行政村に予定されているニントゥアン第一発電所と、ファンランの北二〇キロ余地点にあるヴィンハイ行政村タンアン村に予定されている第二発電所の二つからなるもので、それぞれの発電所が一〇〇万KWの原発を二基ずつもつとされ、原子炉は「最も現代的な世代」の軽水炉を使用し、当初の投資としては一二〇億ドルが必要とされた。*

＊ Quốc Hội Số: 41/2009/QH12, "Nghị Quyết Về chủ trương đầu tư dự án điện hạt nhân Ninh Thuận," 25-11-2009.

この時の国会の審議では、原発の安全性への疑問も提示されたが、議論の中心は、この一二〇億ドルという経費が、見通しとして妥当な金額なのかどうか、またベトナムの経済力から見て、適切なものなのかどうかにあった。この経費の三倍はかかるのではないかとか、ベトナムの経済力からすれば過重な負担であり、借款などに頼れば債務に苦しむことになるのではないかなどの懸念は表明されたが、最終的には二〇〇九年一一月二五日、国会は賛成三八二、反対三九、白票一八で、ニントゥアンの原発建設計画を承認したのである。*

共産党の一党支配下にあり、議員の九割近くが共産党員であるベトナムで、政府が提案する重要開発案件が否決されることなどありえないと思われるかもしれないが、それほど話は単純ではない。この原発計画承認の約半年後の二〇一〇年六月に国会は、政府が提案した南北縦断新幹線の建設計画に、賛成が過半数を超えないという形で賛同しなかった。この計画は、二〇〇六年にベトナムのグエン・タン・

ズン首相が来日し、安倍首相と両国間の「戦略的パートナーシップ」について合意した際に、日本の支援が約束された、ベトナムの三つの重要な開発プロジェクトの一つ（他の二つは、南北縦断高速道路とハノイ近郊のホアラク・ハイテクパーク建設計画）だった[**]。このような政府の重要案件に国会が賛成しなかった主な理由は、現在のベトナムで、GDPの半分に達するような大規模な資金を必要とするこの計画が、適切な投資と見なせるのかという疑問に、政府が十分説得的な回答を与えなかったという点にあった。このような事態が起きたのは、ベトナムが進めている、共産党一党支配という枠組みの中での政治の民主化のためだった。ベトナム共産党は、ドイモイの進展によって社会の多元化が進んでいる中で、様々な利害が表出され、調整が行われる政治的な場が存在しないと、人々の不満が共産党の支配そのものに向けられることを懸念し、国会と地方議会という民選議会の活性化を図ってきた。共産党員が大多数を占める議会でも、異質な議論が表明され、実質的な審議が行われるよう、国会での案件の採決にあたって、共産党は党員議員に対する「党議拘束」を若干の例外を除いてはかけていない。新幹線計画への不同意は、こうしたことの結果起きた事態だった。

　国会の関心が、ベトナムの経済力との関係でのそれぞれの大規模建設プロジェクトの必要経費の合理性に集中している中で、五五八億ドルという資金が必要とされた南北縦断新幹線計画に比べればニントゥアンの原発計画の規模は小さかったこと、電力不足が深刻化する状況のもとで、原発の経済効果に関しては議員の理解が得やすかったことが、原発計画にはあまり批判が集まらなかった理由と考えてよいだろう。しかし、このベトナムでの原発の国会審議が、二〇一一年三月一一日の東日本大震災、福島第一原発事故の後であったら、状況はかなり異なっていたと思われる。

* Hoàng Xuân Phú, "Phiên lưu điện hạt nhân," Tễu Blog. http://xuandienhannom.blogspot.jp/2012/05/hoang-xuan-phu-phieu-luu-ien-hat-nhan..15-5-2012（アクセス二〇一三年二月五日）

** 当時ベトナムはロシアとの間でしか「戦略的パートナーシップ」を結んでおらず、中国に先行して日本と「戦略的パートナーシップ」を締結することには躊躇があった。この躊躇を、日本が、ベトナムの三大プロジェクトへの支援を約束することで押し切って、共同声明で「戦略的パートナーシップ」を謳うことになった。ただし、中国に配慮するベトナムの立場を考慮して、この時点では「戦略的パートナーシップ」に向けて両国が努力するという形が採用された。両国首脳が、両国関係はすでに「戦略的パートナーシップ」に達していることを確認したのは二〇〇九年である。この経緯については、ヴー・ティエン・ハン「日越戦略的パートナーシップの形成過程」（東京大学大学院総合文化研究科地域文化研究専攻　二〇一二年度修士論文）に詳しい。

（3）日本の協力

日本政府と財界は、このベトナムでの原発建設計画に積極的に関わる意欲を、早くから示していた。日本政府は、二〇〇六年の安倍首相とズン首相の会談から、首脳会議や大臣級の会合で、日本とベトナムの原子力協力の推進を表明し、二〇〇七年には甘利経済産業相がベトナムの商工相に原子力協力に関する政府間合意文書の作成を提案し、二〇〇八年にはその調印が行われた。

先進国での原発新設が頭打ちになるなかで、原発市場は、もっぱら発展途上国で広がるようになっているが、そこでは原発を支えるインフラが未整備で、原発を輸出するためには、原発の運転管理や人材養成、そして電力供給システムの整理などを含めた「フルパッケージ型」輸出を、メーカーだけではなく、官民一体で進めることが求められるようになっている。この点は、『毎日新聞』二〇一一年一一月二五日の「論点　原発輸出」の記事の中で九州大学副学長（当時）の吉岡斉氏が指摘している。*

こうした動きは、二〇〇九年の民主党政権発足後さらに加速され、その新成長戦略の柱の一つに原発輸出を掲げ、二〇一〇年一〇月には、経済産業省の強い後押しのもとに、電力会社九社、メーカー三社、産業革新機構の共同出資による国際原子力開発という株式会社が誕生し、ベトナム原発の受注へ向けた動きを本格化した。その結果、ニントゥアン第一発電所は、ロシアに取られたものの、二〇一〇年一〇月末の菅首相とズン首相の会談で、ニントゥアン第二発電所に関しては日本をパートナーとする意向がズン首相から表明された。

しかし、二〇一一年三月の福島第一原発の事故は、原発の安全神話に深刻な疑問を投げかけることになった。菅内閣は、国内での原発新設を凍結するとともに、原発輸出計画についても、一時は見直しの姿勢を示していた。日本ベトナム友好協会が、二〇一一年五月の全国総会で、「安全が確認されていない原発輸出をやめよ」という特別決議**を採択するなど、民間でも、日本の脱原発とともに原発輸出を批判する声があがるようになった。しかし、東日本大震災直後の時期から、ベトナムの首脳からは、日本の原発技術への信頼は失われていないとして、引き続き日本を原発建設の重要なパートナーと見なしているという意思表示がなされた。こうした状況のもとで、菅内閣は、二〇一一年八月五日に、原発輸出政策に関する自民党の小野寺五典議員の質問主意書への答弁書の中で、「我が国の原子力技術に対する期待は、引き続き、いくつかの国から表明されている」という理由から、ベトナムなどのへの原発輸出を可能にするための、相手国との原子力協定の国会承認に関し、「外交交渉の積み重ねや国家間の信頼を損なうことのないよう、引き続き承認をお願いしたい」として、原発輸出政策の事実上の継続が表明されたのである。原発推進派の国際的連携が、原発輸出批判の声を巧みに封じた動きだった。こうした流れを受けて、二〇一一年九月には、日本の国際原子力開発が、ニントゥアン第二発電所の建設に関し、設計、建設、運転に至る一貫した協力を行う覚書をベトナム電力グループと調印し、一〇月の野田首相とズン首相との会談では、日本による原発建設を計画どおり実施することが再確認され、同時に日本原子力発電が、ニントゥアン第二発電所のフィージビリティ・スタディーを開始することが報道された。そして二〇一一年一二月には日本の国会で、ベトナムとの原子力協定が批准された。

＊　二〇〇六年に「戦略的パートナーシップ」へ向けて努力することを確認したベトナムは、日本が官民一体の原発輸出を進める、絶好の相手と見なされた。

＊＊　日本ベトナム友好協会『日本とベトナム』二〇一一年六月号。

かくして日本が協力してのニントゥアン第二発電所の建設は、両国政府レベルでは、二〇一五年着工、二〇二一年完成を目標に着々と準備作業が進んでいる。ただし、ベトナムの科学技術省は、法整備や人材育成の遅れなどから、ロシアとの計画を含め、ニントゥアンの原発建設計画の着工が予定よりも遅れる可能性を示唆しており、なお紆余曲折が予想される状況にある。

(4) ベトナムでの計画批判

ベトナムのような政治体制のもとでは、政府が推進の立場をとっている原発建設計画には、人々は反対の声をあげられないでいるということが、日本を含む海外の原発批判派の議論ではよく指摘される。現在のベトナムに、政治的多元主義をとっている国々のような政治的発言の自由が存在しているわけではないことは事実だが、徐々にではあれ、ベトナム国内でも言論の自由は広がりつつあり、ある範囲では原発計画批判も表明されていることを見落とすのは、現在のベトナムに対する理解としては一面的であるように思われる。

インターネットの普及は、ベトナム国内に流通する情報の量と幅を大きく拡大している。[*] 国内に拠点があるかどうかは不明だが、ベトナム語で「原発ブログ」(Blog Điện Hạt Nhân)という、原発計画に批判的な人々による原発に関する意見交換と情報収集のサイトがあり、[**] 世界の原発に関するニュースや、ベトナム国内で出されている原発への批判的見解は、ここでその概要を把握することができる。[***] その他、ベトナム国内のインターネット新聞であるVnExpressやTinmoi(新ニュース)などは、原発関係のニュースを集めたタグを設けている。[****]

* 拙稿「現代ベトナムにおけるインターネットと民主化」、片岡幸彦・幸泉哲紀・安藤次男編『グローバル世紀への挑戦』文理閣、二〇一〇年。

** http://blogdienhatnhan.wordpress.com/

*** このサイトのホームページには二〇一二年二月一一日時点で、二〇一二年六月一日以降のアクセス数の統計として、総数一二三一、うちベトナム国内からのアクセスが一一五六という数値があがっている。

**** http://vnexpress.net/tag/8146/nha-may-dien-hat-nhan/
http://www.tinmoi.vn/tag/nh%C3%A0-m%C3%A1y-%C4%9Li%E1%BB%87n-h%E

公式のメディアを含めて見れば、ベトナム国内で流通している原発関係の情報の多くは、政府の計画にそって原発の安全性、経済性を強調したものが多いのは確かだが、インターネットにアクセスできる人がその気になれば、原発の危険性を伝えるニュースや批判的な見解にも接する機会がないわけではない。こうした政府に都合の悪いニュースや、建設計画に批判的な意見が、ニントゥアン現地の建設予定地の住民などの一般民衆には広がっていないことは問題だが、二〇一一年三月一一日以降は、資金的な問題だけでなく、原発の危険性に対しても懸念の声が、有識者の間ではある程度広がっている、と思われる。

ダラトにあるベトナム原子力研究所で、一九八一年から九一年まで所長をつとめたファム・ズイ・ヒエン（Phạm Duy Hiển）氏は、数少ないベトナムの原子力専門家として、早くから政府の計画に技術的な無理があることを指摘していた。ベトナム政府が意見に耳を傾けないことに業を煮やしたヒエン氏は、二〇一一年六月二三日付で、日本の菅首相に対して公開書簡を送った。その中でヒエン氏は次のように述べている。

「もし、日本の原子力発電システムの全体が、エネルギー産業がつくりあげた「安全神話」の交響曲の中に沈んでいなければ、福島の事故はこれほど悲惨なことにはならなかったでしょう。誠実な発言は、調子はずれの調べと見なされました。……福島から引き出される最大の教訓は、原発の安全を保障する決定的要素は、最新の機械ではなく、人間であるということでした」。

そして氏は、「私たちの国には、二〇二〇年から二〇三〇年までに十数基の原子炉を建設する巨大プロジェクトを立ち上げることのできる専門家が、いったい何人いるというのでしょうか」とした上で、菅首相に対して次のような要望を出している。*

「私は、このプロジェクトの開始を一〇年間遅らせて、その間に、日本が私たちを援助して、すぐれた専門家を養成し、再生エネルギーのプロジェクトを促進し、現在のようなエネルギー使用の浪費と非効率を早期になくすようにすべきだと考えています。ベトナムはきわめて電力が不足していますが、これらの協力内容は、電力不足という計算問題のより効果的な解決を助けるでしょう。原発の着工を急いで、福島の惨状を目のあたりにしている人々を不安がらせるようなことをする必要はありません。閣下の再考を切望します」。

二〇〇九年の国会でのニントゥアン原発計画審議の際に反対票を投じたグエン・ミン・トゥエット(Nguyễn Minh Thuyết)氏は、国会議員をやめた今も、原発批判の言論活動を続けている。トゥエット氏の反対の理由は、

一、二〇〇九年の審議の際には、二〇二〇年までのベトナムの経済成長率を高く見積もりすぎており、現在のベトナム経済の停滞状態からすると、電力需要の予測が過大で、原発を必要とせざるをえないかどうか、再検討すべきである、

二、人材不足など、現在の原発建設計画の実現可能性が低い、

三、国会審議の際にも指摘されたように、財政的な見地からも、計画には無理がある、

四、政府は、日本の技術の信頼性を説くが、日本の会社が請け負ったカントーのメコン河架橋工事で崩落事故が起こり死者がでたことを見ても、日本の技術も完全に安全を保障するものではなく、原発で一旦事故が起きた際の悲劇は、福島がよく示している、

といった論点で、ベトナムでの批判論を代表する論調といってよいだろう。**

＊ "Bức thư của giáo sư Phạm Duy Hiển xuất hiện trên báo Nhật Bản," Tễu Blog. http://xuandienhannom.blogspot.jp/2011/07/buc-thu-cua-giao-su-pham-duy-hien-xuat... 7-7-2011.（アクセス二〇一三年二月五日）

＊＊ Nguyễn Minh Thuyết, "Không nên đặt cược tính mạng dân tộc," Tễu Blog. http://xuandienhannom.blogspot.jp/2012/05/gs-nguyen-minh-thuyet-khong-nen-at-cu...25-5-2012（アクセス二〇一三年二月五日）。

こうした原発計画批判の言動から一歩出て、行動を起こした人々がいた。それは、ダナン工科大学のグエン・テー・フン（Nguyễn Thế Hùng）教授や国立の漢字チュノム研究所の研究員のグエン・スアン・ジエン（Nguyễn Xuân Diện）博士などが、国内外在住のベトナム人一二人とともに呼びかけた、ベトナムへの原発輸出をはかる日本とロシア政府への抗議署名だった。日本政府への抗議文では、次のような指摘がなされている。

「日本は、日本にある原発すべての活動をやめた。にもかかわらず、日本政府は、世界の他の国での原発に設備を売り込んだり、その建設を請け負ったりしている。これを弁護することはできない。良心をもった人ならば、ニントゥアンに原発を建設するために国家の総生産の一割に及ぶ一〇〇億ドルという巨額の資金――それはベトナム国民に長年にわたり重い債務を負わせることになる――を貸し付けるという、最近の日本政府の理に反した行動を理解できないだろう。これは、ベトナムの国と民衆に対する、日本の政権の無責任な道理に反した行動である」＊。

この行動に対しては、当局の意を受けたと思われるジエン氏に対する傷痍軍人によるいやがらせや、ハノイ情報局による「調査」など公権力による規制の動きがあった。言論が行動と結びつくことには、ベトナムの治安担当者はなお神経を尖らせていることを示す動向だった。

この署名には、六二一人の署名者があったが、そのうちチャム人の署名者は六二名と、一割近くに達した。ニントゥアン省での署名者は三二名だったが、そのうちチャム人が二六名と大多数を占めた[**]。ニントゥアンという立地が「人口密度が低い」ので原発に適しているなどという推進派高官の言動は、ニントゥアンのチャム人から見れば、事故が起きても死ぬのが主にチャム人ならば問題ないといっているかに聞こえる（日本が原発建設を予定しているタイアン村はチャム人の人口が多い）、また原発計画を推進するキン族（ベトナムの多数民族、狭い意味のベトナム人）省政府高官は、引退後はホーチミン市やハノイで過ごそうとしている「よそ者」であるのに対し、チャム人にとってニントゥアンは、チャンパ王国の遺跡が多く残る故地であり、たとえ原発事故が起きても、容易には逃げるわけにはいかない地であることなども、チャム人には懸念材料となっているようである。吉本康子氏の紹介によれば、チャム人の間には、故郷の浜辺で津波に遭遇し、死んでクジラとなり、水難にあう漁民を助ける「波の神」＝「ボー・リヤッ」となったという伝承が伝わっている[***]。

ベトナム政府も、省当局も、チャム人を含む現地の住民の間に原発への疑念が広がることを強く懸念しており、東日本大震災が起きる以前は、建設予定地住民代表の日本の原発見学ツアーなども行われていた。貧困な過疎地が、貧困からの脱却の思いから原発に夢を見る現象は日本でも存在していたが、そのようなベクトルと、上述したようなチャム人の有識者を中心に広がっている警戒が、今後、どのような状況を生み出していくのかも、注目に値する点である。

＊ “Kháng thư gửi Nhật Bản (final) : Yêu cầu Chính phủ Nhật Bản hủy dự án tài trợ nhà máy điện hạt nhân ở Việt Nam,” Ba

Sam. http://anhbasam.wordpress.com/muc-lc-2/khang-thu-final/ 21-5-2012（アクセス二〇一三年二月一〇日）

＊＊　Lưu Văn, "Con dân Ninh Thuận & 2 con số," Inrasara.com. http://inrasara.com/2012/06/05/1%C6%B0u-van-con-dan-ninh-thu%E1%BA%ADn-2... 5-6-2012（アクセス二〇一三年二月五日）

＊＊＊　吉本康子「波の神を祀る人びと」、『みんぱく』二〇一二年五月号、二二～二三頁。原発建設予定地のチャム人の存在に注目した論評として、伊藤正子「ここが原発の輸出先だ」、『AERA』朝日新聞社、二〇一二年六月四日号がある。

（5）ベトナムの原発建設にどう向かいあうか？

本章の筆者は、この文章を執筆している時点で、日本ベトナム友好協会という、ベトナムとの民間友好団体の会長をしている。筆者は、友好協会会長として、二〇一二年の新年の挨拶で、次のような発言をしている。

「国民レベルの共感にも支えられて、日本とベトナムの関係は順調に発展していますが、ひとつだけ、憂慮すべき問題が浮上しています。それは、日本がベトナムへの原子力発電所設備の輸出を計画していることです。大震災に伴う福島第一原発の事故は、私たちに、原子力というエネルギー源が、一旦大きな事故が発生すると人間には統御できない危険性をもつものであることを、改めて示しました。この教訓から、脱原発をめざす動きが、日本国内でも世界でも広がっています。こうした中で、日本政府も国内での原発の新規建設には慎重な態度をとらざるをえなくなっています。

こうした時に、ベトナムなど、外国への原発輸出を行うということは、私たちとしては到底納得できない行為です。

一方、ベトナムのエネルギー政策は、ベトナム国民が決定すべき課題です。このことをふまえつつも、今なお原発事故の被害に苦しんでいる私たちとしては、ベトナムの政府と国民が、福島原発事故の教訓を深くとらえ、ベトナムでの原発建設を慎重に検討することを期待しています。ただし、このような私たちの期待がベトナムの人々にとって説得力をもつためには、原発に大きく依存している日本の現状を国民の力で改め、日本自身が脱原発に歩みだすことが必要不可欠であることを十分に自覚しなければならないと思います[*]」。

＊　日本ベトナム友好協会『日本とベトナム』二〇一二年一月号。

すでに国会の承認を得ているベトナムでの原発建設計画が、国家的なレベルで再検討されるのは、相当に困難な課題である。しかし、福島の事態をふまえた慎重論は、ベトナム国内でもそれなりの広がりをもって存在しており、国会での再審議を求める動きもあるので、原発をめぐりベトナムの世論にもインパクトを与えるような出来事が世界のどこかで起これば、ベトナム国会での再審議が行われる可能性も零ではない。おそらくは、日本でなしうる、最もインパクトのある出来事は、日本が福島の経験をふまえて脱原発に踏み切ることであろう。

［追記］　早稲田大学アジア研究機構編『3・11後の日本とアジア――震災から見えてきたもの』（めこん、二〇一二年）には、ベトナムも含むアジアにおける原発計画に関しての議論が収録されている。また、ベ

トナムの原発計画に関するベトナム語のマスコミ報道などを集めた資料集として、「Khối 8406 Tự do Dân chủ cho Việt Nam, *Cuồng Vọng Điện Hạt Nhân*, tập 1. 06-2012」がある。なお本章の執筆に際して、ベトナム研究者の鈴木勝比古氏、伊藤正子氏からは貴重な資料を提供していただいたので、記して感謝する。

コラム⑥

イスラエル核保有の秘密とモルデハイ・バヌヌ

藤田　進

イスラエルの核保有をめぐっては、国際社会は長い間奇妙な対応を示してきた。イスラエルは核保有を確認も否認もしないという「あいまい政策」（a policy of "strategic ambiguity"）を採り、核拡散防止条約（NPT）にも加盟せず、したがって国際原子力委員会の核査察対象にもならず、しかしながらイスラエルが世界有数の核爆弾保有国であることは公然の秘密となっている。NPT加盟国の北朝鮮（脱退を表明中）やイランの核開発拡大の動きには厳しい非難と圧力を加える国際社会が、イスラエルのこうした対応を咎めだてもせず黙認してきたのは、大国アメリカのイスラエル支援があってのことである。

一九八六年一〇月五日付、英国「サンデー・タイムス」紙上に、ディモナにある核施設の職員だったモルデハイ・バヌヌが撮影・提供した核爆弾製造工場内部の写真と、彼の証言をもとにイスラエルの核兵器製造能力を試算した原子力専門家たちの談話が掲載され、ネゲブ砂漠の地下にあるイスラエル核兵器製造工場の秘密が白日の下に晒される、という事態になった。慌てたイスラエル国家情報局は内部告発者のバヌヌを誘拐して国内へ連れもどし、スパイと国家反逆の罪で彼を一八年間牢獄に（半分以上を隔離独居房に）閉じこめ、秘密の再度の隠蔽化をはかったが、明らかとなった秘密がイスラエル社会や世界の核兵器廃止をめざす人々に与えた衝撃は余りにも大きかった。以来イスラエルや世界の新聞がイスラエルの核兵器製造についてさまざまな取材事実を明らかにし、Yoel Cohen, Nuclear Ambiguity: Vanunu Affair, Sinclair-Stevenson, 1992 のように、イスラエルの核開発計画の出発点にまで遡って詳しく触れ、告発者モルデハイ・バヌヌの個人史や彼が内部告発に至る経過やその背景などについても詳しく述べている著作も刊行され、イスラエル政府がいくら否定しても核兵器製造・保有の事実を押し隠すことは、もはや不可能になったのである。

イスラエルが、ネゲブ砂漠の新興都市ディモナの近郊に、フランスの協力によって原子炉建設に着手したのは、一九六〇年だった。当時のイスラエル首相ベン・グリオンは国会で「平和利用目的の実験用原子炉の建設」と説明したが、そのとき彼の脳裡では「第二のホロコースト（ユダヤ人大虐殺）の可能性に備えて絶対的安全保障のための軍事的原子炉建設」が意図されており、その時以来イスラエルの核政策は秘密裡に進められた、といわれている。ディモナ原子炉計画を察知したケネディ米国政府が査察を要求して断られ、両国関係が一時緊張することもあったが、一九六七年第三次中東戦争を境にジョンソン政権以後の歴代米国政府は「イスラエルが口をつぐんでいる限りアメリカは目をつぶる」との約束のもとで、イスラエルの秘密主義核政策を容認し、さらにイスラエルの毎年の莫大な核開発経費を援助することになった、という（Gideon Spiro, A Danger Called Israel, 11. April, 2010〈http://www.countercurrents. org/spiro260410.htm〉）。NPT発効（一九七〇年）で、世界が核抑止の方向へ動き出した時期に、イスラエルは「イスラエルの破壊を主要な政策にしているアラブの国々に囲まれている」ことを理由に、米国に支援されて秘密裡に核兵器開発を進め、核爆弾使用寸前まで行くという恐ろしい事態も生じさせた。それは、一九七三年第四次中東戦争でイスラエル軍がスエズ・ゴラン両戦線でエジプト・シリア軍に追い詰められて窮地に立った時だった。当時のゴルダ・メイル首相は核爆弾の使用を許可し、一三発の核爆弾が空軍基地に運ばれて起爆装置を取り付けられる段階まできた、その時、戦況がイスラエルに好転し、核兵器使用は危うく回避された、と伝えられている（Yoel Cohen, op. cit. 9）。

また一九八一年、イスラエルはイラクが建設中の実験用原子炉を空爆し、イスラエルの安全を維持するためにはアラブの核保有は許さない、との立場を強調していた。だがこのイスラエル政府の立場に対して、一人の市民が内部告発で立ち向かった。その告発に至る経緯について、Yoel Cohen は関係者の証言を通じて、概略次のように記している。

「モルデハイ・バヌヌは、一九六三年九歳の時にモロッコからイスラエルへ移住してきたユダヤ人家族の一員である。彼は子供の時移民住宅での苦しい生活を送り、成人して兵役終了後に原子力研究センターの職員に採用され、やがて地下棟で秘密裡に稼働しているプルトニウム製造工程の核兵器工場に配属された。高給がもらえる仕事に彼は満足し、働きながら地元の大学に通った。キャンパスで政治活動やアラブ住民との交流を続けるうちに、自らの核爆弾製造工場での仕事に疑問を抱くようになったが、特に一九八二年、レバノン戦争でイスラエルがシャロン国防相に先導されてレバノンに侵攻してパレスチナ難民キャンプ住民大虐殺の事態を招いた時に彼は大きく変わり、戦争反対のデモに参加し、イスラエルの兵役拒否運動に加わり、一方で占領地パレスチナのアラブ住民が抑圧されているのとイスラエル社会における自分たち東洋系ユダヤ人の差別されている境遇との類似性を感じてアラブ人学生に親近感を強め、アラブとユダヤ人が相互に尊重し合えば闘う必要は無い、と考えるようになった。バヌヌは自分が核兵器工場で働いていることは秘密にしていたが、この頃からイスラエルの核兵器製造の秘密を皆が知るべきだと判断し、密かにカメラで工場内を撮影して写真資料を作成した。彼は八五年人員削減で解雇されたのを機に、資料をもってイスラエルを出国し、イスラエルの核兵器保持が中東を核兵器競争から「共滅」へと導く危険を回避したいとの願いを込め、世界に広く秘密を知らせるために英国新聞社に資料掲載を任せたのだ」(Yoel Cohen, ibid. 34, 40-46, 53-54)。

バヌヌが幽閉されてから一三年がたった二〇〇〇年二月二日、イスラエル国会は、核開発開始以来取り上げるのはタブーとされてきた核問題をはじめて討議するという歴史的段階を迎えた〔以下の叙述は〔Yediot Ahronot 及び Haaretz, 3. February. 2000〕電子版に基づく〉。

イスラエル国家の核政策について取り上げたのは、

アラブ系イスラエル人の国会議員イサーム・マクフール議員（平和と平等のための民主戦線 Hadash）で、彼は演説の中で次のような諸点を挙げていった。

・「イスラエルは、高性能プルトニウム保有量において世界第六位であり、二〇〇～三〇〇発の核爆弾をもっている」。

・「イスラエルが核兵器ばかりか生物化学兵器の一大保有国であることも、イスラエルこそが中東における核兵器競争の原点であることも、全世界は知っている。イスラエルが自国の核保有をあいまいにしておく政策はもはや有効ではないのだ」。

・「イスラエルは、しばしばイランやイラクの危険性をとりあげるが、その一方で、イスラエルこそが最初に中東に核兵器をもちこみ、他国の脅威に対処するためだとして核兵器所持を正当化したことは無視するのである」。

・「バヌヌによる核秘密の暴露が問題なのではない。本当に問題なのは、この小さなイスラエルを核廃棄物のゴミ溜めに変えていまも汚染にさらし続け、いつ核爆発が起きてキノコ雲とともに国民が消滅しかねない事態を招いた歴代政府の方である」。

マクフール議員は演説の最後に、ペレス・イスラエル首相に対して、バヌヌの釈放（この時点で独房監禁は一一年に達した）と、イスラエルが核兵器と生物化学兵器廃絶へ向けて第一歩を踏み出し、中東における大量破壊兵器廃絶のために努力するとともに、国際社会に理性的一員として加わるよう求めた。

マクフール議員は、イスラエルが核爆弾ばかりか生物化学兵器という大量破壊兵器をも所持している事実を明らかにし、核開発がイスラエル市民の生活環境破壊や核の危険性をもたらしている現実を具体的に指摘した。議会傍聴席では、バヌヌ救援運動に携わる内外の人々や核兵器廃絶を求める識者や科学者たち、諸国の外交団などが演説を聴いており、世界の多くの人々がイスラエル国内から発せられるイスラエル核問題への問いかけとそれに対する批判に耳を傾けた。

だがその一方で、マクフール議員の演説は終始「アラブのテロリストの代弁者」、「この演説はイスラエル国民の生命を危険にさらしている」との野次や怒号に包まれた。そこには、「イスラエル市民の九〇％以上が、イスラエルの核兵器保持がイスラエルを破壊から守るためだとの主張に納得してそれを支持している」というイスラエルの現実が現れていた。「ホロコーストの悪夢」を背負ったイスラエル国民が核を防衛問題ととらえるのを背にして、マクフール議員の政府への要望に答弁に立ったハイム・ラモン無任所相は、イスラエル政府の「あいまい政策」を繰り返し、「イスラエルは核兵器製造能力を有するが核爆弾を持ってはいない」とする一方で、核兵器製造の実態について国民の知る権利を否定した。

だが世論の動向に関係なく、イスラエル市民生活を取り巻く危険性が次々明らかにされてきている（以下は、Gideon Spiro, op. cit.）。

・「イスラエル原子炉は大断層地帯に位置しており、同地域を地震が襲うのは時間の問題であることはすべての専門家が認めている。マグニチュード八～九クラスの地震が起きれば原子炉は破壊され、放射能の雲の発生で少なくともイスラエル領土の半分は汚染されて人々は住めなくなるだろう」。

・「過去数十年間にわたる核廃棄物がどのように処理されてきたかを国民は全く知らされておらず、土壌や地下水面が危険にさらされている。……原子炉から遠くないディモナ市では癌患者の数が増えてきているが、政府は原子炉との因果関係について真剣に検討するのを拒否している」。

二〇〇五年の暮れ、筆者・藤田はエルサレム・パレスチナ地区の聖ジョージ・アングリカン教会のドーミトリーに宿泊していた時、モルデハイ・バヌヌ氏に出会った。長年の幽閉から前年解放されて以来、氏はイスラエル社会には戻らずに、アラブのキリスト教会信者として教会の一隅で暮らしていた。イスラエル政府が、核について外国人と話すのを禁じる中で、バヌヌ氏は「アラブとユダヤ人が共存すれば、核兵器は要らない」との立場から、「イスラエル核保有反対論」を外国人ジャーナリストたちに展開しては拘留される、ということをくり返していた。

第3部　人類と〈いのち〉の現在

第3部　解　説

「3・11」は、原発を促進する科学技術に依存してきた人間社会の危機、原発事故による放射能汚染が大気や海洋をへて地球全体に広がる危険性、大地震と大津波による被害の国境を越えた波及、また、地球の構造的脆弱性への危機感といった意味において、まさに「人類」にとっての深刻な危機として意識され、「人類」とその〈いのち〉への新たな見方を刺激した。第3部では、「3・11」に直接は関係しないが、歴史学にとって、より根本的な意味をもつであろう諸問題を扱う。

第十章「人類と地球環境——「持続可能な開発」から」において南塚信吾は、一九八〇年代以後に高まった地球環境への関心が、地球と宇宙という「自然」と「人類」との関係を見直す動きを促進し、そのなかで「人類」の生き方の質的変化を求める「持続的開発」という概念も打ち出されたが、この概念はともすれば権力と資本の論理に取り込まれて、本来の「自然」と調和した「人類」の発展という方向に進んできていないと指摘する。

第十一章「〈いのち〉の知」において清水透は、二〇世紀という時代は、大量救命とは裏腹に、実は科学技術の進歩に支えられた大量殺戮＝マスキリングの世紀でもあり、とりわけ地球規模での温暖化と核汚染の時代に入った今、科学によるマスキリングは世代を超えた永続化の段階に入ったといえるという。そして、清水は、先端医療に注目し、それが生命を操作し、身体を部品化し、商品化する技術になっているとし、移植医療の普遍化を見ると、医学は他者の命を動員する段階に来ていて、とくに「南」の命が動員されていると指摘する。

第十二章「生殖補助医療と家族関係」において山本真鳥は、〈いのち〉を操作する体外受精や代理母出産などの生殖補助医療の発達が、家族というものに重大な見直しを迫っており、「人類」が依拠すべき家族は「身体の延長としての家族」なのか、「ともに暮らす者としての家族」なのか、という問題が突きつけられるという。このように、山本は、生殖補助医療が「人類」の歴史を柔軟に見るべきことを教えているのではないかと提起する。

コラム「ある牧場主の決断」において富永智津子は、福島県の計画的避難区域にある飯舘村の細川牧場の主が、高い放射線量のもとで家畜を飼育し失っていく様を報告し、「人類」が汚した「自然」と「人類」の全体像をミクロの世界から照射して見せてくれる。

（文責・南塚信吾）

第十章

人類と地球環境――「持続可能な開発」から

南塚信吾

はじめに

「3・11」は、「大地震」「大津波」「原発崩壊」のいずれをとっても、歴史学に根底的な諸課題を提起しているが、その一つとして、それらが「ナショナル・ヒストリー」を越えた「人類史」の問題として議論しなければならない、という課題を提示している点があげられる。それらは、依然として「ナショナル・ヒストリー」の枠内で議論していても良いといった問題ではないのである。いまや歴史学に問われるものは、地球、自然、人類、そして宇宙を念頭においた、歴史の新しいパラダイムなのではないだろうか。

二〇世紀の後半、とくに一九八〇年代以降、一九世紀以来の国民国家（または一七世紀以来の西欧的主権国家）の枠では処理できなくなった「問題」が続出してきていた。それらの「問題」はグローバル・イシューと呼ばれ、地球環境問題、人口、食料、エネルギー、砂漠化、酸性雨、生態系問題、国際伝染病などを含んでいた。

これらの問題が自覚されるようになった背景には、人類や、人類の生きる場としての地球についての認識とその有限性の認識が進んできたことがあげられる。つまり、地球環境や人類への科学的認識が深まったことが基礎にある。おりしも、「生命と地球の歴史についての研究は、一九八〇年頃から急速に進展した」（丸山・磯崎 1998）のである。

本章においては、一連の諸問題のなかでも、とくに新しく大きな問題である地球環境問題を素材に、地球、自然、人類、生命という点で、歴史学がつきつけられている諸課題を点検してみることにしたい。その際、この地球環境問題への国際的な具体的取り組みとして「ブルントラント報告書」をとりあげ、その背景や思想を検討することから始めることにする。

(1) ブルントラント報告書

一九八七年に国連の「環境と開発に関する世界委員会（WCED）」が発表した「われわれ共通の未来（Our Common Future）」という報告書（「地球の未来」1987）は、地球環境の問題を人類の問題として自覚させたという意味で重要であった。当時のノルウェー首相G・H・ブルントラントが委員長を務めたので、「ブルントラント報告書」（以下「報告書」）とも言われるこの文書は、「持続可能な開発」という概念を世界的に承認させたこと、地球環境の問題を人類の「未来」つまり生存の問題であるとしたこと、地球環境問題を富める国と貧しい国の「格差」の問題と結び付けたことなどにおいて、画期的な意義をもっていた。だが、「報告書」が作られるにあたっては、一連の前史があった。

1　成立まで――一九七〇年代から

「人間環境宣言」

人間環境の問題が世界的な規模で公的に論じられたのは、一九七二年六月に開かれたストックホルムでの国連の「人間環境会議（UNDHE）」からであろう。この会議は、「人間環境宣言」を発して、「国際社会は環境問題に積極的に取り組む姿勢をはじめて明らかにした」（地球環境法研究会編 2003:2）。

もちろんこの「宣言」以前にも環境問題に関する国際的な取り決めは存在した。一九三〇年代から生態系保護に関する条約などがあり、戦後も海洋や大陸棚の保護に関する条約があり、核実験や宇宙の利用についての条約も結ばれていた。また、直前の一九七一年には、イランのカスピ海沿岸の町ラムサールで「特に水鳥の生息地として国際的に重要な湿地に関する条約」（ラムサール条約）が結ばれ、国境を越えて行き来する水鳥の保護に、国家を超えた対策が必要であることを確認していた（一九七五年発効）。

しかし、環境問題を「人間の生存」と関係させたのは、上の「人間環境宣言」からであった。「宣言」は、次のように謳った。

「人は環境の創造物であると同時に、環境の形成者である。……人間環境の二つの側面、すなわち自然の環境と人によって作られた環境は、ともに人間の福祉並びに基本的人権――生存権でさえ――の享受にとっても不可欠である」。

「われわれは歴史の転換点に到達した。いまやわれわれは世界中で、環境に対する影響をより慎重に考慮して、行動しなければならない。無知、または無関心であるならば、われわれは、われわれの生命と福祉が依存する地球上の環境に対して、重大かつ回復不能な害を与えることになるであろう」。

そして、開発途上国の環境問題、人口増加の問題を指摘し、政府だけでなく市民・社会の責務を問うたのだった（同上 :5-7）。

このような「人間環境宣言」に刺激されて、国際的取り組みが促進され、一九七三年、国連はその環境関係の活動を総合的に調整する機関として、国連環境計画（UNEP）を設置した。また、一九七二年三月に調印された日米渡り鳥条約〔七四年発効〕は日ソなどに拡大され、二国間条約網となった。さらに、一九七三年三月には、絶滅のおそれのある野生動植物種の国際取引に関する条約（ワシントン条約〔七五年発効〕）が締結され、野生動物の国境を越えた取引が乱獲を招き、種の存続が脅かされることがないように、取引の国際的な規制が図られた。

この時期は、まずは、一国的には対応できない野生の動植物の保護が、地球環境の保全の重要な柱と考えられたのである。

「オイル・ショック」の時期

このような地球環境保護の国際的な取り組みは、一九七三年の「オイル・ショック」以後、一時的に「停滞期」に入った。いわゆる「資源ナショナリズム」の登場によってである。この時期の地球環境への態度を象徴するのが、一九七七年に、チェコスロヴァキア＝ハンガリー間で合意を見たガプチコヴォ

＝ナジマロシュ・ダム建設プロジェクトである。これはドナウ川をせき止めて発電所を建設するなどの計画であった。また、この一九七〇年代には、エネルギー危機への対応として、各国で原子力発電所建設も進められた。

この一九七〇年代の地球環境保護についての動きは、わずかに、ワシントン条約などを受けて一九七九年に締結された「移動性野生動物種の保全に関する条約」（通称ボン条約）があるのみであった。しかし、最終的には「オイル・ショック」は地球環境への懸念をいっそう促進することになった。それは、資源の有限性の自覚が進んだからである。「資源ナショナリズム」への反省が行われた。それは、一九七八年に成立した「国連環境計画共有天然資源行動原則」にあらわれていた（同上：13–14）。

「世界保全戦略」

新しい一歩を画したのは、一九八〇年、前述の国連環境計画の委託により、国際自然保護連合が世界自然基金などの協力を得て作成した「世界保全戦略」であった。その副題は「持続可能な開発のための生物資源の保全」とされていた。これは、国連人間環境会議（一九七二年）の「人間環境宣言」や「行動計画」のなかの原則を発展させたものであった。それは、人類の生存のための自然資源の保全を強調し、「持続可能な開発 sustainable development」という概念を始めて登場させていて、これは間もなくブルントラント報告に受け継がれることになる。それはまた遺伝子資源の保全も訴えていて、後の生物多様性条約などに影響を与えた。この一九八〇年の「世界保全戦略」は、一九九一年には「新・世界保全戦略――かけがえのない地球を大切に」に発展されることになる（ＥＩＣネット【環境用語集・世界

保全戦略】http://www.eic. 参照)。

「世界保全戦略」を受けて、一九八二年五月に国連は「人間環境会議」一〇周年を記念してナイロビで会議を開き、「ナイロビ宣言」を発した。同宣言は、「世界環境の現状について重大な懸念を表明」し、世界環境の保全と改善のために、「全世界的、地域的、国内的な努力を一層強化する緊急の必要性があること」を確認した。それは森林の減少、砂漠化、水質悪化、オゾン層の変化、二酸化炭素濃度の上昇、酸性雨、動植物の種の絶滅などを指摘したうえで、環境への脅威の原因として「浪費的な消費」と「貧困」、アパルトヘイトや人種隔離などの差別、植民地的な支配、そして戦争を挙げた。その上で「世界共同体は、我々の小さな惑星が人間としての尊厳ある生活を万人に保証するような状態で将来の世代に引き継がれることを確保するため、世界のすべての政府及び国民に対し、集団的にまた個別的に、その歴史的責任を果たすように要請」したのであった。「世界共同体」「小さな惑星」「将来の世代」「政府及び国民」といったものがキーワードであった(地球環境法研究会編 2003:15-16)。

このような要請を受け継いで、国連は、一九八四年に「環境と開発に関する世界委員会(WCED)」を設立し、ブルントラントを委員長にして、一九八五年以後公聴会を各地(ジャカルタ、サンパウロ、オタワ、ジンバブエ、ナイロビ、モスクワ、東京など)で開いて、報告書を準備していくことになった。

チェルノブイリ原発事故

このように地球環境への国際的取り組みが盛り上がってきたとき、一九八六年四月二六日にチェルノブイリ原子力発電所事故が起った。これを受けて開かれた九月の国際原子力機関(IAEA)の会議は、「原子力事故早期通報条約」「原子力事故援助条約」などを定めたが、問題が「通報」や「援助」の問題に向けられて、「危機感」は押し込められ、原発の本当のリスクの究明には至らなかった（同上 :739-46）。

この間に、日本を含め世界各国で原子力発電への市民の不安が急増し、「マイ・カントリー」という単位で考えることの不合理さえ反省され、「エコロジーのインターナショナリズム」や「自然との和解」といった観念も生み出されるに至った（高木 2011:103-05, 110-19）。このような考えはブルントラント報告書にも励ましを与えたと考えられるが、反面、国際原子力機関などの不明瞭な態度も、ブルントラント報告書に一定の影響を与えることになったと考えられる。

2　「報告書」の訴えるもの

ブルントラント委員会は、世界各地での公聴会などにおいて政府関係者、科学者、専門家、研究機関、産業家、ＮＧＯ代表、一般公衆代表から出された意見や調書を分析、総合する「九〇〇日」にわたる作業をふまえて、前述の「われわれ共通の未来」と題する「報告書」を作成した。そこではどのような認識が示されていたのだろうか。

「持続可能な開発」

「報告書」はこれまでの開発の「成功と失敗」を点検し、以下のように整理した。これまでの「開発」の結果、乳児死亡率の低下、平均寿命の伸び、成人の識字率向上、児童就学率の増加、食糧生産の伸びといった成果はあったが、開発は、飢え、非衛生的住環境、富める国と貧しい国の「格差」、環境問題（砂漠化、熱帯林の破壊、酸性雨、化石燃料の燃焼による温暖化、産業活動によるガス生産）などを解決できなかったと指摘した。「失敗」として上げられた後者の多くは、まさに地球的・人類的なイシューであった。

そして、「報告書」は、このような地球的問題に直面したなかでの「開発」の道として、「地球全体の開発がはるか未来まで持続するような、新たな開発への道」を求める必要があるとし、また「人類は、開発を持続可能なものとする能力を有する」としたうえで、「持続可能な開発」を提起し、「持続可能な開発とは、将来の世代が自らの欲求を充足する能力を損なうことなく、今日の世代の欲求を満たすような開発のことである」と定義した（「地球の未来」28）。つまり、現在の世代がその欲求のために地球上の資源を利用しつくすことにより、後の世代がその欲求を満たせなくなるようなことがあってはならないというのである。

このような結論は、それ以前に行われた世界各地での公聴会での発言を受けつつ出されたものである。例えば、一九八六年五月にオタワで開かれた公聴会では、カナダの環境大臣から以下のような発言があった。

「全世界の環境問題はそれぞれの国の環境問題の総和より大きい。これらの問題は、一国の政策では対処できない。環境と開発に関する世界委員会は、各国がそれぞれの主権を乗り越えて協力し、地球の脅威に対処する手段を採用できるような道を提案して、この問題に立ち向かわなければならないと考える。孤立化に向かう現在の風潮から見れば、これまでの歴史の流れのリズムは人類の呼吸とは合わず、生存へのチャンスさえも逃してしまうことは明らかである。私たちが、現在しなければならないことは、脅威にさらされている人類の存続のため、それぞれの国の利益を超え、より広い視野に立つことである」（同上 :306）。

また、一九八六年一二月にモスクワで開かれた公聴会においてある雑誌編集者は、次のように発言していた。

「人類は発展の新たな段階にまさに入ろうとしている。我々は、ただ単に物質的、科学的、技術的基盤の拡大を進めるべきではなく、一番重要なのは、人間心理における新しい価値と人間的な願望の創造である。……我々には新しい社会的、倫理的、科学的、生態学的概念が必要なのであり、それは人類の今日及び将来にわたる生活の新しい状況によって決定されるべきである」（同上 :60）。

「主権」の限界、「人類」「新しい価値」という意識が明確に示されているのである。

他方、人類の技術的発展への反省は、さらにヨーロッパの「産業革命」への疑問さえ生みだし、一九八六年九月にジンバブエのハラレで開かれた公聴会では、ジンバブエの天然資源・観光大臣は、「歴史上名高い産業革命が一体何をもたらしたのか、その当時環境が考慮されなかったせいで、今や問題は深刻なものになり始めている」（同上 :55）と告発していた。また、西欧的技術の発展にたいして、根本的疑問を投げかける声もあった。一九八五年三月にジャカルタで開かれた公聴会で、フロアからの発言はこう語っていた。

「私は、我々アジア人は生活の中で精神と物質の間の均衡を図ろうとしていると考える。私は、あなたがたが生活の技術的側面から宗教を切り離そうとしていると思う。倫理や宗教を除外した技術開発は西洋における誤りであるとは言えないだろうか。……合理性だけでなく精神的な側面にも基礎を置いた従来とは異なる種類の技術を追求するように技術者集団に勧めるべきではないだろうか」(同上 :137)。

だが、この後者二つのような立場は「報告書」には直接に活かされることはなかった。「報告書」は、このような総論の後に、「持続可能な開発」を可能にするには、さまざまな政策分野において、どのようなことが留意されなければならないのかを、検討してみせた。地球環境問題のイシューとして、人口と人的資源、食糧、種と生態系、エネルギー、工業、都市問題、海洋・宇宙・南極、そして平和と安全保障があげられ、環境問題に取り組むための方策として国際経済、国際的諸組織の採るべき問題が取り上げられた。ここでは、食糧、種と生態系、エネルギー、そして海洋・宇宙・南極について「報告書」が言っていることを検討してみよう。

主なイシュー

《食　糧》「報告書」は、現在人類史上かつてなかったほどの食糧が生産されているにもかかわらず、食糧に不足する人々と地域があり、しかも食糧生産の基盤が徐々に壊されていることを問題にした。そして、先進国における過剰な補助金や保護貿易主義の撤廃、土壌、水、森林等の生産基盤の保全、農業技術の普及・発展、開発途上国における土地改革や小規模農家の保護・育成を推進する必要を謳った(同上 :147–80)。この背景には、公聴会での以下のような発言が存在していた。一つは、土壌の問題である。

「我々の世代が、……数千年にわたる生物の進化の間に貯えられた肥えた土壌を無分別に利用し、ある意味で次の世代の犠牲の上に生活しているのではないか（一九八六年一二月、モスクワ）」（同上：166）。

いま一つは、森林伐採の問題である。

「二十年前、我々が森林の開発の拡大を決めたとき、……我々は開発は森林の再生を妨げないと考えていた。……しかし、我々は、どのように熱帯林を再生させるべきかについて何も知らないことを忘れていた（一九八五年三月、ジャカルタ）」（同上：188）。

土壌や森林伐採の問題が、一国的な対応には限度のある問題であること、それが人類の世代を越えた問題であることが指摘されていたのである。

《種と生態系》 野生生物の種は地球の歴史が始まって以来、次々と絶滅しつつあるが、野生生物の種はそれに含まれる遺伝子材料を含め、人類の福祉に重要な貢献をしている。野生の種が存続するための生態系はひどく脅かされてきているが、種の自然生態系・生物多様性は、人類の福祉に欠かせないものである。そこで、「報告書」は、各国政府と国際機関は、保護区域の拡大、種の保存のための条約の締結や財源の確保等を推進する必要があるとした（同上：181-204）。これには、以下のような発言が意識されていた。

「我々人間は、生態系の中で生きている。もちろん我々は国家や地域を構成するために、生活圏に境界線を引いている。しかし、それは生態系の一部に過ぎない。……経済発展は、厳しい生態学的基準を守った上での第二義的なものでなければならない（一九八六年五月、オタワ）」（同

上 :336-37)。

まさに生態系の問題は、生活圏に国境という境界線を引いている限りは、解決のできない問題なのである。

《海洋・宇宙・南極》「報告書」は、海洋・宇宙・南極は人類の共有財産であるという。しかし、ここは、国家主権の及ばない領域であり、国際的に強制力を持つ規則がないために、生態系の保全を脅かす動きが出現し、とくに来るべき世代や貧しい国々の人々に大きな被害を与えようとしていると指摘する（同上 :303-32)。

まず、地球上の生態系のバランスをとっている海洋は、「出口のない一つの統一体」であるが、人類の活動の産物の最後の「掃き溜め」になっている。主権国家は「領海」などを設定するが、「魚も、汚染も、その他の経済的影響も、この人為的な境界線には従わない」。「海洋の生物資源は、乱開発、汚染、陸地の開発の脅威にさらされている」。したがって、地球的規模、地域的規模での管理体制を整備する必要がある。

次に、宇宙空間は、地球を今後とも住みやすい環境にするための重要な役割を担っている。しかし、「資源としての宇宙空間」は資源管理の国際協力体制が作れるか、そこでの軍拡競争が防止できるかいなかにかかっている。とくに赤道上の静止衛星軌道の管理が問題であるし、破片による軌道上の汚染を防がねばならない。だが、宇宙兵器の実験と利用はさらに汚染を進める。また、多くの宇宙船は原子力で動くので、それが落下した場合の放射能汚染が恐れられる。ともかく「宇宙空間は無限であり衛星軌道空間では何をしてもいいという考え」は先ず捨てなければならない。

最後に南極は比較的国際管理が進められてきているが、それでもそれが地球の生態系にとってもつ意味は大きく、それが「全人類のために管理され、その独特な環境が保護され、科学的価値を損なわれず、非武装・非核の平和空間でありつづけることを保証す」べきである（同上 :318-24）。

この海洋・宇宙・南極などをもって人類の共有財産とする考え方は、やがて他の分野にも広がることになる。


《エネルギー》「報告書」は、人類はその生活にはエネルギーが必要でその需要はますます増大している（とくに開発途上国において）が、安全で環境的にみて健全なエネルギーを長期間にわたって得られる道はまだ見出されていないという。現在のような高エネルギー型の発展を続けると、大気中に放出されるガス（特に二酸化炭素）の「温室効果」による重大な気候変動、化石燃料の消費による都市＝工業型の大気汚染、同じく環境の酸性化、核エネルギーの利用に伴う原子炉事故の危険性などのリスクがあるとした。そして提案したのは、「低エネルギー型の未来」であった。つまり、化石燃料の使用に伴う環境汚染の防止、原子力エネルギーの安全性向上に努めると共に、再生可能エネルギーの使用、エネルギー効率の向上、省エネルギー対策を促進する必要があるというのであった。とりわけ「高度に効率的な燃料節約型の最終利用装置の開発と供給」を必要としたのだった（同上 :206-46）。

「低エネルギー型の未来」については、世界各地での公聴会でも、エネルギー使用の縮減の必要性が語られていた。一九八五年一〇月のブラジリアでの公聴会では、こう指摘されていた。

「我々は、開発途上国における消費物品に対する態度を変えなければならないし、より少ないエネルギーで経済開発を続行しうるよう技術を進歩させていかなければならない」（同上 :240）。

こうして、人類の生存のためには、「低エネルギー型の未来」が避けられないことは、共通認識となっていった。

《核エネルギー》　核エネルギーについては、ここで特に検討を加えておきたい。チェルノブイリ事故のあとに出された「報告書」は、核エネルギーを「未解決の問題」として、原子力の平和利用を歓迎する一方、そのリスクを危惧していた。だが、「強固な国際協力」と「国際協定」により危険は回避できると見ていた。では、その問題点（リスク）をどこに見ていたのだろうか。

「報告書」は、核兵器の拡散の危険性を強調した上で、さらに、原子力発電所は建設費などの経済性が不明であるという「費用」の問題、原子力発電は「公式」の運転条件下では「危険性は無視できる」が、「ある非常にまれなケースにおいては、重大な原子炉事故のため、放射性物質が外部に出されることもありうる」という「危険性」、原子力事故における人間の操作ミスは「無視できない」という問題、そして、核廃棄物の処理問題は未解決であるといった危険性を指摘していた。

そして、その「結論と勧告」においては、原子力以外のエネルギー源の開発を目指しつつ、より安全な代替エネルギーに移行するまでの期間における現在の原子力エネルギーの容認という態度をとった。それでも、なお「原子力発電は、それが起こす現在でも未解決の問題に対してしっかりとした解答がある場合に限って、正当化される」とブレーキをかけていた（同上 :222-31）。

どうも両義的な結論である。これは、事前の公聴会で見られた意見の相違を反映したものでもあった。チェルノブイリ事故にもかかわらず、この両義性は崩されることはなく維持されたのである。「報告書」はさすがに、その「結論」で以下のように言っているのは、苦悩を物語っているのであろう。

「エネルギーは重要であるが故に、その開発は手当たり次第に行われてきた。遠い将来にわたって人類の発展を維持するような、安全で環境に優れ、経済的にも実行可能なエネルギーへの道は、明らかに避けて通ることはできないし、また可能でもある。しかし、それは、新しい次元での政治的意志と制度的な協力があって初めて到達できる」(同上 :246)。

なお注目しておきたいのは、地球環境の問題として、安全と核兵器の問題が重視されていることである。「報告書」では、地球の環境にたいして、熱核戦争だけでなく、通常兵器や生物化学兵器もが破壊的な影響を与えること、また「平和」の状態も、持続可能な開発に使うべき資源の一部を軍事生産に転換していることを指摘していた(同上 :334-50)。

ともかくこのようにして、食糧、種と生態系、エネルギー、そして海洋・宇宙・南極という観点から、われわれは「民族」や「国民」やその「国家」ではなく、「人類」や「地球」「宇宙」というものに主体的な関心を強め、深めてきているわけである。

3 「南」の意味

地球環境の問題は、人類全体の問題であるとはいえ、その人類は途上国と先進国との間の大きな「格差」によって構造的にゆがめられている。環境問題への取り組みはこの構造的格差を解決する方向を伴っていなければならないという認識は、「報告書」にも示されていた。環境の被害はとくに「南」に対して大きなものがあり、政策決定については、とくに「南」からの発言を重視すべきであるという論調が各所に見られた。

だがそれは「報告書」の本論ではなく、公聴会での発言により明確に示されていた。一九八五年一〇月のサンパウロでの公聴会で、フロアーから発言した人はこう語っていた。

「私はアマゾンで天然ゴムの仕事に従事している。……開発関係者が破壊したがっているこの森林で、我々は生計を立てている。……この地域では天然ゴムに加えて、森林から得られる十四、五の特産品がある。これらは保護してゆかねばならない。家畜、牧草地、高速道路だけではないアマゾンを開発できるからである。……我々は、書いたものを持っていない。どこかのオフィスで作成された資料等も持っていない。哲学もない。しかし、これは事実である」（同上 :83）。

あるいは、一九八六年九月のナイロビでの公聴会での発言は、「我々アフリカ人は、アフリカの危機は環境問題であり、干ばつ、砂漠化、人口過剰、環境難民、政治的不安定、拡大する貧困などのような現象が、それによって早まっているという事実に、徐々に目ざめつつある」（同上 :190–91）と述べていた。

しかし「報告書」は、これを徹底することができなかったと言える。

4　行動主体

特徴的なのは、最後に、「報告書」が地球環境に対処すべき行動「主体」についても多くの注意を向けていたことである。これは地球環境の問題が、従来の政治主体を越えたものでなければならないという意識からであろう（同上 :352–93）。「報告書」は、本文よりも、それに差し込まれている各地での公聴会の記録において、この点をより明確に示していた。それは、そのような「主体」は各国政府ではなく、むしろ、「一般の人々」「婦人」、とくに「南」の人々でなければならないという主張を多く盛り込んでいた。

例えば、一九八五年六月にはオスロにおいて、「自然がどのように取り扱われるべきかについての決定に一般の人々が参加する機会を与えられることが大変重要なことである」（同上：203）と述べられ、一九八六年九月のナイロビでの会では、「環境はすべての人々の問題であり、開発もすべての人々の問題である。……私は、多くの人々が環境についての認識を高め、民主的かつ的確な意思決定をすることが解決への道につながると思う。……意志決定が……ごく少数の人々によってなされるならば、状況が改善される見込みはほとんどない」（同上：133）とか、「砂漠化が拡がり、森林が消失し、栄養失調者が増え続け……、それは資源が不足しているからではなく、我々の指導者、エリート・グループによって行われている政策によるものである」（同上：71）と断言されていた。

また同じく一九八六年九月のナイロビでの会では、婦人の役割が強調されていた。

「私は、ここにいらっしゃる人のほとんどが環境に関する婦人の役割を十分認識されているものと確信している。アフリカでは、特に食糧の生産、加工、流通の六〇～九〇％が女性の手で行われている。……婦人問題に触れずに、また婦人が本当に基本的段階から最高の段階までの意思決定プロセスへの参加者であることを理解することなしに、アフリカの食糧危機などの問題を論ずることはできない」（同上：154）。

このように、世界的な問題への取り組みに、単に諸国家や国際機関だけでなく、諸国内の「一般の人々」の役割が強調されるということは、世界史の新たな時代を象徴しているというべきであった。

しかしここでも、「報告書」はこのような見解にやや距離を置いて、「共同の行動にむけて」の章では、NGO等の意義にいくらかの言及をしたうえで、主として諸国家と国際機関の行動についての規制を強調したに止まっていた。また、この諸問題へのグローバル企業の利害などについては、深刻な危機感は示していなかった。

以上に見てきたように、「ブルントラント報告書」は、たしかに地球と環境と人類の関係について重要な警告を発し、「人類」というパラダイムで歴史を考えることを提起したが、その対策については、まだ南北問題やジェンダーの問題において、あるいは、既存の国家や国際機構への依存という点において、さらなる問題を残すものであった。

(2)「地球」的問題

「ブルントラント報告書」以後、一九九〇年代から、地球環境への世界的取り組みは、いよいよ地球全体を対象として、地球全体を主体として行われるようになった。

1　個別的問題

まず、「ブルントラント報告書」以後に扱われるようになった地球環境の具体的な諸問題は、地球温暖化・気候変動の問題と、地球の生態系・生物多様性の問題という、二つの問題に収斂していった。

地球温暖化・気候変動問題

すでに一九八〇年代半ばから、オゾン層破壊問題が地球環境の問題となっていたが、これは「報告書」ではまだ扱われていなかった。地球の周囲を覆うオゾン層に穴があくと、そこから有害な紫外線が地表に到達するという問題が、オゾンホール問題であるが、それは、一九八三〜八五年に発見され、フロンガスなどが原因とされてきた。八五年三月には、「オゾン層の保護のためのウィーン条約」が結ばれたのを受けて、八七年九月には「オゾン層を破壊する物質に関するモントリオール議定書」が調印され、フロンガスなどの規制に各国が一致して当たることになった（地球環境法研究会編 2003:446）。

一九八八年にアメリカ議会の公聴会でのJ・ハンセンの発言「最近の異常気象」が「地球温暖化」と関係しているとの発言（http://www.ncpa.）から、「地球温暖化」への関心が広がった。九二年には、環境と開発に関する国連会議（地球サミット）において「気候変動枠組条約」が採択され、九三年に発効した。これは、大気中の温室効果ガス（二酸化炭素やメタンなど）の増加が地球を温暖化し、自然生態系などに悪影響をおよぼすおそれを、人類共通の関心事であると確認し、大気中の温室効果ガスの濃度を安定化させ、地球の気候を保護することを目的とした（同上:448）。

大気中の「温室効果ガス」は人間の経済活動などに伴って増加すると同時に、森林の破壊などによってその吸収が減少しており、その結果、地球全体の気温が上昇する現象が起きるのである。世界全体の平均気温が上昇し、それに伴い平均海面水位が上昇する。今後も地球温暖化が続くことで、異常気象や自然生態系、農業への影響などが心配されたのである。

この枠組条約の規定によって、気候変動枠組条約締約国会議（COP）が毎年開催されることになり、

第一回COPは、一九九五年に開催された。京都で開かれたその第三回会議は先進国の拘束力のある削減目標(二〇〇八〜一二年の五年間で一九九〇年に比べて、日本は六%、米国は七%、EUは八%、等)を明確に規定した「京都議定書」に合意した。その後もCOPは、アルゼンチン、カナダ、ケニヤ、インドネシア、ポーランド、デンマーク、メキシコ、南アフリカ、カタールなどにおいて、毎年継続的に開催されている(http://www.env.)。

しかし、繰り返されるCOPでの議論はあまり進展を見ていない。この間の地球科学、宇宙科学の発展が著しいために、地球温暖化そのものの原因についての学説の相違も影響しているかと思われるが、主たる要因は南北の対立が著しいためであろう。確かに、この「地球温暖化問題」をめぐって、地球に住む人類という存在がさらに切実に意識されてきていることは疑うことはできない。だが、その「人類」は南北間の構造的ともいえる分断を抱えていることが、明白になりつつあるのである。

地球上の生態系問題

いま一つの大きなイシューは、地球上の生態系に収斂する諸問題である。熱帯地方の木材の保護と育成のために、すでに一九八三年に国際熱帯木材会議において調印されていた国際熱帯木材協定(「八三年協定」)は、一九九四年の同協定に受け継がれ(「九四年協定」)、さらに同「二〇〇六年協定」へと引き継がれていく。熱帯の木材は、単に途上国の経済開発に不可欠の産品であるだけでなく、それが地球の生態系の重要な一部であるという意味で、人類の問題とされてきているのである。

同じく、熱帯地方を中心とする砂漠化も、地球環境の重要な問題とされるようになった。砂漠化の多くは人類の活動が原因となる人為的な行為によって引き起こされたものである。ひとたび砂漠化すると、気候が変化したり、土壌など地表の構造が崩れることから、植生の復活が困難になる例が多い（メソポタミア、インド、サブサハラ、等）。そうした砂漠化を防止するための国際条約が一九九四年にできた「砂漠化防止条約」である。この砂漠化も地球の生態系に重要な問題を引き起こすものとして、位置づけられてきている。

このような生態系の問題は、一九九二年に作られ九三年に発効した「生物多様性条約」に収斂された。この条約は、生物の多様性が生命保持のために重要であるとし、その保全が「人類の共通の関心事」であると確認し、そして、現存のすべての生物だけでなく、将来的な「生物資源」「遺伝資源」をも対象として考えていた（地球環境法研究会編 2003:166-68）。

地球上の生物が多様性を持っていることによって生態系が安定しているのであるが、多様性が崩れ、生態系に含まれる種が絶滅したりすると、生態系の安定度が低下し、地球生態系は崩壊しかねず、それは人類の食糧や保健に重大な影響をもたらすのである。生物多様性の消失をもたらす要因は、人間活動によってもたらされる人口爆発、森林破壊、汚染および地球温暖化や気候変動があり、これらへの各国、国際機構の取り組みが規定された。

この生物多様性の問題に取り組むには、とくに、二つの点が重要であることが意識されていた。一つには、「伝統的な生活様式を有する多くの原住民の社会及び地域社会が生物資源に緊密かつ伝統的に依存していること」であり、彼らの知識、工夫、慣行の利用が有効であり、その知識を利用するところから来る利益は平等に分けられるべきであるということである。いま一つは、「生物の多様性の保持及び持続可能な利用において女性が不可欠の役割を果たす」ことから、女性の政策決定への参加が必要であるということである（同上：203–13）。

この問題について、井田徹治は次のように指摘している。

「人間は、何億年もの時間をかけて地球上に形作られてきた生物のネットワークの中に暮らしている。ところが今、人間の活動によって、この唯一無二のネットワークに、さまざまなほころびが見え始めた」。そして「生物多様性保全のためには、これまでの経済と価値の在り方を根本的に見直さなければならない。……生物系サービスをただで享受し、その源泉となる生物多様性を破壊しても、なんの負担もしないでいいという時代は過去のものとなった」。

しかしながら、井田はこう嘆いてもいる。

「人間活動の影響が地球の許容量を超えてしまい、それを修復するための時間はどんどん少なくなっているという科学者の認識の高まりとともに二一世紀は始まった。われわれは自然が支えることができるものを超えて暮らしている。これを続けられないということは知っているのに、われわれの行き方を変えようとの計画は何もなされていない」（井田 2010：215–16）。

このような認識をさせるほど、この間の生命科学の分野の発展は目覚しかった。そして、生物多様性問題が全人類的な問題であるという意識が発展しつつあるのである。

だが、動きはここでも遅々としている。生物多様性条約の締結後、この条約に関連した国々の会議が、地球変動枠組の場合と同じく、ＣＯＰの会議として毎年続けられることになった。例えば、二〇一〇年の「生物多様性条約第一〇回締約国会議」は名古屋で開かれたが、そこでは「南」の資源を「北」が開発した利益の共同享受の方法をめぐって南北が対立した。人類は南北問題という構造的なゆがみをかかえ込んだまま、地球環境保護に取り組もうとしているのである。

2　全体的取り組み

この間、一九八九年から九二年にかけて、ソ連・東欧の社会主義体制が崩壊した。この崩壊は、それ自身が環境問題をめぐる市民運動に揺り動かされて促進されたという側面と、社会主義体制は環境問題を資本の論理に依らずに処理しているという姿勢の挫折という側面を持っていた。これ以後、地球環境問題は、地球全体について、地球の全員が等しく議論できるイシューとなった。

この新たな時代の到来を象徴するように、上述のガプチコヴォ＝ナジマロシュ・ダム建設プロジェクト問題が生じた。体制転換後のハンガリー政府が、このプロジェクトからの撤退を表明したのである。理由は財政的なものであったが、背景には環境保護の内外の世論の圧力があったのだった。

これに端的に現れたように、地球環境問題は単に諸国家・諸政府が、あるいは種々の国際機関だけが扱う問題ではなく、また先進諸国が中心に扱う問題でもなくなったのであった。地球環境問題には、種々の地方自治体、さまざまなＮＧＯ、「南」の人々の主張が取り入れられなければならなくなり、またそれらの人々の責任も問われるものと位置づけられた。とくに「女性」の積極的な参加が求められ、それが実現される分野ともなった。

一九九二年にリオ・デ・ジャネイロで開かれた「国連環境開発会議（ＵＮＣＥＤ）」は「地球サミット」と呼ばれた。それは「環境と開発に関するリオ宣言」（地球環境法研究会編 2003:7–9; テキストは

http://www.unep.）を発し、行動綱領「アジェンダ21」を採択した。

「アジェンダ21」の特徴は、まず第一に、地球環境の保護のためには、開発途上国の開発を重視し、何よりも「貧困の撲滅」から取り組まなければならないことを謳った点、第二に、行動の主体が世界各国の政府や国際機関よりも、むしろ女性、子供・青年、先住民、そして非政府組織から出発すべきことを強調した点にあった。そのうえで、各グループの行動のための指針を示したのである。地球環境の議論は、ますます「貧困」問題の解決のためにどのような「持続可能な開発」が可能かという問題に重点を移していった感がある。

ついで、二〇〇二年にヨハネスブルクで開催された「持続可能な開発に関する世界首脳会議」（ヨハネスブルク・サミット）は、「アジェンダ21」の遂行状態を点検したうえで、新たに「実施計画」を採択した（同上：10–12）。

「実施計画」は、「アジェンダ21」以後も進まない「貧困」問題に中心的な関心を寄せていた。それはまずは、「貧困根絶」の問題を取り上げ、一日一ドル以下の生活者を二〇一五年までに半減すると宣言した。「貧困」の根絶がないかぎり、地球環境問題の解決はありえないということを再確認したのである。ついで、「持続可能でない生産・消費形態の変化」をあげ、地球環境の保護のためには、とくに先進国における生産・消費のパターンの転換が必要であると訴えた。また、グローバリゼーションの問題点も取りあげ、そこに途上国が効果的に参加できるべきだと訴えた。そのほか、アフリカやラテンアメリカやアジア、西アジアなどの地域のための持続可能な開発の問題を掲げた（邦語テキストは、http://www.mofa.go）。南北の格差の深刻化をうけて、途上国の焦燥が見えているようだ。

こうして、「一九八〇年代から九〇年代にかけて、国際社会は南北問題をかかえ込む形で地球環境保護の新時代をむかえた」（地球環境法研究会編 2003:4）と言われるが、いっこうにその課題は解決の道を見出せないまま、二一世紀に入ったのである。

このように地球環境への世界の関心と懸念は、個別的なものから包括的なものへと進展してきている。それは「人類」というものがよりいっそう切実に意識されてきているという意味である。しかし、そうであればあるほど、「人類」なるものは「南北問題」、「格差」、「貧困」の問題を乗り越えて初めて到達できるということが、明らかになってきたのだった。

残念ながら、地球環境への全体的な取り組みはその後は停滞し、個別の取り組みを中心として行われてきているに止まっている。

（3）「持続可能な開発」の意義と陥穽

1 「人類」問題の提起

これまで見てきたような人類の「持続可能な開発」のための議論とその実現のための世界的な動きは、その歴史的意義を、どのように考えることができるのだろうか。

第一に、それは地球と人類の未来を問題にした。それは地球的視野で開発と環境を考え、地球上の資源の有限性への意識を呼び掛け、自然と人間の関係の見直しを求めたのだった。つまり自然環境の許容する範囲内での人類の開発活動を求めたのである。それは、当然、人類としての未来を考えるということでもある。

第二に、それは、技術革新への信仰を依然として底流に維持していた。科学技術の改良により、地球環境に調和的な技術開発が可能であるという信仰が強く存続していた。産業の技術開発にせよ、原子力エネルギーの開発にせよ、そこへの信頼があったのである。

第三に、地球環境の問題が南北問題と、つまり途上国の「貧困」、南北「格差」と結びつけられた。「北」の資源開発が「南」の「貧困」を招いたということ、「南」の開発が、環境問題を引き起こしているということが広く認識されるようになった。「貧困」問題、「格差」問題の解決なくしては「地球環境問題」や「持続可能な開発」問題の解決はあり得ないのである。

第四に、地球環境を守るための義務と責任を、国家のみならず、地球上の社会と個人にも問うようになった。地球環境は、政治・経済・社会・技術・教育など、広い範囲の問題として対応されるべきであり、そのためには国際機関、各国政府、自治体、NGO、諸個人などすべての責任が問われ、そのために政治的自治・参加が強調され、行動への呼びかけがなされ、さらに、行動の点検までが問われることになったのだった。

このような世界的な動きは、まさに人類史の新たな段階がやってきたことをうかがわせるものであった。人類はその物質的開発の結果、開発の前提である自然環境の危機を招き、そこで開発によって生きてきた人類というものを見直す段階に来たというべきであった。かの「ブルントラント報告書」は、次のような視座の変化を、われわれ人類に与えてくれていた。

「二十世紀の半ばになって人類は初めて自分達が生活する惑星を宇宙から眺めた。十六世紀のコペルニクスの転換は、地球が宇宙の中心でないことを明らかにして人間の自己認識に動揺を与えたが、宇宙から地球を見たことが人間の思想に与えた影響はその時以上に大きかったと後世の歴史家が語る日がくるかもしれない。宇宙から見た地球は壊れやすい小さな球であり、目につくのは雲、海洋、緑、大地が織りなす紋様ばかりで人間の活動や建造物ではなかった。こうした自然の織りなす紋様に自らの活動を溶け込ますことができないゆえに、人類は地球の自然系を根本的に変えつつある。そして、人類のもたらす変化の多くが、環境の破壊から核による壊滅に至るまで、地球上の生命を脅かしている。我々は、逃れようのないこうした現実を直視し、これを管理していかなくてはならない」(「地球の未来」352)。

しかし、この新しい段階は単線的には展開しなかった。「持続可能な開発」を求める運動はさまざまな問題に直面した。その中心は「南北問題」であるが、そのほかにも重要な障害がある。それは、「持続可能な開発」論を権力や資本の利益のために「すり替え」てしまうということであった。

本来、「持続可能な開発」というとき、それは地球や資源の有限性への見直し、技術・経営・行政などへの見直しだけではなく、人間の生活の仕方自体、人間の価値観(幸福、物質主義など)の見直しが不可欠なことを意味している。いわば人類の価値観への挑戦がなされているのである。しかも、途上国を含めた視野で。それなのに、多くの場合、そのような挑戦は「無視」され、たくみに「すり替え」られてきているのだ。

2　「持続可能な開発」論の「すり替え」

国家財政の論理

二一世紀に入り、「持続可能な開発」の本来的な意味が抜き取られ、その「持続可能」の皮相な理解のみが広がって、たくみに国家財政の論理へすり替えられる現象が見られている。

例えば、二〇一〇年に日本のある経済指導者はこう述べている。

「なぜ増税は必要なのかと言えば、年金や医療など社会保障の持続可能性に、皆が疑念を懐き始めたという現実にたどりつく。景気を良くするというより、持続可能な社会保障のための増税であると明確に示すべきだ」（武藤敏郎『日本経済新聞』二〇一〇年六月二九日）。

彼は、二〇〇九年にも「一般会計に対して税収が少なく、財政運営がサステイナブル（持続可能）でないことが一番の心配の種だ」（「朝日新聞デジタル」二〇〇九年一二月二六日 http://www.asahi.）と述べている。

要するに、「持続可能性」ということが、年金や医療などの社会保障や、国の財政が「長続きする」かどうかという問題に矮小化されて、増税のための論理に利用されてしまっている。そこには人間生活の価値観の見直しといった根本問題は無視されているのである。このような用例はいまや広く見られ、枚挙にいとまがない。

しかし、最も深刻な「すり替え」は、原子力エネルギーの分野で見られたのだった。

「原発ルネサンス」――〈環境にやさしいエネルギー〉

核エネルギーの問題について「持続可能な発展」論はどのように対応したのだろうか。すでに見たように、「ブルントラント報告者」の態度は「両義的」な態度であったが、原発建設に一応の「ブレーキ」はかけていた。そして、「チェルノブイリ」を受けた一九九〇年代には、原発建設は「停滞」した。その理由は、一般市民からの不安感、九〇年代における原発事故の頻発、原油価格の下落と火力発電の効率向上、そして「新自由主義」下での民営化・自由化・規制緩和による経営面・投資面の魅力喪失などが挙げられる。そういう中で、ヨーロッパでは、スウェーデン（一九八〇年）に次いで、イタリア（一九八七年）やベルギー（一九九九年）で原発撤廃が決定されたりした。

しかし、二〇〇〇年代に入ると、いわゆる「原発ルネサンス」がやってきた。この時期における原子力発電の復活の理由は、原子力発電所の統合による競争力のある原子力発電事業の形成（つまり独占化）、原発技術の進化、米国のブッシュ政権による強い後押しのほかに、原油価格急騰や地球温暖化防止への対応があげられる。

だが、重要なことは、この時期には、原発は地球の「持続的開発」に適したエネルギーである、「地球にやさしい、きれいな資源、長持ちする資源」であるという新スローガンが打ち出され、それによって原発建設が再び促進されたということである。

日本では、二〇〇五年に「原子力政策大綱」が閣議決定されたのを受けて、経済産業省エネルギー庁を中心に原発が促進された。例えば、二〇〇六年五月の同庁の「新・国家エネルギー戦略」は、「クリーンなエネルギーである原子力発電は、エネルギー安全保障の確立と地球環境問題を一体的に解決するための要である」とし、その総合資源エネルギー調査会の電気事業分科会原子力部会の二〇〇六年八月の報告書「原子力立国計画」においては、確信をもった原発推進が謳われていた。さらに、二〇〇八年に洞爺湖で開かれたサミットにおいては、日本は、東南アジアへの原発輸出のイニシアティブをとると断言していた（http://www.enecho.）。

このような「原発ルネサンス」は、グローバルな産官政軍学複合体の形成を基礎にし、またそれを強化するものであった。日本について言えば、ジェネラル・エレクトリックス（GE）やウエスティングスハウス（WEC）やアルバ（仏）と連携した日立、東芝、三菱重工などのグローバルな原発企業、それと結びついた東京電力、関西電力など国内の各電力会社、これらの産業系列を支える政府（とくに経済産業省）、政治家集団、地方自治体、そして最後にアカデミズムが参加して複合体ができあがっていった。言わば、地方自治体に至るまで、グローバルな複合体によって取り込まれたのである。もちろん、この「原子力ムラ」に抵抗する勢力は存在したが、少なくともこの「ルネサンス」期には力を持ち得なかった。

こうして、科学技術の発展に裏付けされた地球環境への関心は、二〇〇〇年代に入って、「地球にやさしい、きれいな資源、長持ちする資源」というスローガンのもとに、経済と権力によって取り込まれ、原発建設が促進されたわけであるが、それは、実は地球環境に大きな危機をもたらすはずのものであったのである。

以上に見たように、「持続可能な開発」は、南北問題という「人類」の構造的な問題の解決に向かう道を単線的には進まず、権力と資本の利益のために、常に「すり替え」られてきたのだった。

（4）諸科学と歴史学の責任――まとめに代えて

1　地球・人類と科学

人類と地球環境への自覚の高まりの基礎には、現代における科学の発展があった。宇宙の誕生、太陽系の形成、地球の誕生、地球の構造、地球生命の誕生、人類の誕生、人間生命の研究などにおいて飛躍的な研究があり、それらは歴史における人類や生命についての新しい見方を促している。と同時に、それらの科学的成果は、「地球環境問題」とは違った人類的問題を新たに生み出してもいる。さしあたり二つの分野について考えてみよう。

地球惑星科学

地球惑星科学は一九七〇年代以後、大発展を見せている。七〇年代には、太陽系形成論の枠組みが作られた。つまり、ほぼ四六億年前に原始太陽系星雲が形成され、その中で微惑星が作られ、それらの衝突によって惑星が形成されたという太陽系形成論がほぼできあがった。また、一九七〇年代後半には、二酸化炭素の温室効果が発見されて、これが地球環境への危機感を促進した。地球自身の構造についても、同じく一九七〇年代には、地球「プレートテクトニクス」理論体系が構築されて、地球の表面構造がプレートとその運動によって説明されることになった。

一九八〇年に入ると、恐竜の死滅をもたらした地球の大変動が小惑星衝突説によって説明され、さらに、一九九二年には、スノーボールアース（全球凍結状態）仮説が提唱されて、地球の周りのガスの変動や、地球上の生命の盛衰がより説得的に説明されるようになった。この間、一九八〇年には、「核の冬」理論が提唱されて、核兵器による戦争が地球上に大きな環境変化を引き起こす危険が指摘された。

このような科学的知見に基づいて、一九七〇年代以後、人類の宇宙への探査が開始され、人類の住む地球が「外から」観察されるようになった。一九六九年の月面着陸以来、七五年の米ソ共同によるアポロ・ソユーズテスト計画、七六年のヴァイキング一号の火星探査、九〇年のハッブル宇宙望遠鏡打ち上げなどが相次ぎ、その後も二〇〇四年のスピリット、オポチューニティによる火星探査、二〇〇八年のエンケラドスによる土星探索、二〇一二年のキュリオシティによる火星探査が続いている。

こうして一九七〇年代以後、われわれ人類が住む地球の歴史と構造、地球がその一員である太陽系と宇宙の歴史と構造、地球生命と地球環境についての科学的な知見が深められた。それは、人類にまったく新しい視野を開くことになったのである（二四四～四五頁参照）。

このような宇宙科学の成果から歴史学は何を学ぶべきか、と改めて考えるならば、それは、地球・宇宙の有限性、民族・国民・国家の限定性を明示し、人類としての生存の重要性を教えている、ということができる。

しかし、宇宙や地球自身についての科学的知見は、単純に人類の共生のために活用されたのではなかった。例えば、一九八三年にレーガン大統領の打ち出したミサイル防衛構想であるスターウオーズ計画（戦略防衛構想ＳＤＩ）は、このような科学的知見を基礎にしたものであり、それはクリントン大統領によっても一九九九年には、国家ミサイル防衛（ＮＭＤ）と戦域ミサイル防衛（ＴＭＤ）の構想として継続されていった。そして、そのような構想を支えるのが、ボーイング、ロッキード・マーチン、ジェネラル・ダイナミックスなどの宇宙産業であった。宇宙科学の成果はたちまち権力と資本に利用されたのである。

このような動きはもはや科学物語や夢の軍事戦略として見ているわけにはいかない。地球と宇宙を核と「塵」にまみれされることなどによって、人類の存在を危機に陥れるかもしれないからである（カルディコット／アイゼンドラス 2009）。

歴史学はこのような動きにも絶えず関心を払って、それを研究対象の視野のなかに入れて直視していかねばならない。

以上の地球惑星科学の発展は、人類の外延的世界への新たな視角を提供するものであったが、人類の生命的世界への新たな視角を提供するのが生命科学の新展開であった。

生命科学

一般に、生物の生命活動に関わる科学として生命科学をとらえるとするならば、過去数十年間の生命科学の進歩には著しいものがある。その中心的分野は、ゲノム分析・遺伝子操作、胚操作・クローン胚作成、脳高次元解析であると言われる。そして、これらの分野での知見を活かして、臓器移植や生殖補助医療などが発達した。

人間の臓器移植は、世界的には一九六〇年代から始動しているが、日本でも六〇年代に生体腎移植や心臓移植が開始された。そして、八〇年代末に生体部分肝移植が行われ、九七年に臓器移植法が整備されるに至った。

一九七〇年代末から八〇年代初めは「不妊治療」として体外受精が試みられ始めたが、八〇年代末からは「代理母」による高度生殖医療が導入されるようになった。これは遺伝子操作によって、さらに高度化している（松井 2006）。

この間、遺伝子研究の飛躍的進歩が始まった。一九八〇年代には遺伝子組換え医薬の開発が行われ、八二年にはインスリンで、八六年にはB型肝炎ワクチンでそれが実用化された。だが一九九〇年代に遺伝子研究はさらに進歩した。九〇年にヒトの遺伝子治療が開始され、九四年には遺伝子組換えトマトが現れ、九六年には、クローン羊が作られた。そして、いよいよ人間の遺伝子が対象となって、二〇〇〇年にヒトゲノムが解読され、二〇一〇年には遺伝子を活用してｉＰＳ細胞が作製された。

以上のような生命・医療科学の進歩は、人間の病気などを治療する可能性を拡大しただけでなく、人間という存在を社会的のみならず、肉体的にも「操作」可能なものとした。つまり、人を再生したり、製造したりして、人類そのものを変えてしまう可能性を持っている。人間自体への人間の認識を変えたといってもよい。地球環境の中で生態系問題の理論的基礎を与えたのもこうした生命科学の進歩であった。だがそれは、たちまち政治と資本の論理に取り込まれる余地を残すものでもあった。

生物兵器・化学兵器の使用は、イラン・イラク戦争に限らず、常に話題に上っており、医療科学は、世界六大メーカー（アメリカのファイザー社など）と言われる医療産業の利益のために利用される可能性を生みだしている。

ここでも、歴史学は新たな課題に直面している。歴史学は肉体的にも「操作」される人間を対象として研究しなければならない時代に直面しているのである。

以上、簡単に見たように、地球、宇宙、人類、人間の生命についての新しい分野が科学によって切り開かれてきている。その知見をもとに「地球環境」への取り組みと、「持続的成長」の提案があった。だが、それが政治と資本によってねじ曲げられて活かされる可能性も大きいのである。このような問題全体を対象として、歴史学は研究していかねばならないところに来ているのである。

2　歴史学の責務

グローバル・イシューの自覚から、地球環境が意識され、「持続可能な開発」という方向で、人類と地球環境を守る動きが展開されてきた。グローバル・イシューの登場は、それまでの人類の歩みを反省させる事態であった。だが、それは、直線的な反省にはならなかった。「持続可能な開発」は、背後に地球宇宙科学と生命科学の飛躍的発展を持っていたが、それは、科学に新しい局面を開くとともに、権力的・経済的に利用されるならば、地球と人類をも滅ぼしかねない展開をする可能性も秘めている。いわば人間の認識領域が飛躍的に拡大したわけだが、それは人間存在自体への脅威でもあるという逆説的な、危機的な状態を生み出している。人類についての新しい科学的認識が出ればすぐにそれは、権力と資本の論理に取り込まれてしまう。歴史学は、たえずそのことを認識し、指摘し、批判していかねばならない。

そのためには、まず第一に、歴史学は地球と人類を念頭に置いた大きなパラダイムの（をめざした）議論を展開する必要があるのではないか。例えば、ビッグバンから始まり、星と銀河系の誕生、星の死、太陽系の登場、生命の誕生、人類の出現、農業の時代、工業の時代といったスケールで考えるビッグ・ヒストリーという方法、世界環境史といった方法、あるいは「人類の考古学」といった方法から学ぶものは多いのではないか。

第二には、歴史学は、諸科学、特に自然諸科学との連携をはかっていかなければならないということだ。宇宙地球科学や生命科学などの意味については、簡単に検討したが、それ以外のケースもいろいろと考えられよう。

第三には、ヨーロッパ的科学・技術信仰の検討、あるいはヨーロッパ的「発展」「文明」史観の再検討が必要であろう。これは「地球環境保護」の面で、途上国から種々の問題を投げかけられているところからも分かるとおりである。例えば「産業革命」への根本的疑念などにどう答えるべきであろうか。

おそらく検討すべき課題はまだまだ多いというべきであろう。だが、要するに、われわれは、われわれが歴史の新しい段階に生きているということを自覚し、明確に認識したうえで、現代の、宇宙をも含めた人間の取り組みを、たえず歴史学の対象として観察・研究していく姿勢が必要であり、そのためには与えられた問題に「落ち度なく」答えていくという「点取り主義」の歴史の方法を一歩でも乗り越えていく必要があるのである。

参考文献一覧

井田徹治 2010：『生物多様性とは何か』岩波書店。

NHK「地球進化」プロジェクト編 2004：『NHK地球大進化四六億年・人類への旅』全六巻、NHK出版。

カルディコット、ヘレン／アイゼンドラス、クレイグ 2009：植田那美・増岡賢訳『宇宙開発戦争』作品社。
環境と開発に関する世界委員会 1987：大来佐武郎監訳『地球の未来を守るために』福武書店。原文は、*Our Common Future* (http://www.un-documents.net/wced-ocf.htm)。
木村有紀 2001：『人類誕生の考古学』（世界の考古学15）同成社。
高木仁三郎 2011：『チェルノブイリ原発事故』七つ森書館。
田近英一 2009：『地球環境：四六億年の大変動史』化学同人。
地球環境法研究会編 2003：『地球環境条約集』（第四版、初版 1993）中央法規。
フォーティ、リチャード 2003：渡辺政隆訳『生命四〇億年全史』草思社。
McNeil, William H. et ed. 2012: *World Environmental History*, Berkshire.
松井志菜子 2006：「生命倫理——生殖補助医療の発展」長岡技術科学大学言語・人文科学論集 (http://ir.nagaokaut.ac.jp/dspace/bitstream/10649/264/1/G203.pdf)
丸山茂雄・磯崎行雄 1998：『生命と地球の歴史』岩波書店。

http://www.eic.or.jp/ecoterm/?act=view&serial=1525
http://www.env.go.jp/earth/ondanka/cop.html
http://www.unep.org/documents.multilingual/default.asp?documentid=52
http://www.mofa.go.jp/mofaj/gaiko/kankyo/wssd/pdfs/wssd_sjk.pdf
http://www.enecho.meti.go.jp/topics/energy-strategy/
http://www.asahi.com/business/topics/economy/TKY200912250542.html
http://www.ncpa.org/pub/ba299

第十一章　〈いのち〉の知

清水　透

当事者としての私たち

科学史の専門家でもない、生命倫理の専門家でもない私は、〈いのち〉をめぐる包括的・専門的な議論をここで展開することはできない。しかし、本書に収録されている諸論考からも明らかなように、今私たちが生きている現代という時代が、生命の存続にとっていかに危険性に満ち満ちているか、そのことについて、十分認識することは、歴史家にかぎらず、二一世紀を生きるいずれの人々にとっても、必須のことといえよう。

私たちは科学技術の急速な発達に目をみはり、そのさらなる前進に期待を寄せてきた。また、医学の目覚しい発展によって大量救命が実現されただけでなく、かつては不治の病とされていた分野にも明るい可能性がひらかれ、寿命も大幅に伸びた。さらに生命の神秘、宇宙の神秘という、ミクロ・マクロの世界も徐々に解明されつつある。しかし同時に、私たちがその発達の恩恵に浴していた二〇世紀という時代は、大量救命とは裏腹に、実は科学技術の進歩に支えられた大量殺戮＝マスキリングの世紀でもあった。

戦後の「平和な」日本に安住している間にも、世界では一体いくつの戦争や内戦がくり返され、何人の犠牲者が生み出されてきたのか。一九一五年のトルコにおけるアルメニア人虐殺から一九九四年のルワンダにおけるツチの人々に対する虐殺にいたるまで、内戦による死者は最低一六〇〇万人以上に及ぶという（[松村・矢野編 2007] 参照）。これに二度にわたる世界大戦と原爆による死者、朝鮮戦争、ベトナム戦争、そして今もくり返されている中東における戦争の死者を加えるなら、その数は膨大な数字にのぼる。しかも、これらの戦いに動員されてきた殺戮技術は、実は私たちの日常の便利さとも決して無縁ではない。ピンポイント爆撃の技術がカーナビに応用されたのは、その典型的な例だ。原子力の平和利用として開発された原発も、元をたどれば原子力潜水艦にゆきつく。このように、今日私たちが享受している科学技術の発達は、戦争を目的とする殺戮技術の先鋭化と不可分ではなく、むしろそれによって先導されているのが現状であろう。

内外の戦争にかぎらず、急速な産業発展の裏にもつねに犠牲者がいた。いまだ解決からは程遠い水俣の問題はその典型であろうし、戦後の経済復興をエネルギー面から支えた炭鉱では、幾度となくくり返された炭鉱爆発によって、多くの犠牲者が生み出された。そして今、核の平和利用として推進されてきた原発も、下請け労働者たちの恒常的な犠牲の上になりたっている。一方、救命を目的としているはずの先端医療の進歩にも、後に改めて触れるように、手放しでは喜んでいられない問題が山積している。

人間の〈いのち〉の将来に思いをはせるとき、経済発展、大量救命、大量殺戮を同時にもたらした近代科学の発達とは、一体どのようなものとして捉えるべきなのだろうか。科学の発達の恩恵に浴してきた人々のなかに、確実に私たちも含まれている。その意味で、私たちもこうした科学を推進してきた当事者の一人である。そうであるなら、その私たち自身にも、具体的に何らかの対応が迫られているはずだ。とりわけ地球規模での温暖化と核汚染の時代に入った今、科学によるマスキリングは世代を超えた永続化の段階に入ったといえる。問題の解決の糸口は、そう簡単に見えてはこない。しかし確かなことは、こうした世の中をそのまま次の世代に引き渡すことはできない、ということであろう。

「豊かさ」の中の「お任せ」的日常

ここで改めて述べるまでもなく、人間を残酷な行動に走らせる戦争の悲惨さ、それは、嫌というほどくり返し叫ばれてきた。従軍の体験、銃後の女たちや動員された学徒たちの体験、爆撃による被災体験、中国や朝鮮からの引き揚げ者の体験……。こうした過去の悲惨な記憶は、加害の痛みもふくめ、活字にとどまらず、歌の歌詞をつうじて、舞台演劇をつうじて、詩の朗読活動をつうじて、写真や映像をつうじて、モニュメントの建立をつうじて、直接、間接にくり返えされてきた。広島や長崎の原爆の被爆体験も、「語り部」の活動をつうじて延々と語りつがれている。直接の被爆者が徐々にこの世から姿を消してゆくなかでも、数多くの体験を聞き取った市民が、「語り部二世」として語りつづけている。原爆に先立って沖縄の人々が蒙った壮絶な戦争体験、そして今日も、いわば日本の安全弁として植民地的差別を受けつづけている沖縄の人々の、限界を超えた悲痛な叫びもくり返されている。チェルノブイリの深刻な現状を伝える支援活動を続ける人々の声も延々と聞こえてくる。「3・11」以後、反原発の動きも新たな展開をみせ、報道には載らないさまざまな情報が、講演会や運動をつうじて発しつづけられている。そしてここ一〇年以上にわたり、学校の責任を問ういじめ被害者の親たちの声も叫びつづけられてきた。

利潤優先で公害を撒き散らしてきた大企業、資本と癒着した政治家や自己保身に走る官僚たち、薬害をくり返した製薬企業、安全神話を捏造しつづけた「原子力村」に群がる人々、これらにかかわった科学者たち。こうした人々や企業の責任と倫理を問いつづけることは当然である。しかし問題は、過去の悲惨な記憶も、被害者、被災者の叫びも、原因追及の議論も、残念ながら多くの人々にとっては他人事として、あるいは今の自分の〈いのち〉とは無関係な過去の出来事として整理されてしまう空しい結果を孕んでいることだ。

情報の発信源であるはずの大手ジャーナリズムは、記者クラブという特権体制のなかで、報道の自己規制に走る。「3・11」に限ってみても、スポンサーに依存したテレビ・メディアは、現場の誠実な記者の取材をボツにする。海外の政治闘争の報道はしても、国内の反原発の市民の動きが、ニュースで大きく取り上げられることは珍しい。エネルギーの危機を報道しながらも、深夜放送を自粛するテレビ局は、七〇年代初期の石油危機の時をのぞけば、NHKをはじめどこもない。「電力不足」をよそに、街にはきらきらと相変わらず深夜までネオンが瞬き、「原子力村」の人々は、国民が暑さに悲鳴を上げるまで猛暑が続くことをただただ祈る。そして直接的な被害者でない人々は、「絆」を叫び、いち早くショックから立ち直る。

被害者の叫びも一部ジャーナリズムや知識人による問題追及も、こうして時間の経過とともに人々の記憶から遠ざかり、また「お任せ」的日常が復活する。いわんや、戦争の記憶も広島や長崎の被爆体験も、薬害問題、沖縄問題も、いじめ自殺の問題も、今を生きる自分とは無関係な問題として処理される。そんなことを考えるゆとりはない、毎日の生活を維持するだけで精一杯だ。そもそも専門的なことは分からない、だから専門家にまかせる。政治のことは分からない、だから政治家にまかせる。暗い過去や社会問題に拘らず、何よりもまず景気の回復を待ち望む、との声も聞こえてくる。その間隙をぬって、「日本を取り戻す！」の掛け声とともに、「強い日本の再建」を叫ぶ若者も現れる。

こうした閉塞状況のもとで、自分の過去を振りかえりつつ痛感することは、〈いのち〉を脅かす歴史的な問題、社会的な問題を議論する場も雰囲気も、今やほぼ完全に失われてしまったわが国の現状だ。公務員も民間企業の組合も、その全国的な組織も、ここ四〇年の間に完全に解体され、その意を呈していたはずの政党も力を失い、企業に内在する問題を議論する機会は、たまに発せられる内部告発をのぞけば、ほぼ完全に失われてしまった。同時に教科書検定をはじめとする国家による教育への政治介入の結果として、戦争や社会的問題についての教育は影をひそめ、現場で教育にたずさわる先生たちは発言の場を奪われ、政治に先導された教育政策の単なる手足と化してしまう。学力の低下、学級崩壊、いじめ問題、小中高生の自殺問題は、まさにこうした教育統制のプロセスと並行して顕在化していったものだ。しかも、子どもの親や社会がいじめや自殺といった命にかかわる問題を執拗に追及しないかぎり、学校も教育委員会もだんまりを決めこむ。責任を認めざるを得ない場合には、問題を起こした企業のお偉方同様に、「再発防止に努力する」と、すでに聞き飽きた台詞がくり返される。そして体制は何も変わらないままに、問題は再発する。大学の研究者も、公害問題を訴え続ければ万年助手のポストが待っている。原発事故でも明らかになったように、その道の専門家のなかでも、問題を提起した研究者の意見は蓋をされる。

ＩＴ革命で情報過多が問題とされるなかで、逆に私たちは、〈いのち〉にかかわる過去の記憶からも正確な情報からもますます隔絶され、「知らされない」ということに、「知らないことにすること」に慣れてしまい、一時的安定やその場しのぎの経済の「豊かさ」に馴らされてしまったようだ。そして、地道に問題を提起しつづける人々には、「特別なまなざし」が注がれる。そうしたまなざしに居心地の悪さを感じ、活動から離れる人々もいる。問題を問題として自覚し、それを教育し議論するための情報も場も、きわめて限定されてしまったのが、今の閉塞状況ではなかろうか。そのような今こそ、誰の心にもあるはずの、〈いのち〉の知の原点に立ち返ることが何よりも求められているように思う。

「進歩」の危うさ

〈いのち〉の問題は、戦争や核汚染の問題に言及するまでもなく、いつか必ず自分自身の問題として直接私たちに迫ってくる。老後の問題はすべての人々に公平に降りかかるが、病も誰かれの選別なく私たちに襲いかかる可能性があり、その時、誰もが医学という現代科学と対峙せざるを得なくなる。医師にすがる人、診断に疑いをもちインターネット情報にアクセスし、セカンド・オピニオン、サード・オピニオンを求める人。ケースはまちまちである。一部の人々は、現代医療を拒否して宗教や民俗医療へと走る。いずれにせよ、救いたい、救われたいという当事者としての当然の欲求を抱えた自分と、医学・医療の現状となんらかの関係を結ばざるを得なくなり、「専門的なことは分からない」などと言いつづけるわけにはいかなくなる。そこではじめて、科学の発達の有難さと同時に、科学に内包されている深刻な問題にも目が開かれてゆく。

この医学をふくめ科学とは一般的に、「知りたい」という素朴な欲求=「知るための科学」を起点として出発し、その頂点として原子物理学・分子生物学へ、さらに二〇〇一年以降ナノ・テクノロジーの開発へとゆきついたようだ。しかし本来の「知りたい」という素朴な欲求は、さらに、何かを解決したい、何かを作りたい、という実利的な方向へと急展開し、「するための科学」＝技術開発、すなわち科学の産業化の時代へと向かい今日にいたっている（［ラベッツ 1977］参照）。次章の山本論文で扱われている生殖補助医療も、昨今話題となっているｉＰＳ細胞（人工多能性幹細胞）の応用技術の開発も、医学における「するための科学」の典型だといえる。

この科学の展開過程で最大の問題は、新しい可能性がつねに前面に強調され、可能性と同時に生み出される新しい危険性は背後に押しやられることだ。高い利潤を期待できる可能性には、当然のことながら企業が貼りつき政治家も接近する。そして国際的な新技術の開発競争のもとで、最先端技術の開発には莫大な国家予算も投入される。最先端の科学者は、国家や企業の支援のもとで豊かな研究費とピラミッド型の研究組織を抱えこむこととなり、自分の研究が〈いのち〉を危うくする中期的・長期的危険性については、まなざしを閉ざしてゆく。ジャーナリズムも一部の例外をのぞけば「夢の実現」を強調し、私たちはそこに新たな期待のみを抱かされてしまう。そして科学技術が専門化、高度化するほどに、そこに孕まれている〈いのち〉を脅かす危険性について、私たちが気づくことはますます困難となる。周知のとおり原発はその象徴的な例であったが、新薬がつねにさらに強いウイルスを育ててきたように、先端医療の発展もつねに〈いのち〉を脅かす新たな問題を生み出している。

私には一九九三年に突然、娘が白血病を発病し丸二年の闘病の末、見送った経験がある。その後一五年にわたる医療ボランティア活動のかたわら、骨髄バンクでの理事として患者・患者家族・遺族だけでなく、医療サイドとも深くかかわることとなった。その過程で、医学の実態と医療の関係、医学世界の「常識」と患者の〈いのち〉とのかかわり、そして、患者の人間としての尊厳の問題に関心を広げてきた。そこで感じるのは、現代科学一般の現状と共通する〈いのち〉にかかわる象徴的な問題のいくつかが、医学の世界にも凝縮されているということだ。

まずは、医学に素人の私にも示唆的だと思われる、ひとつの現代医療批判を紹介しておこう。ルドルフ・シェーンハイマー（一八九八～一九四一）の動的平衡論に依拠しつつ、福岡伸一は大筋以下のように述べている。

「環境にあるすべての分子は私たち生命体の中を通り抜け、また環境へと戻る大循環の流れの中にある。そこには平衡を保ったネットワークが存在していると考えられる。したがって、平衡状態にあるネットワークの一部分を切り取って他の部分と入れ換えたり、局所的な加速を行うことは、結局は平衡系に負荷をあたえ、流れを乱すこととなる。実質的に同等に見える分子と分子は、それぞれがおかれている動的な平衡系の中でのみ、その意味と機能をもっている」（[福岡 2009] 参照）。

自然をひとつの相互に関連をもった存在としてではなく、個々別々のモノとして捉え、人間の必要に応じて自由に利用してきたその結果は、環境破壊の問題であり、生物多様性の破壊という、自然界の秩序を揺るがす現象であった。身体もそこに宿る〈いのち〉も、部分部分の相互の有機的なつながりから成りたっている。個々の細胞や核・遺伝子の仕組みが明らかになる過程で、病原としての細胞や遺伝子を組み換えることにより、医学に新たな光がさしこみつつあることは否定できない。しかし、その組み換えで全体としての〈いのち〉に問題は生じないのか。iPS細胞でも指摘されているように、病原は駆逐されたとしても、それによって中長期的に他の細胞が異常増殖する、すなわち癌を誘発する危険性もある。肉体からは病原が駆逐されても、肉体と精神のバランスに支障をきたすことはないのか。こうした素朴な疑問に、専門家の多くは恐らく直接答えずに、さまざまな明るい可能性を羅列することだろう。こうした医学の発達を全面否定することは誰にもできないだろうが、危うさの中での「進歩」であることは間違いなく、身体が部品としてとらえられてゆくなかで、〈いのち〉の姿はますます見えにくくなっていることは否定できまい。

動員される第三者の〈いのち〉

こうした現代医学によこたわる根底的な問題はさておき、もう少し具体的な問題に触れておこう。遺伝子の組み換えに先立って、医学の世界では移植医療が普遍化した。これにより医療の世界は、医療者と患者という従来の二者関係に加え、臓器提供者（ドナー）という第三者の〈いのち〉を動員する新たな段階に突入した。私がかかわった白血病治療法としての骨髄移植も、臓器移植のひとつである。

医学の本来の目的が人間の救命にあるとするなら、骨髄移植のように健康な他者の善意を求める医療では、ドナーの生命の安全が最優先されるべきことは当然である。血縁者間の移植においては、一定の危険を覚悟のうえで、肉親を救いたいという家族の意思はある程度尊重されるべきかも知れない。しかしその場合でも、危険性についての十分な告知が不可欠であろう。脳死移植についても、血縁、非血縁にかぎらず、少なくともそれぞれの社会の常識的な死生観にもとづいた、公正な死の判定が最低の条件であろう。これらの点が十分配慮されないかぎり、他者の〈いのち〉は、救命のための素材と化す恐れがつねにある。

一九九〇年代の末のことだ。骨髄バンク内で、骨髄移植に代わる新たな治療法として、同種末梢血幹細胞移植（PBSCT＝以後PB）が急浮上した。従来の治療法では、提供者に全身麻酔をかけたうえ、腰の骨に太目の針を刺し骨髄液を抽出する。抽出された骨髄液から造血幹細胞を分離し、それを点滴の要領で移植患者に注入する。一方、PBはまず提供者にG－CSFという薬剤を注入し、本来骨髄に集中して存在している造血幹細胞を爆発的に増殖させる。増殖した幹細胞は骨髄から全身を流れる末梢血へとあふれ出す。その段階で、提供者の血液を透析の要領で機械に循環させ、必要とされる造血幹細胞を取り出す。その先は、従来の治療法と同じだ。

日本で開発されたこの治療法は、すでに一九九四年以降血縁者間で治験治療として実施されてはいたが、すでに欧米での症例は日本を大きく上回る勢いで拡大しつつあり、PBの拡大を推進しようとする中心的な移植医たちには焦りが感じられた。彼らは機会あるごとに、PBによって全身麻酔の危険を避けることができる、海外の症例でもその成果と安全性は確認されていると主張していた。しかしこの分野ではまったくの素人である私でも、常識的に考えて、いくつかの素朴な疑問を抱かざるを得なかった。造血幹細胞を爆発的に増殖させて、他の臓器に影響はないのか？　その後、透析の要領でドナーの血液を機械に循環させるとはいっても、全身の血液を少なくとも三回以上体外に取り出し、また体内に戻すことに危険性はないのか？　密閉されている機械とはいえ、血液は体外に出れば凝固する。それを避けるために膨大な量の抗凝固剤を投入するが、その薬剤投与の危険性は？　そもそも海外での安全性の確認は信用できるのか？　ドナーの提供後の経過について、しっかりとしたフォローアップはなされた上での「安全性」なのか？

今では誰でも、インターネットでかなり専門的な情報を得ることができる。アメリカの血液学の雑誌でも確認した結果分かったのは、すでに少なくとも八例のドナーの死亡事例が海外であったという事実、その事実に蓋をしたまま安全性が強調されていたことである。死亡原因は急激な造血幹細胞の増殖にともなう脾臓破裂や脳血管障害であったこと、死亡者のうち何人かには既往症があったこと、半数以上の死亡者の死亡原因は不明だということであった。しかも日本ですでに実施されてきた治験の組織的なフォローアップはなされていなかったのである。これで安全性は確認されたといえるのであろうか？普通に生きる人間としての常識からは想像もできない医学会の「常識」と、先端医療をとりまく構造を前に、唖然とする思いを禁じえなかった。

二〇〇〇年三月三一日、わが国でも六二歳のドナーの心停止・記憶喪失・記憶障害が残るという重篤な事故が起きたにもかかわらず、当時の厚生省は翌日、ドナーの安全性を今後の課題だとしつつも、G-CSFの保険適応を認可し、それを機に血縁のPBの症例は急上昇する。当然のことながら、当時骨髄バンクの理事であった私は、PBの非血縁への適用が議題となるたびに死亡事例に言及しつつ、それに反対しつづけた（[清水2002] 参照）。

二〇〇一年三月、理事の任期が到来した際に、再任の依頼通知を受け取ることはなかったが、しかし、この先端医療にかかわりつつも、私に理解を示してくれる移植医たちがいたことはせめてもの救いであった。二〇〇三年六月、その医師たちの取り計らいで、PBを手がけているおよそ二〇〇人をこえる移植医が集った研究集会（於、国立がんセンター中央病院）で、ドナーの安全性が無視されてきた現状について報告する機会を与えられた。報告後の質疑応答のなかで今でも忘れられないのは、移植学会の重鎮で、ある講演会の席で私と激論を交わした移植医が、「アメリカの症例の拡大に焦りを感じ、死亡事例については触れてこなかった」と正直な発言をし、参加者にどよめきが走ったこと。そして、中堅移植医の「死亡事例の論文など、読んでいる暇はない」との、常識を疑いたくなる発言であった。

その後学会内部でどのような議論が展開されたのか、つまびらかではない。しかしその講演が安全性をめぐる議論の切っ掛けとなり、非血縁へのPBの適用は延期された。同時にドナーの安全基準が高められ、その日本の安全基準が世界の標準となったと、かつて骨髄バンクで私と真正面から対立した移植医から聞かされたのは、それから七年後のことであった。この間現在にいたるまで、少なくともドナーの死亡事例の報告はない。二〇〇八年三月厚生労働省は、三〇〇〇名を超える血縁ドナーのフォローアップの結果を踏まえて、非血縁者間PBを進める方針を決定し、現在骨髄バンクでは、ドナー希望者に従来の骨髄移植とPBのどちらかを選択する方法がとられている。

新規治療法に反対するということは、その治療法によって救われたかも知れない患者の命を奪うことをも意味する。「人殺し」という簡単な文面の患者家族からのお便りも受け取った。その方の気持ちは、私自身患者家族を経験していただけに、痛いほど理解できた。それだけに、安全基準が強化されたとの報告を受けたとき、ドナーの安全を守ろうとした自分の行為に間違はなかったという確信を得ると同時に、心ひそかに他界された患者さんたちに、静かに掌をあわせていた。

いずれにせよこのPBをめぐる一連の過程で明らかなことは、新規治療法のためには、ドナーの安全性は二次的な問題として処理されかねないということ、その新規治療法が学会主導で推進される際には、ピラミッド型の研究体制に組み込まれた一般の医師たちは、症例の拡大に協力せざるをえず、それを拒否すれば研究組織から外される。しかも、成功例の論文は高く評価される半面、失敗例、死亡例の事例研究は、重要な研究としては評価されないという医学界の「常識」的な現状である。

「北」の〈いのち〉、「南」の〈いのち〉

新規治療法はたとえそれ自体、救命率に限界があったり、解決すべき中長期的な医学上の問題、あるいは社会的な問題を抱えていても、患者サイドの期待感を大いに刺激する。たとえ治験治療であれ、医療サイドからそれを提示されれば、〈いのち〉にかかわる病であればなおさらのこと、患者サイドはそれに賭けようとする。医学上、その効果がほとんど期待できないと分かっていても、患者サイドの嘆願に応じてしまう医師もいる。新規治療法を推進しようとする医療サイドを、こうして患者サイドも後押しする。この双方の関係を私は「煽り現象」と呼ぶが、その現象のもとで、患者の人間としての尊厳が危険にさらされることともなりかねないのである（［清水 2001］参照）。

他人からの臓器移植は、こうした問題にとどまらず、人の死をいかに判断するかという根本的な問題をも抱えている。いわゆる脳死をめぐる学問的、思想的な議論にここで触れるゆとりはないが、誰にでも分かりやすい、ひとつの事実に注目しておこう。脳死移植の先進国米国では、臓器の摘出時に、麻酔や筋弛緩剤を投与するという。死が確定しているなら、なぜそのような処置が必要なのか？　すくなくともそこには、生の可能性を認めた上での「脳死判定」という構図が見えてくる。先に触れた福岡伸一の考えを「脳死」という問題と重ね合わせてみるなら、脳死移植とは、分子と分子との有機的な関係が完全には崩壊していない、すなわち生命体の一部としての臓器がまだ息づいていることを前提とした移植だということだ。脳死の判定にはいくつかの数値上の基準が設けられているが、いずれにせよ、脳死判定とは人の死とは関係なく、医療行為の必要に準じて人工的に定められた基準だといえる。

脳死判定をめぐる議論は今後も続くであろうが、臓器移植一般の「救命の可能性」が主張される過程で浮上してきた無視できないもうひとつの問題は、臓器そのものへの需要の拡大であり、世界的なおぞましい構造をも生み出している現実である。

すでに一〇年以上も前のカナダCBCと英国BBCとの共同制作の映像"The Body Parts Business"では、つぎのような想像を絶する実態が明らかにされていた。モスクワにおける老人誘拐と同市中央病院の外科医による臓器摘出、ドイツの民間会社への臓器輸出問題。アルゼンチンの精神病院で発覚した入院患者の角膜摘出問題。中米グアテマラやホンジュラスの幼児誘拐、メキシコやフィリピンのストリート・チルドレンの誘拐と臓器摘出問題などである。ボリビアのある新聞には、「腎臓売ります」との一般広告が掲載されている。殺す、盗むことを厭わない、組織的な臓器売買の例だと推測される。今では禁止されたといわれているが、一時、中国の政治死刑囚の臓器も話題にのぼった。当然このすべてに、外科医あるいは移植医が関与していることは否定できない。わが国でも監察医務院の医師による不審死遺体からの臓器摘出問題が、数年前問題とされた。こうして臓器移植という最先端の医療行為が、実は少なくともその一部は最もおぞましい社会現象とリンクしている実態が、徐々に明らかになりつつある。わが国では一九九七年一〇月に施行された法律により、臓器売買は法的に禁止されたが、渡航移植の話題は一向に後を絶たない。

日本では密売臓器は使用されていない。だから問題はない、という反論があるかもしれない。しかし、臓器移植という新規治療が他者の臓器に対する需要を急激に拡大し、おぞましい国際的な問題を引き起こしていることは事実だ。「南」では〈いのち〉が素材化され、「北」では数百万、数千万円もの治療費を払える人間のためだけにそれが使われる。そこには、「南」の命が「北」を救う、先進・後進諸国の歴史的関係の一端も如実にあらわれている。被曝しながらも原発現場で働く下請けの下請けの労働者と「原子力村」の人々、現場労働者と都会で電気を消費する私たちとの関係とも重なる問題でもある。〈いのち〉の緊急性を訴える患者サイドの悲痛な声を耳にしながらも、〈いのち〉をめぐる「北」と「南」の問題も決して無視することはできない。

専門世界の閉鎖性と監視の目

密売臓器の問題は、需要の高まりにたいして、提供者の数が追いつかない現実に起因しているといわれる。わが国でも、脳死移植が法令化されたのちも、その症例は遅々として拡大せず、移植を待つ患者たちは焦燥感にかられている。しかし、骨髄バンクの拡大にかかわった私からみれば、脳死臓器移植が進まないのは当然だといえる。原子力開発に監視機能が備わっていなかったのと同様に、医をめぐる社会的監視機能の不在という深刻な問題がそこにある。

骨髄バンクは三人の女性の声を切っ掛けに、移植医との連携でスタートした。娘が発病したのは、骨髄移植推進財団（現、日本骨髄バンク）の名で公的な組織が設立されて間もない頃で、移植症例は当時まだ三例に過ぎず、バンクへ登録したドナーの数も一万六〇〇〇人程度であった。それが今では移植症例は一万五〇〇〇件を越え、ドナー登録者も累計で五八万人、登録患者には九四・九％の確率で適合ドナーが見つかる事態にまで発展した。医療の世界でこれほどの急成長を遂げた分野は他に例がなく、まさに隔世の感がする。この背景に患者、患者家族、一般市民ボランティアによる組織的な普及啓発活動があったが、なによりもの特徴は、市民と移植医との連携がつねに存在してきたことだ。組織としての財団にも、職員として、各種委員会の委員として患者家族・遺族・一般市民がかかわった。私が理事となったのも、そうした流れの一環であり、PBをめぐる議論ができたのも、一市民としての常識と医療世界との「常識」がぶつかり合う場がそこにあったからだ。県単位で設立された市民ボランティア組織とそれらを統括する全国組織が医療サイドの動きをつねにチェックする。いわば骨髄バンクのあり方は、従来の医療世界の閉鎖性に風穴を開けるものであり、例外的な存在であったといえる。

先端医療に関わる医療の専門家や学会が、いくら移植の安全性や必要性を主張しても、それだけで市民の信頼を得るのは難しい。ノン・メディカルがそこに介在することによって、医療世界の「常識」や慣習は緊張感を迫られる。そのような場では、むしろ、医学の知識、医学の「常識」を持たない存在がそこにいた方がよいこともあるのだ。逆に市民は市民で、医師への依存体質から脱却する契機をつかむこともできる。この双方の開かれ方こそが、市民一般の信頼を呼び、骨髄バンクの急成長をもたらしたといえる。こうした関係が結局は、患者救済へと連鎖してゆくことは間違いない。

〈いのち〉の知

子どもたちは、火傷してみてはじめて、それに触ってはいけないことを学ぶ。私の専門とするマヤ系先住民たちも、生活のなかで失敗をくり返し、技術・技能を徐々に身につけ大人へと成長してゆく。科学技術も同様に、失敗をくり返し、それを乗り越えてはじめて進化する。医療はまさに実験の場でもあり、大量の失敗例、すなわち死者たちが残してくれた膨大なデータの上にその進化が支えられている。だから科学にとって失敗は必要なことである、と問題を正当化する論理も成り立つかに思うかも知れない。

しかし科学技術の進歩は、専門の細分化の過程であり、専門家とされる人々も、その分野の全体を見渡すことはますます困難となる。原子力開発の専門家たちも、事故が起きたら打つべき手順に右往左往するばかりであった。予想外であったのではなく、地震も事故も考慮の外にあった。廃棄物処理の方途すら見つからないままに開発が推進され、またそれに莫大な資金が必要となることすら考えることはなかった。現場の恒常的な危険性の問題は別部門が考えることとされ、しかしその別部門はどこにも存在しない。医療の世界でも、患者の救命に目は向いても、ドナーの安全性は後回しにされた。まして、国際的なおぞましい構造にはまったく目が向くことはない。頻繁に活用されているレントゲン撮影やＣＴスキャンも、それによる被曝が累積してゆくことの危険性について、配慮する医師はわずかに過ぎない。それは別分野の問題なのだ。

科学技術の〈知〉そのものの価値は十分認めたうえでのことだが、このようにその〈知〉が、きわめて偏狭な視野に限定されていることは否定できない。こうした科学技術の危うさを全体的な視野からチェックするのは、本来国家の役割であり、各省庁の責任でもあるはずだが、政官産の癒着した現状ではそれを期待することはできない。しかし被害者になってはじめて、問題の深刻さに気づき悲痛な叫びをあげる。それでは遅いのだ。「悪者探し」だけに終始していても解決に近づくことは難しい。

改めて考えてみるまでもなく、これまで歴史を動かしてきたのは権力や国家だけではなかった。つねに歴史が動くその起点には「少数者」の声と行動があったことを思い出してみたい。すでに述べたように、〈いのち〉をめぐる「少数者」の声は、延々と叫びつづけられている。原子力や医学の専門家のなかにも、全体的な視野にたって問題を提起しつづけている人も少なくない。そうした声にまずは耳を澄ましてみたい。その声に納得できれば、それを語り継いでいきたい。「知識もない、当事者となった経験もない自分に何ができるのか……」という思いは、誰にも強く存在すると思う。しかし、専門的な知識はむしろ邪魔になる。永続的な〈いのち〉への脅威には、一市民として、ひとりの人間としての常識と素朴な問題意識とで立ち向かうことにこそ意味がある。そうしてはじめて、専門〈知〉に巣くう「常識という名の無知」の扉を開かせ、私たち自身も、知らぬ間に刷り込まれた「常識」から解放されるのではないか。

まずは生活者として、そして孫を抱える世代として、子どもを抱える親として、次の世代を担う若者として、問題に耳を傾け、〈いのち〉という言葉を軸に、それを危うくする危険は危険として声を上げる。それが、〈いのち〉の知の原点ではなかろうか。それは深刻な問題だけを見つめつづけるという意味では決してない。日常を楽しく、明るく、でも、「声」には、鋭敏な感性で反応したいということなのである。

参考文献・映像資料一覧

清水　透 2001：「家族と記憶」、慶應義塾大学経済学部編『家族へのまなざし』弘文堂。

清水　透 2002：「現代医療と他者の命の物象化」、『三田学会雑誌』九四巻、四号。

福岡伸一 2009：『動的平衡　生命はなぜそこに宿るのか』木楽社。

松村高夫・矢野久編 2007：『大量虐殺の社会史——戦慄の二〇世紀』ミネルヴァ書房。

ラベッツ、J・R　1977：中山茂訳『批判的科学——産業化科学の批判のために』秀潤社。

CBC & BBC 1993："The Body Parts Business", directed by Judy Jackson and produced by Alma Associates in co-production with the British Broadcasting Corporation, The National Film Board of Canada, and The Canadian Broadcasting Corporation.

第十二章

生殖補助医療と家族関係

山本真鳥

生殖に関連した医療の発達には近年著しいものがある。ピルの利用によって、生殖を抜きにした性交がほぼ間違いなく可能となったことは、我々の性行動に大きな変化をもたらした。しかしそれと同時に、子どもを作る技術としての生殖医療の試みは、さまざまな形の性交なき生殖を可能にしたのであり、その中には、今後、人間の親族関係のあり方に大きな変化をもたらすに違いないものもある。ただしそれらの技術は、そうしたインパクトを見越して各国の政府によって禁じられたり、制限されていることが多い。

精子(精液)を取り出す技術そのものは、それほど新しいものではなく、相当古くから存在していた。また精子の冷凍保存もそう新しいものではない。しかし卵子を体外に取り出したり、体外受精する技術はごく新しいものであり、さらに卵子ばかりか、体外受精の後に数回細胞分裂した胚を冷凍保存する技術はさまざまな可能性をもたらした。本章では、そのインパクトについて、人類史的視野で考えてみたい。

体外受精とその技術的展開

体外受精はそもそも、不妊症に悩む夫婦の子どもをもちたいという願望に応える目的で開発された。女性の排卵に問題がある（卵巣や卵管の機能不全など）、または（かつ）男性の精子が少なかったり不活発だったりなどの理由で、女性の体内で受精しにくい場合に、体外に卵子を取り出して授精するという試みである。俗にいう試験管ベビーは、英国で一九七八年に生まれたのが最初である（出口1999:24）。受精した胚はまた母親の子宮内に戻され、着床して生まれている。この試みにはさらに、運動能力の足りない精子を、細いガラス管によって卵子内に入れることで授精する方法（顕微授精）も開発され、不妊症治療は一段と進歩した（吉村2010:11-13）。今日、「日本で体外受精により生まれる子はおよそ二万人で、全国の出生数の約二％を閉めている」（櫛島2010:2）。

ところがこの体外受精はさまざまな副産物を生むことになる。まず、ヒトの女性は一回の周期で卵子一個の排卵しかないのが普通である上に、麻酔を打って行う処置によらなければ卵子を取り出すことができない。これを精子と併せて体外受精を行うのだが、一〇〇％成功するわけではない。さらに受精卵が細胞分裂を数回繰り返した段階（胚と呼ばれる状態）であるが、この胚を女性の体内に戻しても無事着床して出産に辿り着く可能性はそれほど高くない。したがって、卵子を取り出す際には排卵誘発剤を投与して、複数個採取し、胚も一時に複数個体内に戻すことが最初は行われた。しかしこれでは、一方で多胎児が生まれる可能性があり、こちらも数多くなると母体と赤子の双方に危険を及ぼすことになる、というジレンマがあった。

このジレンマの解決法となったのが、卵子や胚の凍結という技術である。排卵誘発剤により複数の卵子を採取して、複数を同時に受精させ、胚を女性の体内に入れるが、残りを冷凍保存して、妊娠しなかったときに解凍してまた利用できるようにしたのである。

ところが、比較的早期に着床・妊娠し赤子が誕生すると、いったん冷凍保存した胚はもう夫婦には必要なくなる。その結果宙に浮いた胚が、余剰胚と呼ばれる。余剰胚は、生命ではないものの生命の萌芽であり、これを簡単に処分してしまうこともできないものであった。この宙に浮いた存在を利用する二つの道として、一つは第三者に譲渡する道であり、もう一つは、ES細胞として再生医療の現場で実験に付す道がある（石原 2005：26）。

前者は胚を譲り受けて妊娠・出産にたどり着く夫婦にとって、全く血縁、すなわち遺伝子的なつながりのない家族を作り出すことになった。また後者は、生命倫理的問題を含んでおり、受精卵の命をそこで絶つことになってしまう点が問題視された。現在日本では、胚を他人に譲渡することは許されず、廃棄されることが決まっている胚に関してのみ、再生医療の実験に用いられることが許されている。

代理母出産

いわゆる代理母出産として最初に行われていたことは、不妊夫婦の夫の精子を代理母を引き受けた女性に人工授精することにより、妊娠・出産を生じさせるというものであった。子どものもつ遺伝子のうち半分は不妊夫婦の夫のものであるが、残りの半分は代理母のものであり、代理母はいわば生物学的な母親に相違ない。普通に子どもを身ごもって産む女性の場合と実質的には変わらない。ここでは、夫婦と代理母との間で代理母出産に関する契約を結ぶことにより、赤子を夫婦のものとすることが実現するのである。

しかし、アメリカでは、代理母が出産して赤ちゃんの引き渡しを拒否し裁判となるケースが一九八六年に生じて（ベビーM事件）、一般の耳目を集めた（金城 1996:83-85; 大野 2009:45-56）。生まれた子は通常代理母の子とされてしまうため、代理母契約では直ちに養子縁組を結ぶことや、障害のある場合に中絶すること、謝礼額など、大変細かな条項を含む契約を結ぶのである。また、子どもが障害をもって生まれることが判明して中絶を希望する依頼人夫婦に対し、代理母が拒否するということも生じた。また代理母が妊娠中に離婚してしまった依頼人男女が、子が生まれてから引き取りを拒むといった事例もある。代理母の中には子どものいない人たちのために善意で取り組む人も多かったが、一方で報酬として支払われる金銭を考えて、まるで子どもを売り渡したかのような気持ちになる女性もいた。

しかし、体外受精が可能になったことで、伝統的な代理母出産の形は大きく変わった。これは、体外受精した夫婦の胚を代理母の子宮に宿すことによって、代理母と子どもの遺伝子上の親子関係をもたせない方法である。技術的に、卵子や精子も子どもをもちたいとする夫婦のものである必然性はなく、ドナーに提供してもらうことにより、次のような順列組み合わせが可能となる。
（1）依頼者夫婦の遺伝子を受け継ぐ胚を代理母に懐胎させる。
（2）依頼者夫の精子とドナーの卵子を体外受精して、その胚を代理母に懐胎させる。
（3）依頼者妻の卵子とドナーの精子を体外受精して、その胚を代理母に懐胎させる。
（4）卵子も精子もドナーからの提供により体外受精して、その胚を代理母に懐胎させる。
人類学では相当古い時代から、子どもの生物学的父と、法的父（社会的父）とを区別して、前者をジェニター（genitor）、後者をペイター（pater）と呼び習わしてきた。我々の社会では、ペイターとジェニターは一致するのが当たり前と考えるが、例えばアフリカの一部では、一致しないことが明らかであっても人々は気にしないのである。ペイターはさまざまな制度下で父として子どもに対する権利をもっている。

母親に関して、人類学者はこのような議論をあまりしてこなかったが、最近になって三通りの母親を区別し、それに名称を与えている。父が二通りであるのに対し、母は妊娠という状態があるので、三通りとなる。すなわち、子どもを産んだ母はマトリックス（matrix）、子どもの遺伝子上の母（卵子の母）はジェニトリックス（genitrix）、子どもの出産を決意した母・社会的母をメイター（mater）と呼ぶ（上杉 2005:106）。

それぞれの国に存在する様々な法規制を度外視すれば、以下のような話になる。不妊治療の過程で、体外受精で妊娠することができれば、その母はマトリックスでもあり、ジェニトリックスでもあり、メイターでもある。普通我々が考える母である。しかし、生まれつき子宮が欠損している女性や、病気等で子宮が使えなくなってしまった女性は、マトリックスにはなれない。それでも卵子が採取できる場合は、代理母を見つけることができればジェニトリックスにしてメイターになるということになる。しかし、卵子も採取できず、マトリックスにもなれなくても、子どもがほしいという意思をもって契約等を援用して子どもを抱くことができる母もいる。意志の母がメイターである。子どもと生物学的にはつながってはいないが、子どもをもちたいという強い意志が子どもの誕生を導くことになる。

お母さんは誰？

母親とは誰か、というのは自明のようで実は自明ではない。マトリックスとジェニトリックスとメイターをすべて異にする子どもの母親とはいったい誰なのだろうか。

ローマ法において、母親は子どもを産んだ人であり、その正式な夫が子どもの父親であると定義された。今日、多くの国では原則としてこのルールをとっている。また、ローマ法とは関係なさそうな未開社会でも、これと同じルールとなっているのが普通である。明らかに生物学的父が違っていても、ペイターの子に対する権利は失われない。その意味で、ペイターの確定はきわめて社会的なものとなっている。日本でも、子どもを産んだ人が母親と法律で決められているわけではないが、判例により、子を産んだ人が母親とされているし、裁判などの訴えがない限りは、その正式な夫が父親とされる。

日本ではあるタレント夫妻の妻が病気で子宮を取らざるを得なかったのだが、卵巣は温存して渡米し、アメリカで代理母出産契約を結んで子どもを得た。このとき、帰国して二〇〇四年に子どもを夫妻の子として届け出を出したところ、妻が子を出産していないことを理由に届け出が受理されなかった。妻はジェニトリックスでありメイターであったが、マトリックスでないことを理由に、母として認知されることがなかったのである。この件については裁判でも争われたが、結局、「子どもを生んだ人が子どもの母親」という法律的原則が覆ることはなかった。ただし、夫が認知していることを理由に夫の子であることは認められ、日本国籍が与えられた（三枝 2007:4-5）。

同様にアメリカのベビーM事件でも似たような過程をたどっている。いったん契約が有効とされた裁判が覆り、契約は無効、子を産んだ代理母が母親と認められたが、一方で依頼人夫が子どもの父親であると認定され、親権は子どもの福祉を考慮して依頼人夫に与えられた[*]。

＊ ただし、代理母の卵子を使わないのが普通となっている今日のアメリカで、代理母出産の認められている州の場合、州法により契約上の母（意志の母）、すなわちメイターが母として認定されるようになっている。

代理母出産は多くの国で規制を受けている。ヨーロッパでもドイツ、フランス、スイス、オーストリアなどでは認められていない。イギリスでは認められているものの、営利目的での代理母出産は認められていない。かかった費用以上のものを代理母が受領することを禁じている。先進国中もっとも規制が緩いのは合衆国である。州によって異なり、代理母出産を認めない州もある一方で、カリフォルニア州のように営利目的の代理母出産すら規制がないところもある。

日本では子宮を喪失したなどの理由で子どもが産めない既婚女性の場合として、代理母出産のケースがもっぱら想定されているが、世界的規模では事態はもっと進んでいて、新しい領域に踏み込んでいる。インドでは代理母出産を大きなビジネスチャンスとして、国内ばかりでなく、海外から渡航してやってくる代理母出産希望者を受け入れている（Bhatia, 2012）。先進諸国では卵子提供が認められない場合が多く日本も例外ではないが、これもインドでは可能である。また、子どもが欲しいが出産を厭う女性向けの代理母出産を行うこともある。独身者やゲイカップルなどもインドでは子どもをもつことができる[*]。子どもが欲しいという意志があり、それだけの財があるならば、子どもをもつことができるのである。アメリカでも同様のサービスは受けられるが、途上国はその経費が安価なことで人気を呼んでいる。生殖ツーリズムと呼ばれ、最近はタイもそうした目的の訪問先として浮上している。

＊　インドで卵子提供を受けた後の代理母出産の途上で、依頼人の日本人男性が妻と離婚したために、生まれた赤子の国籍が宙に浮き、日本への引き取りが難しい等のトラブルとなったケースは、日本でも新聞で報じられた。このことにより、インドでの代理母出産は一躍有名となった。

ここで明らかなことは、配偶子の提供や代理母契約が商業的に行われたときに、依頼人と提供者の間には明らかな経済格差というか階層性が存在しているということである。今日でも妊娠・出産には生命の危険が存在しており、また帝王切開等の手術が必要な場合は体に傷を負わせることになる。また遺伝子的なつながりはなくとも一〇ヵ月の間ベビーを身ごもっていた代理母は、何らかの情緒的な経験をもつことが多く、ベビーを依頼人に引き渡すにあたり心理的葛藤を抱えることがしばしばある。一方、卵子提供をする場合、卵子採取もかなり痛みの伴う処置であり、またその後、生殖機能に不全が生じる可能性もある。誰でもお金さえ潤沢にあれば、こんな奉仕はしたくはない。それでも他に稼ぐ手段がなければ、身体を犠牲にして稼ぐしかない。生殖補助医療を受けることの出来る人は、かなり余裕のある人々であり、一方で代理母を引き受けたり卵子を提供したりする人々は、余裕のない人々である。また、グローバリゼーションの時代らしく、国境をまたいでこの関係が存在している。ここには、臓器移植ツーリズムとパラレルの関係がある。これを身体の商品化であるとして、また搾取であるとして、代理母契約や配偶子の提供を告発する人々もいる。

お父さんは誰？

さて、日本での非配偶者間人工授精は、第二次大戦後まもなく、慶応大学病院で最初に始まった制度である。生殖医療に関して、日本では法律的な規制は全くされておらず、その代わりに日本産婦人科学会が会員である医師に対して倫理規定を設けて規制するという形がとられている。* 精子提供に関してもその例外ではない。そのルールにおいては、精子提供は、法律的に結婚している夫婦の夫の生殖能力に問題があるときに、夫の合意を得て行われるというものである。

＊　立法による規制がないという従来の状態がよいわけではなく、法制化を求める声は強い。

卵子提供が禁じられているのに対して、精子提供は古くから肯定され制度化されてきたのであるが、この非対称が意味するものとして、ジェンダーの非対称を問題視する意見もある。すなわち父系制の下で、子どもを持たない男性は跡取りがいないことになるが、精子提供はこれに道を開くものである、ということである。過去においては、跡取りの問題は養子を迎えることで解消していたのだが、精子提供であれば、少なくとも母親との遺伝関係は確保できるのである。

精子提供は、ジェニターに対するペイターの優位性に合致するものであり、子どもを出産した女性の正式な夫として、これまでの法律的解釈とも齟齬をきたさない制度であった。ペイター（法的父）こそが「お父さん」なのだ。

この制度において、提供者は匿名であり、提供以外には一切の法的責任を負わないという確認書を取り交わすのが常となっていた。依頼者にしても、その事実はできるだけ伏せたいと考えている。全くの覆面の場合、将来において同じ精子を受けて生まれた子同士が結婚する可能性、すなわち遺伝子的に近親相姦となる可能性が皆無ではなく、そのために、精子提供の機会数を制限するなどの方法がとられていた。

しかし、精子提供に関しては、当事者の心理的ケアの問題がいつも問題となってきた。子どもとの遺伝的なつながりのない夫が子どもに接するときに、そのようなつながりを欠いていることに不安を覚えたり、逆に妻が、夫とその遺伝子を受け継いでいない娘との関係が気になるといった心理的な問題がしばしば生じている。また、精子提供で妊娠したという事実は、ごく内輪の者にしか知らせずに済むため、子どもが成長してから伝えるべきであるかどうかは、両親にとっての悩みの種となる。そして、精子提供で生まれた事実を知った子どもにとって、その事実を克服することにはしばしば困難が伴うのである。

精子提供については、別の問題も生じている。様々な検査を行って精子提供者の的確性を判断するのであるが、それでも何らかの病気（特に遺伝性の病気）がすり抜けてしまうことがないとはいえないし、提供の時には最善の検査をしていても、あとから当時わからなかった病気が判明する、ということもある。そして、それが問題化されるようになり、さらに後に、子どもの側の「知る権利」が訴えられるようになった。

これまではプライバシー保護の観点から、提供者の氏名を提供された側に知らせることはなかった。しかし「子どもの権利条約」には子どもが自分の出自を知る権利が謳われている。いったいこの私は誰？ ということを考える子にとって、遺伝上の父を知ることはきわめて重要であると世界中で考えられるようになってきた。[*] 親は単に子が精子提供により生まれたことを子に告げるばかりでなく、それが誰によるものかを明らかにしなくてはならないというのが、世界的な思潮の流れである。日本でもこの考え方に沿って、精子提供者に関する情報を収集し、ある制限の中で開示を行う仕組み作りが進行しつつある。

＊　一九八四年にスウェーデンで法制化されたのが、世界で始めてであった（金城 1996:106）。

この動きが、精子提供を行う人の数を減らすことになるので望ましくない、という議論がある。子どものいない人のために役立ちたいという気持ちをもってこの医療に関わってきた男性も、後に半分自分の遺伝子を受けた子どもが会いに来るとしたら、提供しなかった、と考えることが多い。「子どものない人のために精子を提供する」という行為が、そのときだけで断ち切れず、その後も子どもに会うことが義務づけられる、としたら、そんな面倒なことはごめんだ、と思う人も多いかもしれない。しかし、だからといって子の知る権利を排除するわけにはいかない。

全く同じことは、卵子提供や胚提供でも生じうる。すなわち、契約によって配偶子を提供することが善意から生じたことであれ、金銭上のことであれ、それは一過性のことでは済まず、あとあとまでも何らかの責任を伴う行為となるのである。現在のところ、それは子の扶養の義務や財産の分与などを求めるものまでにはなっていないが、問い合わせに応じたり面会したりという範囲での対応が必要となる。また、提供者は、自分の家族にそうした対応を理解してもらう必要が出てくる。

生命操作とデザイナー・ベビー

さてアメリカにおいて、卵子・精子、胚提供、代理母の出産といったことが問題とはならず行われている州の場合、かつての自然な生殖においては考えられなかったようなことが生じている。国内に形質の多様性をもつ社会であるからこそであるが、例えば精子を入手するにあたり、肌の色、眼の色といったものを指定することができ、また「ノーベル賞受賞者級の頭脳の持ち主」の精子を選ぶことも可能となる。すべては値段次第である。こうして、どのような赤ちゃんを生みたいかを考えて、これらの可能性の中から選択して産む子がデザイナー・ベビーと呼ばれる。相手の容姿が結婚の条件となることはしばしばあることではあるが、これほど赤子を正確に計画して産むことはこれまでにはなかった。デザイナー・ベビーについては人種主義的であるという批判が存在している。精子バンクほどに普及してはいないが、卵子提供についても選好が働くことは同様である。

また、生殖補助医療そのものではないが、胚が着床する前に、赤ちゃんの遺伝子をかなり正確に診断することができるようになった。これは、体外受精した受精卵が数個の細胞に分裂したときに細胞を採取して、遺伝子や染色体の異常の有無を調べて、問題のない受精卵のみを着床させて出産に至らせるという技術である。染色体異常で流産する受精卵をあらかじめ取り除くことで、流産を防ぐといった利点はあるが、一方で、生命の選別を行うことになることから、優生学思想に連なるものであるとして反対する声もある。これは精度の差はあれ、すべての出生前診断の技術に関わることでもある。日本では、重篤な事例の場合にしか着床前診断は行われないことになっているが、かなり自由にこの技術が使われる国では、男女の確実な産み分けとしてこれが行われることが多い。また、遺伝病の発見に伴い、着床があらかじめ避けられることもある。

人類学の教科書では、亡霊婚という慣習についての言及がしばしば見られる。東アフリカなどで、未婚のまま亡くなってしまった男性のためにウシの婚資を支払って嫁を迎える。この嫁は「夫」の父系親族の誰かと共に暮らして妊娠して子どもが産まれると、この亡くなった男性をペイター（法的父）とする子として社会的に認知されるのである。このような死者の子どもが、配偶子の凍結保存によって可能となっている。男性も女性も、病気治療などのために精子・卵子が将来使えなくなる可能性があるとき、精子や卵子・卵巣の凍結保存をする場合がある。また先にも述べたように体外受精後の胚を将来のためにとっておくことが不妊治療の過程で行われる。これらの配偶子や胚をいつまで保存しておくかという問題がある。亡くなった夫の精子を用いて人工授精した未亡人の事例は、新聞の報道などで明らかとなっている。最高裁まで争われた裁判では、最終的に死者と生まれた子の間の父子関係を法律的に認めることはできないとの裁定に至っている（朝日新聞 2006）。現在のところ、本人の死後には保存精子を破棄することとなっているが、技術的には、死後に人工授精や体外受精で子どもを得ることも既に可能である。

身体の延長としての家族、ともに暮らす者としての家族

社会人類学の親族理論では、親族とは社会的な構築物であるとされる。社会の中で生活を営む人々は、親族を説明するときには「血、腹、種」といった自然的関係でつながっていることを強調するのが普通であるが、世界中の親族制度は一様ではなく、社会構造、経済システム等々によってさまざまなバリエーションが存在している。どの関係を「血が濃い」と考え、「血がうすい」「無関係だ」と考えるかは、必ずしも生物学的（遺伝的）距離に比例するものではない。例えば父系社会であれば、血縁的に同じ距離でも、同じ父系集団のイトコたちと父系集団を異にするイトコたちとでは距離感が異なるのである。多くの社会で平行イトコ（前者）との結婚が禁じられているのに対して、交叉イトコ（後者）との結婚が優先されていたり、規定されていたりする。一方で親族集団の中に血縁者でない者を含んで

いる場合はしばしばであり、養子といった制度も世界中に存在している。親族制度のなかでは、ジェニターに優先してペイターが父として権威をもつのであり、このことからも親族制度が自然そのものではなく、社会的なものであることは容易に理解できる。

その意味で、生殖補助医療の目指すところは、自然的つながり、すなわち遺伝子による家族の構築をできる限り可能にしようとする試みである、といえるかもしれない。また、世界的なトレンドの中で、家族的・親族的絆の根拠をますます生物学的なものに求めるようになってきている。だからこそ、配偶子の提供に対する責任問題が生じるのであろう。子どもと親との自然的関わりは、子どもと親との間の権利義務関係を認識するには最もわかりやすい。子は親の遺伝子から作られているから、親の存在の延長であり、親が子の養育に責任を持つのは自然であり、子が親の遺産を相続するのは自然と受け止められる。

その意味で我々の社会は、生物的なつながりという幻想の上に構築されていたのが、今後、科学技術の進歩とともに幻想を克服する方向へと向いている、と言えるのだろうか。

いやそうとばかりは言い切れまい。実際にはその反対のベクトルを向いている生殖補助医療もある。日本では、生殖補助医療に関する情報が、できるだけ「生物学的認識に忠実な」家族を作ろうとする方向に集中する傾向があるが、実際には非配偶者間人工授精（精子提供）のように、この流れとは全く異なるものもある。すなわち、自分の遺伝子のつながる子をもち得なくても、それに代わって子どもをもつ手段としての利用を想定しているのである。

また、アメリカで実現されているような、ゲイやレズビアン・カップル、独身の男性・女性が子をもつためのさまざまな商業化されたしくみも存在している。配偶子や胚の商品化は、ややもすれば身体の商品化として批判を浴びることも多いが、ある意味では「常軌を逸した」そのような試みが許されているのは、「親になりたい」という願望、意志を誰もがもち、実現する権利をもっていると考えられているからである。そのような考え方の中では、遺伝子的つながりなどよりも、「親になりたい」という意志こそを最優先することとなる。ペイターーやメイターーになりたいと考える人こそが親になるべきであるというわけだ。また、それぞれの人々が自分の責任において契約を結ぶのであれば、できる限りそれを認めようとする。その根底には、「自己責任」という考え方がある。

この究極の個人主義を、立岩は、身体が完結する自己のものではないから、個人が自分の身体を自由にしてよいわけではない、と論破する（立岩 1997）。この考え方はおそらく正しいのであり、またこれとは別に、身体の商品化で子を誕生させるとき、「親になる」ことばかりが強調されて、生まれてくる子どものことを考えていないという批判も常にある。これも正しい見解であろう。*

＊ そもそも子どもの誕生に子どもの意志は反映されていない。子どもがいかなる名前をもち、いかなる文化に育ち、いかなる言語を話し、どのような教育を受けるか、といった問題も子どもが決定することはできないのである。

しかしその一方で、遺伝子のつながりに固執する考え方も筆者には説得的ではない。自然な生殖によって夫婦に子が誕生するとき、家族の成り立ちはわかりやすいが、それだけで家族が存在するわけではない。ともに住みともに暮らし、親は子を育み日常生活を分け合うことこそが家族を生成していく。遺伝的つながりを欠いていても、ともに暮らす家族の実践は不可能ではあるまい。筆者は、サモアでのフィールドワーク中に、大家族の中で多くの「自然な」養子縁組を見てきた。

生殖補助医療も、実は相矛盾する目的を抱えている。一見暴走しているように見えるが、これも人類の大いなる希求から生じていることなのである。

参考文献一覧

朝日新聞 2006：「「父子」最高裁認めず」、『朝日新聞』二〇〇六年九月五日朝刊。

石原　理 2005：「「生殖革命」の進展」、上杉富之編『現代生殖医療――社会科学からのアプローチ』世界思想社。

上杉富之 2005：「人類学からの対応――親子・家族研究を中心に」、同上。

大野和基 2009：『代理出産――生殖ビジネスと命の尊厳』集英社新書。

金城清子 1996：『生殖革命と人権――生むことに自由はあるのか』中公新書。

三枝健治 2007・08：「ロー・ジャーナル　代理出産における母子関係――いわゆる向井亜紀ケースの最高裁決定」、『法学セミナー』六三二―四・五。

立岩真也 1997：『私的所有論』勁草書房。

出口　顯 1999：『誕生のジェネオロジー――人工生殖と自然らしさ』世界思想社。

橳島次郎 2010：「はじめに」、東京財団政策研究部編『停滞する生殖補助医療の論議を進めるために――代理懐胎は許されるか』東京財団。（http://www.tkfd.or.jp/files/doc/2009-12.pdf 2013/2/28）

吉村泰典 2010：『生殖医療の未来学――生まれてくる子のために』診断と治療社。

Bhatia, Shekhar, 2012 Revealed: how more and more Britons are paying Indian women to become surrogate mothers. The Telegraph May 26, 2012.（http://www.telegraph.co.uk/health/healthnews/9292343/Revealed-how-more-and-more-Britons-are-paying-Indian-women-to-become-surrogate-mothers.html#mm_hash）（Mar 04, 2013）

コラム⑦

ある牧場主の決断
――フクシマ飯舘村からのレポート

富永智津子

二〇一三年四月一七日、初夏のような陽気の中、私は仙台から東北道を南下し、福島県の計画的避難区域の飯舘村に向かった。高速道路を降り、福島市内を通り抜けて山道に入る。山腹には桃園が点在している。畑に肥料を撒く農民の姿もあった。なんというのどかな風景！　ところが、車が飯舘村に近づいたころから人影は消え、荒れ果てた田畑だけが続く。

この日、私が向かっていたのは、細川牧場だ。この牧場については、東京の知人がメールで情報を送ってくれていた。ネット情報だ。「3・11」から二年を経て、今、次々に馬が倒れ、死んでいっているという。いったい何が起こっているのか。記されていた電話番号から牧場主の細川徳栄さんに連絡をとった。いつでも来てください、……とのこと。この一言に背を押され、私は牧場を訪ねることにしたのだった。

細川牧場は、飯舘村でもっとも高い線量を記録した臼石《うすいし》小学校の眼と鼻の先にあった。もちろん小学校の校庭や教室に児童の姿はない。

出迎えてくれた細川さんは、日に焼けた顔にカウボーイハットを被り、いかにも牧童といった風情の中年男子。挨拶もそこそこ、開口一番、細川さんは言った。「この国は狂っている」と。確かにそうだ、……と頷きながらも、私からすれば、こんなところに住むなんて、という思いがこみあげてくる。

この辺りはまだまだ放射線量が高いはずだ。細川さんに聞くと、毎時三から四マイクロシーベルトはあるという。私は尋ねた。「なぜ、避難せずにここに止まっているのですか？」

すると細川さんは、「家族同然の馬や牛です。それを見殺しにはできないからです。」そう言うと、近くの棚から使い捨て注射器を出してきた。

「見てください、避難指示が出た時、係官がきて馬はすべて薬殺するようにと置いていったんです。狂っているとは思いませんか？　自分には殺すことなんてできない！　娘も同じ思いでした。娘は可愛がっていたポニーが死んだとき、自殺を図ったんです。幸い未遂におわりましたが、……。自分は、娘の代わりに馬たちを守ると心に決め、ここに残ることにしたのです。」

＊＊＊

細川さんは、六一七七人の飯舘村の住民のうち、全村避難指示（二〇一一年四月二二日）に従わずに生活し続けている一二人（八世帯）の一人であるという。これまで、馬やポニーで生計を立ててきた。相馬野馬追や映画のロケや花嫁行列といったイベントに貸し出したり、小学校や障害者施設を訪ねて、子どもたちとの触れ合いの機会を提供したりしながら、各種の馬と一緒に生活してきた。

細川牧場は、山すその四ヵ所に分散している。原発事故後、牛四五〇頭と競走馬二〇頭が運び込まれたという。原発二〇キロ圏内の酪農家から「置き去りにした牛たちを助けてくれ」と懇願され、トラックで救出したのだ。求めに応じて売却したり、はるか遠くは京都の牧場に避難させたりして、牛馬の命を守ってきた。現在は自分の所有する約三〇頭の馬とポニーとロバの世話を一人で行なっている。

生まれた仔馬やポニーが次々に斃れはじめたのは、半年ほど前からのことだという。通常、細川牧場の年間の馬の死亡件数は一頭か二頭だった。ここにきて仔馬を含め一四頭が死亡した。こんな経験ははじめてだった。そこで、死因を確かめるべく、福島県の家畜保健衛生所に検死を依頼した。その「病性鑑定成績について」という二〇一三年三月二六日付の通知書をみせていただいた。そこには、四頭の馬（道産子、ブルドン、ミニチュア、ベルジアン）の検死状況が記載され、死因は特定できないとあった。寄生虫なし、伝染病貧血検査も陰性だった。ただし、血液一般検査では、肝機能および脂質代謝に異常を認める数値が見られる他、筋肉細胞の障害が確認されている。細川さんの心配する放射線との因果関連についての言及はなかった。備考欄に、飼い主である細川さんの生前所見として「歩行異常」、「起立困難」、「元気消失」という文字が並んでいた。

案内されて見て回った牧場には、明らかに歩行異常のみられる馬や、脛の毛が抜け落ち、地肌が見える馬がいた。遠からずこれらの馬たちも命を絶つ運命にあるのだろうか。

細川さんは、死んだポニーや仔馬の遺骸を埋葬せずにそのまま牧場にさらしている。国や県の役人に見て欲しいからだという。しかし、要望に応えてやってくる役人はいない。カラスについばまれて虚ろになった眼窩、腹に宿した仔馬もろともミイラ化しているポニーの遺骸も見た。つい一〇日ほど前に死んだというロバは、まるまると太っていた。誰が見ても栄養失調などではない。

帰り際に細川さんはポツリと言った。「どうか、ここで見たことを世間に知らせてください、今はそれしかないのです」と。

＊＊＊

帰りの車の中で、私は、半世紀以上を経てなお決着のつかない水俣病患者の認定問題や現在も続く被爆者や被爆二世による原爆症認定訴訟に思いを馳せていた。そこから見えてくるのは、国益優先、企業利益優先、被害の隠蔽、長期・微量汚染や内部被曝の軽視という構図、それは飯舘村と共通している！　そんなことを考えていた時、水俣病で最初に犠牲になったのはネコだったということを思い出した。私の中で、「フクシマ」と「水俣」が一つに重なった瞬間だった。馬たちの死は、一体何を発信しているのだろうか。

濃密な絆で結ばれていた村人の心は、今、被曝の恐怖や風評被害、家族離散、先の見えない不安の中に放置され、引き裂かれている。細川さんは、これらすべてを一人で背負い、一人でその行く末を見届けようとしている。そうした決断を一人に強いて、見て見ぬふりを決め込んでいるのは誰か。

「フクシマ」の問題は、広島・長崎そして水俣としっかりつながっていることを歴史は示している。

研究会「戦後派第一世代の歴史研究者は21世紀に何をなすべきか」編集
シリーズ「21世紀歴史学の創造」別巻Ⅱ

「3・11」と歴史学

2013年10月15日　第1刷発行

編　者　研究会「戦後派第一世代の歴史研究者は21世紀に何をなすべきか」
発行者　永滝　稔
発行所　有限会社　有　志　舎
〒101-0051　東京都千代田区神田神保町3-10
宝栄ビル403
電話　03（3511）6085　FAX　03（3511）8484
http://www.18.ocn.ne.jp/~yushisha/
企画編集　一路舎（代表：渡邊　勲）
DTP　言海書房
装　幀　古川文夫
印　刷　株式会社シナノ
製　本　株式会社シナノ

ISBN978-4-903426-76-1

第4部

年表で読む「核と原発」

富永智津子

第４部　解　説

ここに収録するのは、「Ⅰ　核開発の歩みと原発「安全神話」——国際政治との関連から」、と「Ⅱ　原子力発電所建設との闘い——立地反対運動と原発訴訟」と名付けた二つの年表である。

個別具体的な歴史的事件や運動に関しては詳細な研究や証言が公刊されている。しかし、標題のような主題の全体像を通時的に眺めることができる文献は、探してみたが見つからなかった。

個別的な事例は、それに関連する歴史の中に位置づけることによってその意義を明確にできる。そのための「資料」を作成できないものか。そう考えた時に思いついたのが、年表に語らせるという手法だった。

歴史資料の扱いは難しい。年表となれば、なおのこと切り捨てざるをえない事項は多い。何を拾い上げ、何を捨てるかは、年表の作成者の采配に委ねられている。だから、作成した年表が、中立的な歴史を提示しているとはいえない。作成した者の歴史認識や価値観が多分に反映されざるをえない。

ここでの作成者の立場は、「反核」と「反原発」である。それは、この研究会のメンバーの一致した立場でもある。

年表を作成しながら見えてきたことは、さまざまな「神話」や「国策」に絡み取られた研究者や住民がいた一方で、戦時中の経験や核実験の被害者、あるいは原発事故を目前にして、「国」にはもう騙されまいとしてきた人々の姿である。

とりわけ身近な問題である原発立地反対運動は、「地域エゴ」とか「アカの運動」と揶揄されながらも、環境を守り、未来の子どもたちの命を守るという信念に貫かれた運動であり、そこでは女性たちが政治的立場を越えて共闘していた姿が強く印象に残った。

そうした姿を歴史にとどめておくことは、歴史学に携わる者の責務であろう。しっかり記憶にとどめ、確かな未来への展望を拓く礎としたい。

I　核開発の歩みと原発「安全神話」
――国際政治との関連から

【はじめに】　東日本大震災による福島第一原発事故は、国策として推進されてきた「原発」の存廃をめぐる議論を巻き起こした。この事故で、絶対安全な原発はないこと、放射性物質は人間の叡智をもってしても制御できないこと、そうした放射性物質が相当量にのぼって蓄積され、その廃棄物は最終処分場も確定されないまま増え続けているということが明らかになったからである。同時に、何年も前からこうした危険性を指摘し続けてきた在野の研究者がいたこと、原発の受け入れをめぐって各地で差し止め訴訟をめぐる裁判がおこなわれてきたことにも、改めて光が当てられている。

一方で、潤沢な交付金で潤ってきた原発受け入れ地、その電力を何の疑念も持たずに使用してきた大方の市民が「原子力はクリーンである」「原子力は安全である」「原子力は安い」、……といった原発推進派の「安全神話」に絡めとられ、それを鵜呑みにしてきたことも確かである。われわれは「フクシマ」が起きるまで、いったい何をしていたのか。女川原発を抱え、近未来にほぼ確実に大地震が起きることが予測されていた宮城県に居を構えている私も、この反省を共有している。

ここで明らかにすべき重要なことは、原子力産業を支えてきた「安全神話」が、アメリカが主導した国際的アリーナでの核の危険性の隠蔽工作によって政治的に創りだされていたことである。その中に、日本での事例も位置づけておく必要がある。

いったい、どのような歴史的経緯で創りだされた神話だったのか。その経緯を明らかにしておくことは、歴史研究者としての責務ではないか。そう考えた私は、核や原発の「安全神話」が核開発の過程でどのよ

うにしてつくられたのか、その経緯を国際政治との関連で検証してみたいと思った。以下、その経緯を公刊されている資料や文献から年表形式にまとめた。

「安全神話」の生成過程は、将来、同じ事が繰り返されないためにも、さまざまな表現媒体によって、次世代に残し、伝えてゆくべき歴史の断章だと思っている。

1895年

・ドイツのウィルヘルム・レントゲン、電磁波の中の放射線を発見し、それを「X線」と命名。

1897年

・フランスのアンリ・ベクレル、ウラン鉱石から放射線がでていることを発見し、それを放射能と命名。ちなみに放射線量を示す「ベクレル」は、彼の名に因んで付けられた単位であり、人体への影響を示す「シーベルト」は、放射線防護の研究で功績のあったロルフ・マキシミリアン・シーベルトの名に因んで付けられている。

1898年

・キュリー夫妻、ウラン鉱石からポロニウムとラジウムを分離、それらを放射性物質と命名。ポロニウムの語源は、夫妻の母国ポーランド。

1938年

・オットー・ハーン（ドイツ人物理学者）とリーゼ・マイトナー（ドイツ人物理学者、のちスウェーデンに亡命）原子核分裂を発見。

1939年3月

・レオ・シラード（ハンガリー出身のユダヤ系アメリカ人物理学者）のグループとエンリコ・フェルミ（イタリア出身の物理学者、夫人がユダヤ人のためアメリカに亡命）のグループ、コロンビア大学でそれぞれ別の装置を用いてウランの核分裂実験を

行い、ともに複数の高速な二次中性子が放出されることを確認。シラードは、「世界が災厄に向かってすすんでいると考えざるを得なかった」と早くも核分裂を「災厄」と結びつけ、関係者の間では「ある種の列強による重大な悪用の危険性」や、もし爆弾の製造が可能ということになれば「独裁国家より一歩先んじていることが重要である」といったことが話合われた（シラード 1982:73, 95）。

1939 年 8 月

・シラードの要請を受けて、アルベルト・アインシュタイン、原爆開発を促す書簡をルーズベルト大統領に送付。大統領からは、10 月に、提案の実現性を徹底的に調査する旨の返信があった（同上 :124）。ちなみに、アインシュタイン自身は原爆の開発自体に一切関わっていない。

1941 年

・イギリスからオットー・フリッシュ（オーストリア生まれ）とルドルフ・バイエルス（ドイツ生まれ）が記した核エネルギーを兵器に応用するアイディアがルーズベルト大統領に伝えられる。このフリッシュ＝バイエルス覚書は原爆の爆発から放射性物質の降下までを予測していた。

1942 年 6 月

・ルーズベルト大統領、国家プロジェクトとして、原爆の研究に着手することを決意。

1942 年 11 月

・原爆開発の研究所の設置場所、ニューメキシコ州ロスアラモスに決定される。本部がニューヨークのマンハッタンに置かれていたため、「マンハッタン計画」と命名。多くの科学者、企業、大学が研究に参加。総額で 20 億ドル（当時の日本の年間総国家歳出に相当）がつぎ込まれた。研究リーダーは、ロバート・オッペンハイマー（1943 年就任。ユダヤ系アメリカ人。のち、水爆

反対運動に転じ、左翼の嫌疑で公職追放となる。1995年ノーベル平和賞受賞）。高木仁三郎は、この計画について「この計画が軍事目的だったため、即効的な破壊力が優先され、環境に対する放射能の影響、核爆発による放射線やフォールアウトの影響などの研究は、すべて切って捨てられた。核の核たるゆえんに対する考慮と検討を欠落させ、原爆が完成したことは、その後の世界にとって大きな不幸だった」と記している（高木1983:95）。

この年

・アーネスト・ローレンス（アメリカの物理学者）、質量分析法によるウラン235の工業的分離に成功。ちなみにウランには質量数238と235の同位体があり、採掘されたウランにはウラン238が約99.3%、ウラン235が約0.7%含まれている。このうち、ウラン235が核分裂する放射性同位体であり、原子炉で核燃料として用いられる他、核兵器の主要な材料として用いられる。

1940～50年代

・米、マンハッタン計画のため、アリゾナ、ユタ、ニューメキシコ、コロラド（通称、フォーコーナーズ）でウラン採掘開始。先住民ナヴァホとホピの労働者、および近隣住民に被爆被害。後に訴訟問題となり、1990年「放射線被ばく補償法」が成立。

【コメント】 19世紀末の放射能と放射性物質の発見から約半世紀を経て、アメリカのルーズベルト大統領は、核の研究を国家的プロジェクトとして着手することを決意。その背景には、1938年のドイツにおける原子核分裂の発見と「ある種の列強」「独裁国家」と表記されているナチス・ドイツによる原爆開発への核物理学者たちの危機感があったことを、当事者だったシラードの証言から跡づけることができる。アインシュタインをはじめ、彼らの多くはナチス・ドイツの脅威からアメリカやイギリスへの亡命を余儀なくされた人びとであり、その危機感を共有していた。

1942年12月

・シラードやフェルミら、シカゴ大学の原子炉で、世界で初めて自己持続する核分裂の連鎖反応を起こす実験に成功。

1943年6月

・米、原爆の軍事実験に関する報道規制を導入（スウィーニー 2004:269-70）。

1944年6月

・ジェームズ・フランク（アメリカに亡命したユダヤ系ドイツ人）、日本に直接原爆を落すことなく、より間接的に威力を知らせるような場を選ぶべき、との報告書を提出。

1944年7月

・ニールス・ボーア（デンマーク人、母がユダヤ人であったため米に移住）、ルーズベルトとチャーチルに手紙を送り、米英ソ3国による原子力の国際管理を訴えるも無視される。

1945年3月

・ドイツが原爆を開発していないことが確認され、シラードは日本への投下に反対する書簡を起草し、アインシュタインを通してルーズベルト大統領に届けようとした矢先に大統領死去。

1945年6月

・原子力開発を担っていたシカゴ大学の冶金研究所の「政治的・社会的問題に関する委員会」（通称フランク委員会）、日本への原爆投下に反対する報告書（フランク・レポート）を作成し、当局に提出したが反故にされる。シラードはこの委員会の7名の中で中心的役割を果たした（シラード 1982:235-46）。

1946年7月

・マンハッタン計画により3発の原爆が完成。そのうち1発（プルトニウム原爆）が、ポツダム会談の日に合わせて、ニューメキシコ州アラモゴルドで炸裂（作戦名、トリニティ）。

1946年8月

・あとの2発が広島（リトルボーイ、ウラン原爆）・長崎（ファットマン、プルトニウム原爆）に投下される。この間の新聞報道は、すべて検閲にかけられ、アメリカに不利な部分は修正されたり、削除されたりした（スウィーニー 2004）。

1945年9月

・ウィルフレッド・グレアム・バーチェット（オーストラリア生まれのジャーナリスト）、広島を訪れたのち、ロンドンのデイリー・エクスプレス紙に「原子の伝染病」と題し、放射能の恐ろしさを暴露。マンハッタン計画の軍部最高責任者はただちに報道関係者を集めて、「核実験場アラモゴードには残留放射能はない」との記事を書かせる。ニューヨークタイムズ紙にも「広島に放射能はない」との記事が掲載された。

1945年11月

・日米合同調査団による広島・長崎の放射線被害調査開始（全調査資料はアメリカに送られた）。アメリカ科学アカデミー、「原爆傷害調査委員会」（ABCC）を設立。学術組織を装っていたが、実質的にはアメリカ軍部が管轄。その目的は、放射線被害の実態を一般市民の目から覆い隠すため。公的には1946年11月に設置されたことになっている。

【コメント】 マンハッタン計画が始動したことにより、核物理学は純粋科学の領域から国際政治の舞台へと引き出された。原爆開発がドイツを念頭においていたことは、シラードが1944年にイギリスの知人に宛てた書簡でも確認できる。そこには、「ドイツ人が今や遠からず原子爆弾を使い始めるという可能性を考慮に入れなければならないと私は思います」として、ドイツが原爆を開発した暁には、イギリスがその標的になるだろうと警告している（シラード 1982:252）。ところが、1945年春、ドイツが原爆を開発していないことが判明し、シラードやアインシュタインは原爆の対日使用の阻

止に動く。しかし、この要請が効を奏することはなかった。

原爆開発に関しては、完璧な報道統制が敷かれ、日本への投下後は、それがさらに厳しくなった。シラードは「戦争が終わった時、私たちは原子爆弾について公に議論しないよう求められた」と証言している（同上：293）。核の危険性は、こうした情報統制の下で隠蔽されていくことになる。なお、アメリカ先住民居住地域でのウラン鉱山の開発が始まったのもこの時期であり、先住民労働者や近隣地区に放射線被害者が出て、後に訴訟問題へと発展するが、こうしたウラン鉱山開発による人体への被害や環境汚染の問題は、世界有数の山地であるアフリカのナミビアやニジェールでは放置されたままになっている。

1946 年 8 月

・アメリカ大統領トルーマン、「原子力法」に署名。同時に、原子力研究とテクノロジー開発のため、マンハッタン計画の中枢を占めた人材を中心に「アメリカ原子力委員会」（AEC）が設置される。この年、その別動隊として「アメリカ放射線防護委員会」（NCRP）も発足。

同年末

・「原爆傷害調査委員会」（ABCC）の調査団としてブルース＝ヘンショー調査団来日。

この年

・米、ビキニ環礁で 2 回の原爆実験（クロスロード作戦）。

1947 年 3 月

・広島の赤十字病院の一部に原爆傷害調査委員会の拠点が開設される。

1948 年

・米、マーシャル諸島のエニウェトック環礁で原爆実験（サンドストーン作戦）。

1949年8月

・ソ連の核実験成功による「ソ連脅威論」の台頭。米、この時から真の核の恐怖についての国家的な隠蔽を本格的に開始（高木1983:104）。

1950年1月

・トルーマン大統領、水素爆弾の開発を指令。

1950年3月

・世界平和会議による「ストックホルム・アピール」（核兵器廃絶アピール）。世界で億単位の署名を集める。これに賛同した黒人解放運動家W. E. Bデュボイスら、FBIによって、反米活動の罪に問われる。

1950年11月

・トルーマン大統領、中国の朝鮮戦争参戦で「原爆使用考慮中」を表明。

1951年9月

・日米安保条約締結。

1951～57年

・ネヴァダ、太平洋、マーシャル諸島、ビキニなどで核実験。朝鮮戦争で使用した場合の米兵の精神的な恐怖を取り除くため兵士を参加させる。20万とも30万ともいわれる被ばく兵士と同数の被ばく住民を生み出した。

1952年10月

・イギリス、オーストラリアのモンテ・ベロ島で初の原爆実験。

1953年5月

・米、ネヴァダでの2回の核実験でユタ州のセント・ジョージなどに大量のフォールアウトがあり、まず数千頭の羊が死亡。牧畜業者、原子力委員会を相手取って訴訟。しかし、1956年の裁判でクリステンセン判事は、「羊の死因はおそらく放射線傷害によるものではないだろう」と発言。1982年に同判事は裁判のや

り直しを決定。同判事、当時、政府による同判事への圧力があったことを認めた。

【コメント】 広島・長崎への原爆投下後、アメリカの軍部は核に関する情報統制と秘密主義をさらに徹底させた。原爆に関わる資料はすべてアメリカに押収され、日本で公開されることはなかった。このことが日本人の核や放射能への危機感に蓋をしたことは、その後の原子力の平和利用を容認させることになった。一方、アメリカは、新たな原水爆の開発に邁進する。その実験場となったネヴァダや南太平洋諸島では、多くの被爆者が発生し、環境への深刻な放射能汚染が現在なお問題となっている。こうした背景には、ソ連が核実験に成功したことによる「ソ連脅威論」があった。本格的な米ソによる核開発競争の幕開けであった。

1953年12月

・アイゼンハワーの国連演説「平和のための原子力」。以後、平和利用のためには、核は安全でなくてはならないとして、危険性の告発や警告はますます排除されていった。

1954年3月

・米、ビキニ環礁において水爆（ブラボー）実験。周辺の島民が被曝。このことはアメリカ国民には知らされなかった。マーシャル海域にいた日本漁船の乗組員も被曝し、半年後第五福竜丸の乗組員久保山さん死亡。杉並の主婦たちの間から原水爆禁止の市民運動が起き、全国に広がる。
・中曾根康弘衆議院議員（改進党）、原子力関連の予算を国会に提案、5日に衆議院通過。研究者や産業界が否定的な中、政治主導での原子力平和利用の推進はじまる。

この年

・米、商業用原子力開発を可能とするため原子力法を改正。
・米で初の原子力潜水艦「ノーチラス」稼働。

・ソ連、世界初の発電用原子炉を開発。

1955年8月

・広島にて第1回原水爆禁止世界大会（原水爆禁止日本協議会主催）開催。

・ジュネーヴで国連主催の原子力平和利用国際会議開催。

1955年12月

・日本で原子力三法（「原子力基本法」「原子力委員会設置法」「原子力局設置に関する法」）成立。

同年末

・岡山・鳥取県境の人形峠周辺でウランの採掘はじまる。10年後採算が取れないことが判明して閉鎖。その後、輸入したウラン鉱石の精錬・濃縮試験を同地で開始。1988年になって野ざらし状態の鉱石混じりの土砂（ドラム缶100万本分）からは放射線、坑口からは許容濃度の1万倍の放射能ラドンが放出されていることが確認される。動燃は残土を囲い安全宣言。鳥取県側の方面《かたも》地区の住民は撤去を求め、裁判に発展。最高裁で、3,000立方メートルの残土の撤去命令。そのうちウラン濃度の高い290立方メートルは、アメリカ先住民の土地（ユタ州）に捨てられた（小出2010:80-82）。

この年

・「原爆傷害調査委員会」（ABCC）による「広島における残留放射能とその影響」調査。「黒い雨」による健康被害への聞き取り対象9万3000人にのぼり、13,000人が被害を報告していたが、調査の目的は被曝の安全基準作成にあり、「核」は危険とのイメージを与えないために調査結果は隠蔽された（NHKスペシャル:2012年8月6日放送）。

1956年

・「原子力三法」施行。初代原子力委員会委員長に正力松太郎（衆議院議員）就任。原発を5年後に建設する構想を発表。国策としての原子力推進はじまる。慎重論を唱える湯川秀樹原子力委

員がこれに反対して委員を辞任。
・科学技術庁、日本原子力研究所、原子力燃料公社（のちの「動燃」、現在の「日本原子力開発機構」）の設置。

1957年5月

・英、クリスマス島で核実験、英兵士被曝。

この年

・アメリカ原子力委員会の国際版として、国連に「国際原子力機関」（IAEA）設置さる。
・英、ウィンズケール原発で火災、燃料棒損傷で放射性ヨウ素が飛散。
・アメリカ人ヨークによるT57D（原爆の放射線量を評価する基準として算定されたもの。Tentative 1957 Dosimetryの略）という放射線量（中性子線とガンマ線）の暫定評価が出されたが、不確かなものだった。

1957～58年

・ソ連の南ウラル地方の小都市キシュチム近郊にあった軍用核施設で大規模爆発、膨大な放射能が放出。1,000平方キロ以上の地域を汚染し、数百人の死者を出した。1980年代になっても広範囲にわたり立ち入り禁止区域となっていた。核の平和利用に不利な情報としてソ連もアメリカもこの事故を隠蔽した。この事故が公になったのは、70年代。

1958年6月

・日米原子力協力協定の締結。

1959年

・原子力の平和利用と開発に資するため、日本原子力学会（産学連携の任意団体）設立。

1959～77年

・米のウラン鉱山（フォー・コーナーズ）で15回のウラン残滓流出事故。

【コメント】 1953年のアイゼンハワーの国連演説「平和のための原子力」以後、原発建設の動きが加速した。それと並行して核実験が各地で行われていた事は、この演説が、実は軍事用核開発の隠れ蓑であったことを示している。現在、核の監視役を担っている国際原子力機構（IAEA）がアメリカ原子力委員会の国際版として設立されたことを考えると、IAEAがアメリカと歩調をあわせて西側主導の核開発を推進しようとしてきた経緯が見て取れる。その間、核開発に不利な情報は掩蔽され続けた。その一方で、被曝の安全基準に関する研究調査が、広島や長崎などのデータを使って行われた。こうした世界的構図の背景に冷戦体制があったことを忘れてはならない。

1960年2月

・フランス、サハラ砂漠で初の原爆実験。

この年

・新日米安保条約発効。この時、核持ち込みに関する密約が取り交わされていたことを2000年に不破哲三がアメリカの資料に基いて国会で暴露。

・東海発電所（東海原発）着工。初の原子力発電所。英国産の黒鉛減速炭酸ガス冷却型原子炉使用。1998年まで稼働。現在廃炉作業中。

1965年

・アメリカ人オクシャーによりネヴァダの核実験のデータに基づく放射線量のより確かな評価T65Dが出される。広島や長崎のデータとかなり一致したということで、しばらくは基礎資料として使用された。

1965年7月

・原子力推進のための「日本原子力文化振興財団」の設立。資金の40%は原子力行政担当の通産省と文部省から、60%は電力会社からの出資。中・高へ無料講師を派遣して原発の安全性を宣

伝。2010年より一般財団法人に移行。

1965年11月

・東海原子力発電所（日本原子力発電＝日本原電）、初の送電に成功。

1966～96年

・フランス、ムルロア環礁（フランス領ポリネシア）で約200回の核実験。被曝者多数。

1967年

・日本の原子力計画を管理する機関として動力炉・核燃料開発事業団（動燃）設立。1998年「核燃料サイクル開発機構」に改組。

1972年

・原子力潜水艦「むつ」完成。放射能漏れなどのトラブル続きで、1995年に原子炉撤去。

1973年8月

・愛媛県伊方原発訴訟はじまる。日本初の原発提訴。1992年原告の敗訴が決定し、原発安全神話が加速。

1973年10月

・第4次中東戦争を契機とする第1次石油危機。

1974年9月

・原子力潜水艦「むつ」の放射能漏れ事故。

この年

・原発の立地促進を目的に「電源三法交付金」創設。財源として一般家庭から月額110円を徴収。出力135万キロワットの原発を新設する場合、環境影響評価から運転開始までの10年間で約480億円、その後の40年間で約900億円が自治体に支払われた。

1975年

・米、「ラスムッセン報告」（WASH-1400報告）。「原子炉の巨大事故が起きる確率は極めて低い（ヤンキースタジアムに隕石が落ちる確率より低い）」として「安全神話」を確立させた（高木

2011:133)。

・「原爆傷害調査委員会」(ABCC)、「放射線影響研究所」に改組(日米共同研究所)。本部、広島。原爆症認定基準を作成するも残留放射線(黒い雨など)の被害は考慮されなかった。

1978年

・ソ連の原子炉衛星「コスモス954」、カナダ北西部の雪原に墜落、広い範囲に放射能をまき散らしたが、アメリカは寛大さを示した。

・日本、原子力安全委員会発足。2012年、原子力規制委員会に引き継がれる。

1979年2月

・イラン革命を引き金とした第2次石油危機。

1979年3月

・アメリカでスリーマイル島原発事故。ソ連は問題視せず。

1970年代末

・米のローレンス・リバモア国立研究所やオークリッジ国立研究所で、オクシャーのT65Dの見直し始まる。T65Dによる広島原爆の中性子量やガンマ線量は間違っていたことが判明。

1980年

・米で原子力の危険性を告発する画期的な著書、カーチス&ホーガン著『原子力——その神話と現実』刊行さる。

1981年1月

・敦賀原発で放射能を含んだ大量の冷却水漏れ事故。

1981年6月

・イスラエル空軍、建設中のイラクの原子炉「オシラック」を爆撃。

この年

・日本の原子力安全委員会、「原子力安全白書」の出版開始。

1983年

・ソ連の原子炉衛星「コスモス1402」、炉心ともどもインド洋に落

下する。

1985年

・日本、高速増殖炉「もんじゅ」着工。95年、2010年の2回、数ヵ月間運転。2013年、1万個の点検先送りが発覚、再開の目処たたず。現在インドと中国のみ建設中。米・英・仏・独はすでに撤退。

・日本の原子力安全委員会、原子力モニター制度を通して「原子力発電の必要性と安全性を、日頃から多くの機会をとらえて、テレビ、映画、見学会、新聞等を通して、積極的に宣伝し広く理解を求めていくことが大切」といった一般市民の意見を公開。

1986年

・チェルノブイリ原発事故。東京都の教員有志、原発に批判的な観点から『ノンちゃんの原発のほんとうの話』を出版。

1986～89年

・科学技術庁、日本国内の原子力発電に反対する運動を監視。

1987年

・日本、原子力安全・保安院による原子力エネルギー教育のための講師派遣事業。1998年までに1,700回、10万人以上が利用、その後も継続された。

【コメント】 1960年の新日米安保体制を象徴するのは、アメリカの核の傘の下で、平和目的の核利用として原発を国策として推進する日本政府と電力会社を中心とした産業界の協調路線である。一方で、アメリカやチェルノブイリでの核関連の事故が起こり、「安全神話」への疑義と核の危険性への認識が高まり、民間レヴェルでの原発立地反対運動や原発訴訟にはずみがついた。以後、こうした原発反対派とそれを抑えこみ、原発を推し進めようとするせめぎあいが、日本各地で展開していくことになる。

1991年

・関西電力美浜原発で事故。日本ではじめて緊急炉心冷却装置が

作動。

1994年

・原子力委員会編『原子力の研究、開発および利用に関する長期計画』の発行。「日本の原子力施設は十分安全であり、国際的にも高い評価を受けている」との記述あり。

・動燃、プルトニウムは原発反対派が言うほど危険ではないことを教える子供向けビデオを製作（カー 2002:116）。

1995年12月

・高速増殖炉「もんじゅ」で液体ナトリウム漏れ火災事故。動燃、事故の真相を隠蔽。2010年試運転を開始したが、原子炉内に炉内中継装置が落下して回収不能となり、試運転中断中の2013年5月、「1万点近い点検漏れ」および「直下に活断層あり」との原子力規制委員会の判断により運転再開停止命令が出される。

1997年3月

・東海村の再処理工場で放射性廃棄物を詰めたドラム缶が発火・爆発。動燃、一部データを隠蔽し、情報公開を遅らせ、しかも、鎮火したとの虚偽の報告をした（高木 2011:268）。

1998年6月

・原子力安全委員会、相次いだ原発事故を受けて動燃の閉鎖的体質の改善と情報公開などを盛り込んだ「原子力安全白書」で、日本の原子力は「安全」であるが、さらに人びとを「安心」させることが必要との目標を掲げる。

1999年9月

・東海村JOC（ウラン加工工場）の臨界事故。作業員が大量のウランを沈殿槽に注ぎ、とめどない臨界反応を起こした。近隣住民600人以上が被曝し、35万人が避難ならびに外出禁止となる。作業員2人死亡。政府の事故調査委員会の最終報告書において「いわゆる原子力の「安全神話」や観念的な「絶対安全」という標語は棄てられなければならない」と記述（高木 2011:132; カー 2002:115）。

1999年12月

・JOC臨界事故調査報告書の提出（委員長・吉川弘之）。「「直接の原因は全て作業者の行為にあり、責められるべきは作業者の逸脱行為である」として、原子力委員会とその委員たちは組織的、個人的責任を全くとろうとしなかった」（小出 2010:12）。

2000年6月

・ドイツ、シュレーダー首相、20基ある原発を2022年までに順次廃棄していくことで四大電力会社と合意。

2002年〜

・日本、原子力安全・保安院（経済産業省管轄）、原発立地自治体向け広報体制を強化。2007年にはニュースレター「NISA通信」を年4回発行し、立地地域の全戸（約50万戸）に配布し、いかに原発の安全対策を行なっているかを宣伝。

2005年

・日本原子力研究所と核燃料サイクル開発機構（旧動燃）を統合再編して独立行政法人「日本原子力研究開発機構」発足。

2006年

・東芝グループ、アメリカの原子力産業ウェスティングハウスの商業用原子力部門を買収。

2007年7月

・中越沖地震にともなう柏崎刈羽原発事故。放射性物質を含んだ水が海に流出したり、放射性ヨウ素が排気筒から放出されたりした。差し止めをめぐり住民投票が行われたが、2009年12月以降、再起動。

2010年2月

・文科省・経済産業省、義務教育副読本『わくわく原子力ランド』（小学校向け）、『チャレンジ！ 原子力ワールド』（中学校向け）作成。「原発から放射性物質がもれることはない」、「地震が起きても原子炉は自動的に止まる」などと記述。

【コメント】 1990年代の相次ぐ原子力関連事業での事故と中越沖地震に伴う柏崎刈羽原発事故を受けて、日本原子力委員会や原子力安全・保安院、あるいは文科省は、原子力の安全性についての市民教育に乗り出す。その間、東芝グループがアメリカのウェスティングハウスの商業用原子力部門を買収して国際的な原子力産業へ参入するという動きもあり、国策としての原子力産業は、国民の反原発感情や運動をいかに抑えこむかという対策に追われた。

2011年3月11日　東日本大震災と福島第一原発事故。
・14時46分、大震災発生。マグニテュード9.0。
・15時35分、最大の津波襲来。
・15時37～41分、1～3号機の全交流電源喪失。4号機は定期点検作業中。

2011年3月12日
・15時36分、1号機建屋で水素爆発。

2011年3月14日
・11時01分、3号機建屋で水素爆発。

2011年3月15日
・18時過ぎ、4号機建屋で爆発、火災確認。
・20時25分、2号機で白煙確認。

2011年3月16日
・5時45分頃、4号機で再び出火。
・8時37分、3号機で白煙があがる。

2011年4月
・ドイツのメルケル首相、福島原発事故を受け、2010年に2034年まで延長した原発利用を、シュレーダー政権時の2022年までに戻し、それまでに原発の廃止と再生可能エネルギーへの移行方針を決定。

2011年6月

・スイス、福島原発事故を受け、2034年までに段階的原発廃止を決定。

・イタリアで実施された原子力発電再開の是非を問う国民投票が実施され、97%が反対。政府の原発再開の計画を否決した。

2011年10月

・文科省と経済産業省、新しい小・中・高向け放射線に関する副読本を作成・公開配布。放射能は自然界に普遍的に存在し、少しも怖がる必要がないことを強調。福島第一原発事故に関連した情報は盛り込まれず。

2011年12月

・衆議院本会議で、ヴェトナム、ロシア、韓国、ヨルダンとの「原子力協定」を可決・承認。原発輸出を推進する方針の継続を表明。

2012年1月

・放射線影響研究所（日米共同の研究所／ABCCの後身）、長崎と広島で9万人以上の「黒い雨」の後遺症に関する聞き取り調査資料の一部を初めて公開。1万3000人を対象に死因調査始まる（NHKスペシャル :2012年8月6日放映）。

2012年3月

・1986年に出版された原発に批判的な教材『ノンちゃんの原発のほんとうの話』（高木仁三郎監修）の復刻・増補版の出版。

2012年5月

・すべての原発操業停止。

2012年6月

・リトアニア議会、原発受注先として日立製作所を承認。

2012年7月

・福井大飯原発3号機再稼働（同12月、再稼働手続きの取り消しを求めた大阪・京都・滋賀の住民訴訟、大阪地裁で門前払い）。

・東京電力福島第一原子力発電所事故に関する政府の事故調査・検証委員会（委員長＝畑村洋太郎・東大名誉教授）、最終報告書

を発表（23日)。これにより、政府、国会、民間の事故調査報告書が出揃う。いずれの報告書でも、危機に際しての政府の場当たり的な対応の不適切さ、「安全神話」にあぐらをかいて予防措置を怠ってきた東電の無責任体質に対して厳しい批判がなされている。例えば、政府の報告書は、政府や東電が「炉心溶融のような過酷事故が起こり得ないという安全神話にとらわれ、危険を現実のものと捉えられなくなっていた」とし、東電が「想定外」と自己弁護したことを「安全神話を前提に、あえて想定してこなかったから想定外だったにすぎない」と批判。

2012年9月

・フランス、フェッセンアイム原発を2016年までに閉鎖することを決定。

・日本政府「2030年代に原発稼働ゼロを可能とするよう、あらゆる政策資源を投入する」との目標を決定。一方で、建設中の島根原発と大間原発の建設続行を許可し、青森県の再処理工場も閉鎖せずとの見解を発表したが、閣議決定には盛り込まず。

・福島原発事故で十分な機能を果たせず批判を浴びた経済産業省原子力安全・保安院と内閣府原子力安全委員会に代わり、環境省の外局として「原子力規制委員会」(安全基準に関する委員会。原発再稼働の是非については判断を行わない方針）発足。

・政府、40年以上が経過した敦賀原発1号機と美浜原発1号機・2号機を廃炉にする方針を示すも、最終判断は原子力規制委員会に委ねるとする。

2012年10月

・内閣府原子力委員会（1956～)、「原子力政策大綱」の改訂を中止。今後は政府のエネルギー・環境会議が原子力に関する基本方針を決定することになる。

・中部電力浜岡原発（静岡県御前崎市）の再稼働の是非を問う住民投票条例案を審議していた静岡県議会、本会議で条例案を否決。

・リトアニアで原発建設（日立製作所が受注）の是非を問う国民投票（投票率 50％）。反対が 60％以上と賛成を大きく上回った。
・日立製作所、英国の原子力発電事業会社「ホライズン」を 6 億 7000 万ポンド（約 850 億円）で買収すると発表。

2012 年 12 月

・原子力規制委員会、日本原電の敦賀原発 2 号機建屋直下の断層を活断層の可能性が高いと判断。続いて青森県東通の東北電力原発敷地内にも活断層が確認され、過去の国と電力会社のずさんな調査と調査結果の隠蔽による「安全神話」創りのからくりが明らかになった。
・自民・公明連立政権の発足。民主党の原発政策見直し（再稼働はありうる）始まる。

2013 年 1 月

・原発立地給付金受け取り辞退者の増加。多くて一件につき年間数千円。過去に電力会社が辞退者を「反原発者」としてリストアップしていたことも明らかになる（朝日新聞 1 月 1 日）。
・新潟柏崎原発再稼働を問う県民投票案、県議会本会議で否決される。

【コメント】 2011 年 3 月 11 日の福島第一原発事故により、原発の「安全神話」は完全に崩壊した。翌年 5 月には、点検中のものも含めて、54 基すべての原発が停止。原発再稼働反対の市民デモが繰り返される中、政府は同年 7 月には福井県大飯原発 3 号機の再稼働を認可。その後、日本は夏の酷暑をこの原発 1 基のみで乗り切った。計画停電の導入もなかった。それを考えると、東日本大震災後に導入された関東一帯での計画停電は一体何だったのか。そうした反省もないまま、政府はふたたび核の「安全神話」創りに踏み出そうとしている。政府が海外に原発プラントを輸出しようとする民間企業を後押ししていることは、このことと無関係ではない。国内的

には、文科省と経産省が、放射線や放射性物質についての基礎的な知識を与えるため、初等・中等教育向けの副読本を作成して配布した。そこでは、自然界にも放射能があることや、放射能がいかに利用されているかを中心に記されており、原発事故による放射性物質の危険性を糊塗しようとしているとの印象はまぬがれない。

確かなことは、新たな「安全神話」創りの背景には、これまでと同様に、政府と経済界との癒着があることである。この癒着に歯止めをかけられるのは、市民運動である。イタリアやリトアニアのように国民投票という選択肢は日本にはない。原発立地地域の自治体レヴェルの住民投票にさえ、高いハードルが立ちはだかっている。こうした中、政府が市民を納得させることができる政策を実施できるかどうかは、日本の民主主義の試金石ともいえる。

今、われわれに問われているのは、核の脅威なしに暮らせる環境を後世に遺すため、何をなすべきかという選択であり、決意である。それは、とりもなおさず、ここまで見てきたような軍産主導の国際政治を変える一翼を、われわれが担えるかどうかが試されていることを意味している。

参考データ一覧

【1】東日本大震災死者

宮城	9,535人
岩手	4,673人
福島	1,606人
全国	15,881人（行方不明者は2,668人）

（警視庁、2013年3月8日発表）

【2】歴史的重要度の高い核実験

——年月日：名称（国名）／重要性

1945年7月16日：ガジェット［トリニティ］（米）／人類史上初の原爆実験。

1945年8月6日：リトルボーイ（米）／人類史上初の原爆実戦使用（広島）。

1945年8月9日：ファットマン（米）／人類史上２度目の原爆実戦使用（長崎）。

1949年8月29日：RDS-1［ジョー1］（ソ）／ソヴィエト初の原爆実験。

1952年10月3日：ハリケーン（英）／イギリス初の原爆実験。

1952年11月1日：アイビーマイク（米）／人類史上初の多段階熱核反応兵器実験（非実用兵器）。

1953年8月12日：RDS-6［ジョー4］（ソ）／ソヴィエトによる初の水爆実験（非多段階実用兵器）。

1954年3月1日：キャッスルブラボー（米）／人類史上初の水爆多段階実用兵器実験放射性降下物事故［第五福竜丸の被曝］。

1955年11月22日：RDS-37（ソ）／ソヴィエト初の多段階実用兵器水爆実験。

1957年11月8日：グラップルX（英）／イギリス初の多段階実用兵器水爆実験。

1960年2月13日：シェルボアーズ・ブルー（仏）／フランス初の原爆実験。

1961年10月31日：ツァーリ・ボンバ（ソ）／人類史上最大の水爆実験。

1964年10月16日：596（中国）／中国初の原爆実験。

1967年6月17日：実験No.6（中国）／中国初の水爆実験。

1968年8月24日：カノープス（仏）／フランス初の水爆実験。

1974年5月18日：微笑むブッダ（印）／インド初の核分裂爆発実験。

1998年5月11日：シャクティⅠ（印）／インド初の潜在核融合増

幅兵器実験。

1998年5月11日：シャクティⅡ（印）／インド初の原爆実験。

1998年5月28日：Chagai-1（パキスタン）／パキスタン初の原爆実験。

2006年10月9日：Hwadae-ri（北朝鮮）／北朝鮮初の原爆実験。

【3】世界の核実験（大気圏内のみ）

国名：実験地、実験年、実験回数

アメリカ合衆国：ネバダと太平洋にて、1945～63年の間に316回の核実験。

旧ソ連：現カザフスタンのセミパラチンスク核実験場にて、1949～89年の間に450回以上の核実験。

イギリス：オーストラリアとネバダなどで、1952～58年の間に13回の核実験。

フランス：アルジェリアと仏領ポリネシアにて、1960～75年の間に206回の核実験。

中　国：1964～80年の間に23回の核実験。

インド：1974年に1回の核実験。

南アフリカ・イスラエル：1979年、米の早期警戒衛星ヴェラがインド洋上で閃光と電磁パルスを観測。南アフリカとイスラエルによる核実験との推測が有力となっている。

パキスタン：1998年に6回の核実験。

【4】世界の原発（2013年2月現在）

――国名（所在地）：第1号機の運転開始年と現状

Ⅰ　アフリカ

南アフリカ共和国（ケープタウン）：1985年運転開始。操業中2基。

Ⅱ　アジア

アルメニア（メツァモール）：1976年運転開始。操業中2基、停止中1基。

中　国（海南昌江、海南長江、大亜湾、防城港、方家山、福清、海陽、泰山など）：1991年運転開始。操業中13基。建設中20基。計画中4基。

インド（カクラバール、クーダンクラム、タラプール、マドラス、ラジャスターンなど）：1969年運転開始。操業中22基。建設中5基。

イラン（ブーシェフル）：2012年運転開始。操業中1基。建設予定2基。計画中止1基。

日　本（泊、東通、女川、福島、浜岡、敦賀、美浜、大飯、島根、伊方など17ヵ所）：1965年運転開始。操業中、大飯原発2基（3・4号機）。定期点検、および停止中35基。地震のため停止中13基。地震のため廃炉4基（福島第一原発）、解体中8基。建設中3基（大間、島根、東通）。計画中7基（敦賀、東通、浜岡、川内）。工事中断2基（上関）。もんじゅ（高速増殖炉）停止中。

カザフスタン（アクタウ、クルチャトフ）：1973年運転開始。運転停止1基。計画中1基（東芝など日本の技術と資本参加あり）。

パキスタン（チャシュマ、カラチ）：1971年運転開始。操業中2基。建設中1基。

韓　国：1978年運転開始。操業中20基。試運転中4基。建設中1基。計画中6基。

台　湾：1978年運転開始。操業中6基。建設中2基（日本からの輸出）。

北朝鮮：建設中1基（？）。

ヴェトナム：計画中4基（日本からの輸出）。

トルコ：計画中3基。

イスラエル（ネゲブ砂漠）：1957年建設1基。

Ⅲ　北　欧

スウェーデン：第1号、1964年運転開始。操業中10基。廃炉3基。

フィンランド：第1号、1977年運転開始。操業中4基。建設中1基。

Ⅳ　西欧・南欧

ドイツ：1961年運転開始。操業中9基。一時停止2基。廃炉決定8基。解体中18基（高速増殖炉1基を含む)。運転停止2基。建設完了するも運転されず1基（高速増殖炉)。

ベルギー：1962年運転開始。操業中7基。運転停止1基。

オランダ：1968年運転開始。操業中1基。運転停止1基。

フランス（71基)：1956年運転開始。操業中58基。運転停止13基（高速増殖炉を含む)。

イギリス：1956年運転開始。操業中19基。運転停止22基（高速増殖炉2基を含む)。廃炉作業中4基。

イタリア：1963年運転開始。廃炉作業中4基。

スイス：1969年運転開始。操業中5基。

スペイン：1968年運転開始。操業中8基。運転停止2基。

Ⅴ　東　欧

ブルガリア：1974年運転開始。操業中2基。運転停止4基。建設中2基。

リトアニア：1983年運転開始。運転停止2基。計画中1基。

ルーマニア：1996年運転開始。操業中2基。

ロシア：1964年運転開始。操業中32基。運転停止5基。建設中11基。建設中止1基。

スロヴァキア：1972年運転開始。操業中4基。運転停止3基。状況不明2基。

スロベニア：1981年運転開始。操業中1基。

チェコ：1985年運転開始。操業中6基。

ウクライナ：1977年運転開始。操業中14機。廃炉中3基（チェルノブイリ)。廃炉1基（チェルノブイリ)。建設中2基。

ハンガリー：1982年運転開始。操業中4基。

Ⅵ　北中米

カナダ：1962年運転開始。操業中18基。運転停止5基。長期休止2基。

アメリカ合衆国：1960年運転開始。操業中104基。運転停止23基。建設中止2基。建設中3基。廃炉1基（スリーマイル島）。

メキシコ：1989年運転開始。操業中2基。

キューバ：状態不明1基。

Ⅶ　南　米

アルゼンチン：1974年運転開始。操業中2基。建設中1基。

ブラジル：1982年運転開始。操業中2基。建設中1基。

【5】世界の核兵器――核弾頭数合計

Ⅰ　NPT批准国

アメリカ合衆国	9,400発
ロシア	13,000
イギリス	185
フランス	300
中国	240

Ⅱ　NPT未批准国（北朝鮮は脱退）

インド	60～80発
パキスタン	70～90
北朝鮮	10以下

Ⅲ　核保有の疑いが強い国

イスラエル	200～300

【6】世界の主なウラン鉱山

――鉱山名（国名）：出資社名（国名）

マッカーサー・リバー鉱山（カナダ）：カメコ（カナダ）／アレバ（フ

ランス)。

シガーレイク鉱山(カナダ):カメコ(カナダ)/アレバ(フランス)/出光興産/東京電力。

レンジャー鉱山(オーストラリア):エナジー・リソーセス・オブ・オーストラリア(リオ・ティント〈英+豪資本〉の子会社)。

オリンピック・ダム鉱山(オーストラリア):BHPビリトン(オーストラリア)。

アクダラ(カザフスタン):ウラニウム・ワン(カナダ)/カザトムプロム(カザフスタン国営企業でアレバNCとの合弁)。

インカイ(カザフスタン):カメコ(カナダ)/カザトムプロム(カザフスタン国営企業でアレバNCとの合弁)。

ハラサンI鉱山(カザフスタン):ウラニウム・ワン(カナダ)/カザトムプロム(カザフスタン国営企業でアレバNCとの合弁)/エナジー・アジア(東京電力、中部電力、東北電力、九州電力、丸紅、東芝の企業連合体)。

スミス・ランチ=ハイランド(アメリカ・ワイオミング州・米国内最大のウラン鉱山):カメコ(カナダ)。

クロウ・バット(アメリカ・ネブラスカ州):カメコ(カナダ)。

クラスノカメンスク(ロシア最大のウラン鉱山):ARMZ(ロシア国営企業)。

アクータ鉱山(ニジェール):アレバNC(フランスの大手アレバの子会社)/ONAREM(ニジェール政府)/OURD(日本の海外ウラン資源開発株式会社)/ENUSA(スペイン資本)。

アーリット鉱山(ニジェール):アレバNC(フランスの原子力世界最大手アレバの子会社)/ONAREM(ニジェール政府)。

パールリバー鉱山(南ア):アングロゴールド・アシャンティ(南ア資本)。

ドミニオン鉱山(南ア):SXRウラニウム・ワン(カナダ資本)。

レッシング・ウラニウム鉱山(ナミビア):リオ・ティント(68.6%)

とエナジー・リソーセス・オブ・オーストラリアの共同経営。

【コメント】 将来的に原発増設を見込んでいる中国は、中国国有原子力発電会社、中国核工業集団がニジェール、モンゴル、ジンバブウェ、タンザニア、ザンビア、カザフスタン、ロシア、オーストラリアのウラン鉱山に投資して開発を進めている。(日本経済新聞2010年11月18日)

※主要な参照引用文献・資料・ネット情報等

——本文中では［著者名　発行年：参照頁数］等の形式で示した。

内橋克人 1982：『原発への警鐘』講談社文庫。

カー、アレックス 2002：『犬と鬼——知られざる日本の肖像』講談社。

カーチス、リチャード／エリザベス・ホーガン 2011:『原子力その神話と現実（増補新装版)』(高木仁三郎、近藤和子、阿木幸男訳）紀伊國屋書店。

小出裕章 2010：『隠される原子力——核の真実』草思社。

CSRP 市民科学者国際会議実行委員会 2011:『市民科学者国際会議～会議録～…放射線による健康リスク～福島「国際専門家会議」を検証する～』。

シラード、レオ 1982：『シラードの証言——核開発の回想と資料』(伏見康治・伏見諭訳）みすず書房。

スウィーニー、マイケル 2004：『米国のメディアと戦時検閲——第2次世界大戦における勝利の秘密』(土屋礼子・松永寛明訳）法政大学出版局。

高木仁三郎 1983：『核時代を生きる』講談社現代新書。

高木仁三郎 2011（2000)：『原子力神話からの解放——日本を滅ぼす九つの呪縛』講談社＋α文庫。

中国新聞「ヒバクシャ」取材 1991：『世界のヒバクシャ』講談社。

三宅泰雄 1972：『死の灰と闘う科学者』岩波新書。

NHK スペシャル：2012年8月6日放映「黒い雨——活かされなかっ

た被爆者調査」。

参考 URL

ウィキペディア「世界の原子力発電所の一覧」(2013 年 1 月参照)。

ウィキペディア「核実験の一覧」(2013 年 1 月参照)。

ウィキペディア『核保有国の一覧』。

各国のウラン鉱山一覧。

小林孝雄「最近のウラン探鉱・開発動向(パート 2・アフリカ)」『JAEA レポート 2007 年』(2013 年 1 月参照)

Ⅱ　原子力発電所建設との闘い
――立地反対運動と原発訴訟

【はじめに】 2011年3月11日の福島第一原発事故は、原発の安全神話を崩壊させただけではない。全国に2,000ヵ所もあるといわれる活断層との関係、最終的に残る核廃棄物処理問題、その他、本当にクリーンで相対的に安価なエネルギーなのか、といった問題と並び、原発を受け入れた自治体や住民の生活が、交付金と補償金、そして原発関連の仕事なしでは成り立たない、いびつな構造に絡め取られている現状を浮き彫りにした。

僻地、かつ過疎、そして財政難に苦しむ自治体に、原発建設を容認する以外に生き延びる選択肢はなかったのか。受け入れる時点で、環境汚染や安全性への危機感はなかったのか。安全神話はそれほどに浸透していたのか。

原発建設との闘いの記録をひもとくと、これらすべてに疑義を呈し、原発立地を断念させた市や町があったこと、なかには30年以上にわたって国と電力会社を相手に闘い続け、そして今も闘いを止めない地域もあることが見えてくる。

今後、いつ起こるかもしれない原発事故に怯えながら暮らさざるをえない「30キロ圏」内の住民の立場を考えると、何が「明暗」を分けたのかを検証しておくことは、核の脅威から自由な未来を展望する上で重要である。原発訴訟を含め、いくつかの事例を紹介しながら、この論点にせまってみたい。まずは、これまでの反対運動と訴訟の歴史を振り返ってみることから始めよう。

［A］ 原発建設を断念させた市・町・地区

(1) 茨木市阿武山関西研究用原子炉設置計画反対市民運動

1957年

・「茨木市阿武山原子炉設置反対期成同盟」発足。委員長、田村英茨木市市長。商工団体、農協、婦人団体、青年団体、医師会、歯科医師会、文化団体などを網羅した運動を展開。武谷三男と服部学が現場に入り、「原子炉は本質的に危険なものである」と明言。

・全国25大学の140名に及ぶ専門研究者が連名で白紙撤回を求める要望書を提出。

1958年

・白紙撤回

【コメント】 1953年の国連総会におけるアイゼンハワー米大統領の「原子力平和利用」演説を受けて、1954年3月の国会で突然2億3500万円の原子力開発予算が提案され採決された。これを機に財界や一部大学の工学部を巻き込んだ原子炉導入に向けての取り組みが加速され、その研究用原子炉設置の候補地となったのが京都府宇治市だった。しかし、大阪府知事、大阪市長、大阪財界、大阪大学などが大阪市民の水源地が脅かされるとして反対し、阿武山案となったといういきさつがある。その途端に反対していた大阪知事らが積極的誘致を表明。大都市の発展のためには小都市や過疎地を犠牲にするという論理は、この時に確立された。この論理は政府の「原子炉立地審査指針」に「公衆が原則として居住しない区域であること、低人口地帯であること、人口密集地帯からある距離だけ離れていること」といった表現で盛り込まれている。

武谷三男（物理学者・科学史家・原子核・素粒子論専攻）は後に、阿武山への設置に反対する茨木市民運動は、「日本の公害反対運動の

トップだった」と述べている（武谷 1981:273）。

(2)　関西電力：兵庫県御津市（現たつの市）

1958 年

・東海村の一号炉につぐ全国で 2 番目の原発候補地として兵庫県の複数の町に白羽の矢がたてられる。

1960 年

・関西電力が御津町を最有力候補地にあげる。共産党主導で原発の安全性への疑問が議論され、学習会や宣伝資料が配布され、反対運動がひろがる。

・町長が反対し、計画は沙汰止みとなった。

【コメント】 建設計画が発覚したきわめて初期に、共産党の主導によって計画を断念させた事例。

(3)　日本原電：福井県川西町（現福井市）三里浜

1962 年

・ボーリング調査で不適となり、日本原電が建設断念を表明。

(4)　中部電力：三重県紀勢町（錦漁協・現大紀町）・南島町（古和浦漁協・現南伊勢町）にまたがる芦浜

1962 年

・中部電力による建設計画の提示。

1963 年

・候補地として芦浜、城の島、大白浜が選ばれる。

1964 年

・南島町議会と古和浦漁協による原発反対決議。

・紀勢町に隣接する長島町議会、原発誘致決議。

・紀勢町臨時議会、原発誘致を全会一致で可決。

・中電と県が芦浜地区を候補地として決定。

・紀勢町錦漁民（推進派）と南島町古和浦漁民（反対派）の衝突事件（羽下事件）。

1965 年

・「南島町原発反対対策連絡協議会」発足。

・中電が芦浜の用地買収を明らかにする。

1966 年

・紀勢町錦漁協が原発建設の前提となる精密調査に「条件付き同意」を決議。

・長島町名倉港で南島漁民が衆院科学技術振興対策特別委の芦浜視察（中曽根康弘・渡辺美智雄ら）を実力阻止（長島事件）、6人の逮捕者を出す（「長島事件」）。

1967 年

・田中覚三重県知事、原発終止符を公式表明。

1968 年

・田中知事豹変、「終止符」を「棚上げ」。

1972 年

・田川亮三知事登場、「電源開発四原則三条件」（地域住民の合意など）を示す。今に至る三重県の基本方針。

1974 年

・中電、紀勢町と公共協力費 1 億円の寄付協定締結。保育園や体育館などの建設費用に当てる。

1976 年

・中部電力芦浜調査事務所駐在員、紀勢町長に 300 万円の宣伝費を手渡す。同町長、中電津支店で賄賂 30 万円授受。

1978 年

・紀勢町長選挙で、かつての反原発運動の闘士、縄手瑞穂当選。

1980 年

・紀勢町議会、「原発誘致決議確認」動議可決。

1981 年

・縄手紀勢町長、新聞報道の「反原発」を断固否定。

1983年

・三重県で「原発いらない県民の会」発足。

・中電、長島町漁協に5,000万円預金、その後逐次増額。

1984年

・縄手紀勢町長、町議会で「条件付き原発受け入れ」を表明。

・田川知事四選。

1985年（第二次反対闘争へ）

・紀勢町と中電、田川知事立ち会いのもと、三重県庁で「芦浜原発調査協定」改訂調印。原発立地のための調査協力を了承、見返りに町事業に中電が資金援助の約束。

・長島町漁協総代委員会、反対決議。

・古和浦など各地区に漁民の有志会組織、続々結成さる。

・同じ頃、次々に結成された各地区の母の会組織と共に、第2次闘争の中心戦力となる。

・南島町で、18年ぶりに芦浜原発反対決起集会。参加者2,000人。

・自民党県議団、公明、民社、無所属議員団と共に県議会に「原発立地調査推進決議案」提出、賛成多数で可決（反対討論をおこなったのは社会党県議1名のみ）。

・漁船約400隻、19年ぶりに芦浜沖の海上デモ。

・「古和浦郷土を守る有志の会」（富田栄子代表）、「方座浦郷土を守る母の会」（三浦礼子代表）、紀勢町錦で街頭デモ。

1986年

・紀勢町長選挙で、原発慎重論の谷口友見当選（後、推進派に）。

・チェルノブイリ原発事故で住民に衝撃走る一方、谷口町長「原発を認める方針に変わりはない」。

・紀勢町議会、原発住民投票条例制定直接請求を全会一致で否決。

1989年

・古和浦漁協、3年間で赤字1億5000万円。

1990年
・古和浦以外の各地の漁協に中電より大口預金続々。計23億円。
1991年
・古和浦漁協攻防続く。
・中電、錦漁協に預金2億円追加、計12億円。
1993年
・推進派、古和浦漁協の主導権握る。
・中電、古和浦漁協に2億5000万円を預金。
・中電、古和浦漁協に2億円の資金提供。同漁協、組合員1人あたり100万円を「越年資金」として支給。
・南島町臨時議会、「原発町民投票条例」(再修正案)を可決。
1994年
・南島町民約1,500人、名古屋の中電本店へ抗議デモ。
・錦漁協、中電から3億7000万円の資金受け入れを決定。
・南島町議会が「環境調査に反対する決議を求める請願書」を採択。請願書には町内有権者の75%が署名。
・田川知事、段階的調査実施容認の発言。
・南島町、町ぐるみ反対組織「南島町芦浜原発阻止闘争本部」発足。
・紀勢町錦漁協、海洋調査受け入れを承認。中電から補償金・協力金8億5000万円は組合員に一律100万円ずつ配分。
・長島町漁協、海洋調査反対請願採択。
・古和浦漁協、海洋調査受け入れ。中電から補償金2億5000万円・協力金4億円。1人300万円配分を承認。
1995年
・三重県知事選で北川正恭、当選。
・紀勢町議会特別委員会、町民投票条例案を可決。
・紀勢町議会、原発町民投票条例(修正案)可決。
1996年
・「三重県に原発いらない県民署名」が81万以上に達し、反対闘

争本部長らが「芦浜計画の廃棄」を求め北川知事に提出。

1999年

・紀勢町議会原発問題特別委員会、「原発受け入れ」報告。

・南島町議会臨時議会、「原発反対決議再確認」。

2000年

・北川知事、三重県議会で芦浜計画白紙撤回を表明。中部電力、建設を断念。

2001年

・長島町に隣接する海山町商工会、大白浜原発誘致請願書を議会に提出。

・原発反対海山町民の会、反対請願書を議会に提出。住民投票の結果、反対派勝利。

・錦漁協「海洋調査早期実施・紀勢単独立地決議」再確認。

【コメント】 年表から明らかになるのは、37年という年月をかけて原発を止めた芦浜の闘いが、30～40件にのぼる原発立地反対闘争史の中でも熾烈を極めた闘争であったことである。いくつかの暴力事件も起きている。その理由の一つは、芦浜が二つの町にまたがっていることと関係している。そのために、関係する漁協が複数におよび、漁協間での対立に漁協内部の対立が加わったことによって、反対闘争を複雑にしたからである。町長の態度も定まらない中、電力会社の補償金のばらまきや漁協の財政難につけこんだ預金提供や資金援助、あるいは巨額の補償金や協力金に屈した漁業従事者も多かった。電力会社がつぎ込んだ金額の大きさも、芦浜闘争の特徴である。電力会社が自民党政府を後ろ盾に、いかに芦浜立地にこだわったかが伺える。

一方、漁協とは別次元の推進派と反対派の抗争も激しかった。最終的に紀勢町は推進派に、南島町は反対派に収斂し、その調整に苦慮した北川知事がついに「白紙撤回」を表明したのは、県民挙げての反対闘争の成果だと言えるかもしれない。しかし、その後も、海

山町が誘致に乗り出し、紀勢町が単独誘致にのりだすなど、芦浜原発をめぐる闘争は、混乱が続いた。

37年という闘争を振り返って、美容院を営みながら古和浦漁協組合員として夫とともに闘った小島紀子さんは次のように語っている。

「まず無言電話に悩まされました。特に夜が辛かったですね。……宅急便も困りました。注文もしていないのに毎日のように四個も五個も届くんです。一番小さいものでは痔の薬、一番大きいのはダブルベッドでした。中に請求書が入っているので持ってきた人にすぐに返す必要があります。留守にすることができませんでした。それからゆうメール。毎日百通くらい届きます。……差出人のない手紙にはカミソリの刃が入っていた時もありました。……中電は漁協の中に原発推進派を増やすために、通常総会の委任状の買い取りまでやりました。一人分十万で売れたそうです。……町の中が推進派と反対派に二分されてしまって苦しんでいます。

なぜそんなにがんばれたのかと、よく聞かれます。ウチは代々の漁師です。先祖から受け継いできた海を、きれいなままで次世代に渡したい。原発などにわたすわけには行きませんよね」(『婦民新聞』2012年10月10日・20日合併号)。

(5)　東北電力：福島県双葉郡浪江町・小高町

1966年

・大熊町議会、原発誘致を決議。

・双葉町議会、原発誘致を決議。

1967年

・浪江町議会、原発誘致を決議。

1968年

・東北電力、浪江町棚塩地区に原発建設を決定し、用地買収を依頼（ほぼ99%が浪江町、小高町の土地は境界線をはさんでごく一部)。

・棚塩地区全戸が原発誘致反対を決議し「浪江原子力発電所誘致絶対反対期成同盟」を結成。

1969 年

・舛倉隆、反対期成同盟2代目委員長に就任。

1970 年

・県開発公社と東北電力、用地取得についての委託契約を締結。

1972 年

・反対期成同盟、県の予定地内測量を実力阻止。

1973 年

・東北電力、棚塩地区で個別訪問を開始。

・東電福島第一原発1号機で放射能廃液漏れ事故。

・棚塩地区内に原発賛成者を中心に地権者協議会、発足。

1974 年

・舛倉隆、反対期成同盟委員長に再度就任。

1975 年

・舛倉委員長、手作り機関紙『原発情報』発行。

1977 年

・原発問題をめぐる意見対立から棚塩地区、南北に分裂。

1979 年

・棚塩公民館で高木仁三郎博士の講演会。

・スリーマイル島原発事故。

1980 年

・福島第一原発海域のホッキ貝からコバルト 60 とマンガン 54 を検出。東電との補償交渉まとまる。空気中からもコバルト 60 検出。

1981 年

・敦賀原発の放射能廃液大量漏洩事故、発覚。

1982 年

・舛倉が無償譲渡した原発建設予定地内の土地が、反原発運動家

13人の共有地として登記される。

1986年

・チェルノブイリ原発事故。

1989年

・舛倉、共有地の持ち分登記を求めて富岡簡易裁判所に提訴。

1991年

・福島地裁いわき支部で和解成立。東北電力の共有地買収が事実上不可能となり、反対期成同盟の勝利確定。

1997年

・舛倉隆、死去。

2000年

・高木仁三郎、死去。

2006年

・小高町、原町市と鹿島町と合併して南相馬市に。

2010年

・着工先送り、35回目。

2011年

・東日本大震災。

・南相馬市長、新規立地は受け入れないとして電源立地など初期対策交付金の辞退を表明。

2013年

・東北電力、建設計画を撤回。

【コメント】 浪江町棚塩地区の原発立地反対運動の背後には、核科学専門の物理学者高木仁三郎、原発現場で指揮・監督するプロの技術者平井憲夫、そして原発学習に取り組んだ舛倉隆がいた。この3人をオピニオン・リーダーとして、当初、地区一丸となって取り組んでいた棚塩地区の住民は、電力会社・政府・県と町の推進派の攻勢を前に次々に反対同盟を離反、反対派は苦しい闘いを強いられ

た。そんな反対派の戦略の要となったのは、原発建設用地の買収をめぐる攻防戦だった。この攻防戦に決着がつけられたのは、舛倉らの反対派が建設予定地内にある住民81人の共有地について「全員の同意がなければ売却できない」とする確約書を91年に福島地裁いわき支部から勝ち取ったことだった。こうした共有地や入会地を死守することによって、電力会社による建設予定地の買収に歯止めをかける戦略は、その後「上関」闘争などでも展開されている。

しかし、高木や舛倉が死去し反対派が世代交替するなか、電力会社は執拗に用地買収を進め、地権者の同意の取り付けをあきらめなかった。そんな矢先に起きたのが「3・11」だったのである。津波と放射能に追われるようにして、浪江町民の離散が始まった。東北電力の原発建設を拒否した浪江住民が、東京電力福島第一原発の放射能によって多大な被害を被った無念は想像を越える。

(6) 関西電力：兵庫県香住町（現香美町）

1967年

・県と町が原発誘致を発表。共産党、ただちに「誘致反対」に動き、県議会で問題を追求。香住町住民の有志による講演会や集会やデモが繰り広げられる。

1970年

・町長が議会で誘致棚上げを表明。

【コメント】 原発誘致発表からわずか3年で誘致の棚上げに至った事例。共産党が中心となって積極的に動き、町民有志とともに運動を支えた。

(7) 関西電力：和歌山県日高町阿尾《あお》・小浦《おうら》地区（クエの漁場）

1967年

・日高町阿尾に原発建設計画持ち上がる。町議会、満場一致で誘致決議。当初誘致に賛成していた住民、町長との懇談後、「阿尾

地区原子力誘致反対同志会」（愛郷同志会）を立ち上げる。

1968年

・阿尾地区総会で反対決議可決。区長ら役員総辞職。

・比井崎漁協で反対決議。日高郡の他の14漁協も「かかる全世界人類最大の危険物の誘致に対し漁民の真意をよく御諒察いただき……」（汐見2012:48）との反対決議。町長ら推進派、原発建設を白紙にもどすことを了承。

1975年

・阿尾に隣接した小浦に原発建設の計画。建設用地は観光開発の名目で関連会社が75年頃から買収。

1978年

・小浦地区、陸上事前調査受け入れを決議。関電、建設スケジュールを発表。

・関電、比井崎漁協の条件付き事前受け入れで、漁協口座に3億円を預金（漁協の赤字財政につけこむ）。

・日高町の女性たちが「原発に反対する女の会」を立ち上げる。

・比井崎漁協、事前調査の受け入れをめぐって紛糾。

1979年

・スリーマイル島原発事故。町長、事前調査凍結。

・「原発に反対する和歌山市民の会」結成。

1980年

・資源エネルギー長官から「原発は安全」との県知事への書簡。

・日高町長、事前調査凍結解除。

・反対派、京都大学原子炉実験所の小出裕章による講演会を開催。

・「日高町原発反対連絡協議会」結成。

1981年

・「和歌山県原発反対住民連絡協議会」結成。

1982年

・町長選挙、反対派候補善戦するも敗退。

・比井崎漁協の再建案をめぐって、補償金を当てにする推進派と自主再建をめざそうとする反対派が対立。

1986年

・チェルノブイリ原発事故を機に翌年、「日高原発反対30キロ圏内住民の会」結成。

・日置川の女性たち「ふるさとを守る女の会」結成集会。

1988年

・日高医師会の医師31人が連名で新聞に反対意見広告を出す。全国各地から応援あり。

・比井崎漁業組合事務所前での女性たちの座り込み。

・漁協総会、紛糾・混乱の末、事前調査の話は白紙撤回され、漁協の役員総辞職。

1990年

・町長選挙で反対派の町長が当選。

2002年

・原発反対の町長当選。

2005年

・国が小浦の「開発推進重要地点」解除。実質的に建設は不可能となる。

【コメント】　紀伊水道の海に面した日高町の阿尾で、次に小浦で関電が原発建設を計画。町を二分した闘いが展開された。約40年を経て、ついに原発の火種を消したのは、豊かな海を守るという原点をみつめて、巨額の補償金で住民の分断を図った関電と闘った住民・医師・漁師の連携だった。反対派に「アカ」というレッテルが貼られるのは、他の事例でも散見されるが、ここでもそうした政治がらみの誹謗中傷が展開されたという（URL ③）。そうした誹謗中傷をものともせずに立ちあがった女性たちがいた。女性たちは、地区を越えた共闘体制をつくり（県下10団体が「紀伊半島に原発は

いらない女たちの会」に結集)、勉強会を通して啓蒙活動を行いながら、各戸にビラを配布する活動を1990年の日高町長選挙まで続けた。

立地計画は実質的には1988年に、公的には2005年に白紙撤回されたが、その間、2003年に使用済み核燃料の中間貯蔵施設を日高町隣の御坊市に建設する計画が明らかになり、それへの反対運動が続けられている。

(8) 関西電力：和歌山県古座町（現串本町）

1968年

・計画浮上、町議会、原発誘致を決議。

1969年

・近隣の太地町議会、原発反対決議。

・太地町住民「太地町原子力発電所設置反対連絡協議会」結成。

・古座漁協を中心に4漁協が「紀南漁民原発反対協議会」を結成。

1972年

・漁民による大規模な海上デモ。陸上でも反対派の決起集会。

・町議会、原発誘致決議を白紙に戻し、誘致・設置に反対する特別決議を可決。

1976年

・反対派3団体が結束して「紀南原発反対連絡協議会」結成。

・町議選挙で、反対派後退。

・漁船135隻による海上デモ。「補償欲を捨てて紀南の海を守れ」、「企業より人間を守ろう」との横断幕。

・古座漁協、推進に傾斜。

1977年

・古座町に隣接する古座川町で原発反対決議。

1978年

・古座町、原発誘致反対決議を白紙撤回。

1979 年
・米国スリーマイル島原発事故で危機感高まる。
1980 年
・古座町議会議員選挙で推進派が多数を占める。
1983 年
・古座町長選挙で共産党・社会党の推薦を受けた元共産党町議が保守系の２候補を破って当選。
1986 年
・チェルノブイリ原発事故。
1990 年
・古座町議会、原発設置反対の決議を行い、関電建設計画を断念。

【コメント】 原発建設への反対は、一貫して海を守ることを軸に展開されている。町議会は当初から誘致を鮮明にしていたが、反対を貫いていた漁協の中には推進に舵を切るものも現れた。しかし、スリーマイル島やチェルノブイリの原発事故も追い風となり、共産党系の反対派町長の出現もあって、建設計画は終息を迎えた。

(9) 関西電力：福井県小浜市（若狭湾）

1968 年
・内外海半島の入り江にある田烏に建設計画。市長は推進姿勢。住民も田烏から市街地まで車で行ける道路がなかったことから、道路整備を求めて誘致に傾く。一方、内外海漁協が反対の声をあげる。
1969 年
・小浜市議会に原子力発電所誘致のための委員会設置。
・「内外海原発設置反対推進協議会」発足。反対派（発起人角野政雄、支援者明通寺住職中嶌哲演）の熱意により県道が開通。県道の開通が誘致の口実にされないための反対派の行動だったが、推進派はあきらめず。

1971 年
・「原発設置反対小浜市民の会」結成、労働組合、教職員組合、宗教者団体、共産党を含め 9 団体が大同団結。
1972 年
・署名運動開始、3 ヵ月で有権者の半数を越える 1 万 3000 人の署名が集まる。これを受けて市長が誘致断念を表明したが、市議会は請願を不採択。
1975 年
・市議会に「発電所安全対策調査研究委員会」が設置され、立地調査推進決議案が提出される。
1976 年
・市民の会を中心に反対運動再燃。
・新市長、誘致拒否の結論を出す。

(10) 四国電力：愛媛県津島町（現宇和島市）

1968 年
・四国電力は津島町が適地だとの結論を出せず。

(11) 関西電力：和歌山県那智勝浦

1969 年
・那智勝浦町議会、原発誘致決議。
・原発に反対する住民「那智勝浦町原発誘致反対町民会議」を結成。
1971 年
・町長選挙、僅差で推進派候補当選。共産党の反対派候補善戦。
・勝浦下里の母親ら「子どもを守る母親の会」を結成。その後も次々に反原発運動が生まれ、広範な反対運動を展開。
・那智町議会、原発反対の決議。
1972 年
・環境庁長官、那智勝浦町における原発計画について国立公園内

の地質調査を認めるとの見解を明らかにする。
・反対派、長官へ陳情。
・反対派、知事に陳情。
・反対派女性、知事夫人に陳情。
1974年
・原発反対全国集会、那智勝浦で開催。
1981年
・町長、「設置反対」を町民に回答し、原発計画は消滅。

【コメント】　那智勝浦町は、当初誘致に動いた町議会が住民の動静を汲み、比較的早い時期に反対決議を行い、設置反対を決めた事例。その背景には、「子どもを守る」ことを反原発運動の基軸に据え、国の介入を撥ねつけた母親らの広範な反対運動があった。「母親の会」代表の佐竹美代さんは次のように語っている。

「それはそれは、毎日集まりました。敷布を集めて鉢巻やタスキ、旗づくりもしました。県庁はもちろん、当時の大石環境庁長官に直訴するために上京もしました。初めて経験することばかりでした。町は賛成と反対で真っ二つに分かれ、気持ちがそぐわんいやーな気持ちがずーっとつづきました。しかし、こればっかりはと思って頑張りました」（汐見 2012:173）。

（12）　四国電力：徳島県海南町（現海陽町）
1970年
・四国電力が調査の中止を決定。

（13）　中国電力：岡山県日生町（現備前市）鹿久居島
1970年
・原発建設計画の話が持ち上がり「鹿久居島原子力発電所反対実行委員会」、共産党西播地区委員会と協力して市民運動を展開。漁業者も運動を支える。

1972 年

・県議会が原発反対の陳情書を採択、町議会が調査の中止決定。

【コメント】 原発建設計画のごく初期段階で、市民運動が共産党と歩調を合わせて電力会社に建設を断念させた事例。

(14) 関西電力：京都府舞鶴市（若狭湾）

1971 年

・県境を越え「原発反対若狭湾共闘会議」の結成。

1972 年

・敦賀市にて反核運動家 100 名による「原電・核燃料再処理工場設置反対全国会議」開催。

1982 年

・共産党、関西電力の立地調査計画を暴露、調査計画が頓挫。

(15) 中国電力：山口県豊北町（現下関市）

1971 年

・原発計画が明るみに出るも漁民の反対が強く計画は見合わせとなる。

1977 年

・再度原発計画が表面化、県も推進姿勢をとるも漁民の反対やストライキが起こる。

1978 年

・反対派の町長が当選し、町議会も建設拒否を可決、県と中国電力に建設拒否を通告。

(16) 東北電力：新潟県巻町（新潟市）

1971 年

・原発計画の発表。

1977年
・町議会が建設同意。
1980年
・町長が建設同意。
1994年
・原発予定地中心部の町有地を東北電力に売却しようとしたことに対し、住民有志が「巻原発・住民投票を実行する会」を立ち上げるも町議会により拒否され、新たに「住民投票で巻原発をとめる連絡会」を結成し、自主管理による住民投票実施に踏み出す。
1995年
・自主管理の住民投票実施。有権者の45%が投票し、そのうちの43%が反対に投票。
・町議選で、住民投票条例制定派多数当選。
・町長が住民投票の実施を拒否したため町長のリコール運動が始まる。人口約3万のうち1万人以上が署名し、町長辞職。
1996年
・原発反対派の町長が当選し、東北電力の買収・供応・利益誘導・締め付けが行われる中、住民投票が実施され反対票が61%を占める。
1999年
・町長、原発予定の町有地を反対派住民に売却。これを違法として推進派が提訴。
2003年
・最高裁、推進派の上告を不受理。原発建設は不可能となる。

【コメント】　ここでは、原発立地反対運動の一つの類型が見てとれる。その流れは、反対組織を立ち上げ、住民投票に持ち込むという手法。それが拒否されると、リコール運動で町長を辞職させて新

たに反対派の町長を選ぶ、という戦略。この「住民投票条例」方式は多くの立地計画予定地の運動の中に組み込まれたが、制定・実施にまで至るケースは少なく、むしろ、制定にむけての働きかけの中で、住民の意識が一つにまとまっていくことに大きな意義があったというべきかもしれない。実際に電力会社に建設を断念させる戦略として最も効果的だったのは、ここでも建設予定地の買収に応じない作戦である。実際、反対派町長が原発建設予定地の町有地を反対派住民に売却したことにより立地計画に終止符が打たれた。

（17） 中部電力：三重県熊野市井内浦

1972年

・市議会が調査拒否を決議。

（18） 四国電力：愛媛県窪川町（現四万十町）

1974年

・原発立地候補地として窪川町が浮上。

1979年

・窪川町長選挙、原発が争点となり、反対派町長藤戸進当選。

1980年

・町長、原発推進に転向。
・誘致に賛同する多くの住民や町議から「原子力発電所立地問題に関する請願書」が提出され、町議会で採択される。
・反対派は「原発反対町民会議準備会」を発足させ、学習会をはじめ、「原発設置反対請願」をまとめる。
・保守を含めた反対派による町長リコール運動の開始。その中心に元自民党党員の島岡幹夫がいた。
・女性たちが立ち上がる。

1981年

・自民党幹事長らを巻き込んで、推進派によるリコール阻止運動

始まる。
・リコール投票で反対派勝利。
・出直し選挙で町政の混乱の収束を訴えた推進派町長、再選。
1982年
・町長、住民投票条例制定。
1984年
・立地可能性調査に関する協定書と確認書の調印。
1986年
・チェルノブイリ原発事故により反対世論高まる。
・原発建設予定地の興津漁港、海洋調査拒否。
1987年
・藤戸町長、責任をとって辞職。新町長の中平のもと、町議会は「窪川原発問題論議の終結宣言」を可決。

【コメント】 この事例は、反対運動の戦略の一つである「住民投票条例」の先鞭をつけたという意味で重要である。もう一つ重要なことは、多くの反対運動の担い手が共産党系や社会党系の「革新派」に偏りがちの中、「保守系」の政治家や住民、あるいは商店主が、革新派とされている住民とともに草の根の運動を展開したことであろう。それでもなお、電力会社がちらつかせる補償金や交付金、あるいは原発に潤う町への招待旅行によって安全神話を信じさせられて誘致に傾く住民も多く、町は推進派と反対派に二分され、町政の混乱が続いた。推進派と反対派の対立は親族内にもおよび、修復には時間がかかった。こうした構図は、ほぼどの事例にも共通しており、原発立地反対運動の最も大きな負の遺産と語る経験者や研究者もいる。

(19) 関西電力：京都府久美浜町（現京丹後市）

1975年
・関電、事前環境調査を町に申し入れ。

1990年

・有権者の7割を超える反対請願署名、推進派町議による不採択。

1995年

・前年から95年にかけて推進派による原発学習会が計8回開催され、「安全神話」を振りまく。

1997年

・町長選挙で、反対派候補者善戦するも敗退。

2001年

・町長選挙で、反対派候補者（共産党）善戦するも敗退。

2004年

・久美浜ほか5町が合併して京丹後市誕生。

2006年

・市が関電に「旧久美浜町以外の住民に久美浜原発立地の理解を求めるのは困難」として、計画撤回を申し入れ、関西電力が断念を表明。

【コメント】 年表を追ってみると、30年以上にわたる反原発闘争が必ずしも反原発派の有利に展開していたわけではないことが分かる。一転して関電に計画を断念させる転機となったのが、2004年の5町の合併だった。

直接漁業と関係のない住民人口の増加が、電力会社に計画を断念させた事例といえよう。

(20) 中部電力：石川県珠洲《すず》市（北陸電力・中部電力・関西電力）

1975年

・原発計画の浮上。

・市議会全員協議会において「原子力発電所、原子力船基地等の調査に関する要望書」を議決。

・市議会で議決した要望書を石川県知事の中西陽一に提出。

1983年

・市議会において、珠洲市長の谷又三郎が原発推進を表明。
1984年
・電力3社が原発立地調査を珠洲市に申し入れ。
1984年
・北陸電力珠洲営業所内に「珠洲電源開発協議会」を設置。
1986年
・市議会で原発誘致を議決。
1987年
・珠洲市議会議員選挙。定数18名の中、反原発の国定正重が初当選して1議席を奪還。
1988年
・北陸・関西両電力が珠洲市に高屋地区での立地可能性調査を申し入れ。
1989年
・関西電力が高屋地区での立地可能性調査に着手。建設反対派住民が珠洲市役所内で座り込みを開始、その後40日間続けられる。
・関西電力が立地可能性調査を一時見合わせることを表明。
1991年
・統一地方選挙で反対派県議会議員1人誕生（その後援会長をつとめたのが、高屋地区の塚本真如住職)。
1993年
・珠洲原子力発電所1号機・2号機を国が要対策重要電源に指定。
・市議会が電源立地促進を議決。
・珠洲市長選挙で開票作業の混乱から不正選挙裁判へ。
1996年
・1993年4月に実施された珠洲市長選挙の無効訴訟で最高裁が上告を棄却。やり直し選挙で当選した市長、誘致に積極的姿勢。
1999年
・電力会社に土地を売った地主の脱税が発覚し、土地買収が明る

みに。地主は有罪確定（2003年）。

2003年

・電力3社が珠洲市長へ珠洲原子力発電所計画の凍結を申し入れた。事実上の断念。——電力会社側の理由　①電力自由化を目前に、建設費の莫大な原発による経営悪化を懸念、②地元の合意が不十分、③電力需要の伸び悩み。

【コメント】 珠洲市の事例は、北陸・中部・関西という3電力会社が共同で運営を予定していた事例である。1991年の統一地方選挙ではじめて反対派の県議が1人当選するという保守的な土地柄の中、反対運動は、組織というより何人かの個人がリードする形で進められた。その1人に塚本真如住職がいた。反対派の闘いは、市長選挙に敗れたこと、不正選挙訴訟に敗れたことにより、手詰まり状況に陥ったが、電力会社が採算を見込めないことと地元の合意が不十分であることを理由に建設計画を断念している。電力会社の計画断念の理由のなかに、地元の合意が不十分だったことが挙げられていることは、少数でも声を上げ続けることの重要性を示している。

珠洲市の事例は、NHKスペシャルや地元のテレビ局で何本もドキュメンタリー化されている。そられはいずれも、反対派と推進派の主要人物が、ともに抱えた苦悩の年月を語るという構成となっている。そこに投影されているのは、原発立地計画に翻弄された地元の姿である。それは、原発の建設によって被るかもしれない環境汚染や放射線被害への不安が建設計画の中止によって取り除かれた安堵感（反対派）や誘致に成功しなかったという挫折感（推進派）を超えた修復不可能な人間関係の破壊である。原発立地反対運動の負の遺産に苦しむ住民の姿が、ここにもあった。

(21)　関西電力：和歌山県日高町日置川町（現白浜町）

1976年

・日置川町臨時議会にて原発誘致を前提に、町有地を関西電力へ2

億5900万円で売却する議案が、傍聴者を閉めだして可決。住民は翌日の新聞報道で初めて知る。
・町長と関電との間で土地売買契約の締結。
・日置川漁協、直ちに質問状を町長に提出。
・反対派住民「原発反対共闘準備会」を結成。

1977年
・町長選挙で反対派の阪本町長当選。公約通りに関電の調査申し入れを拒否。

1980年
・阪本町長、2期目にして推進派に変節。

1982年
・「日置川原発反対協議会」の結成。
・「反原発新聞」の発行。

1983年
・町政の混乱により町長辞職。出直し選挙で阪本町長3選を果たす。

1984年
・阪本町長、財政難・過疎を口実に関電の環境事前調査受け入れを前提に予算案を組む。町議会、予算案を否決。ただし、否決は町議員の原発反対を意味せず（単なる阪本降ろし）。
・町長選挙で推進派の宮本町長当選。

1986年
・町長、電源三法交付金による町財政建て直しを図る。
・チェルノブイリ原発事故後も「安全神話」に依存。
・原発推進派「日置川原子力発電所立地推進協議会」を結成。

1988年
・町長選挙で、自民党が支援する候補に対し、反対派の三倉候補（もともとは保守）を支持したのは共産党県議や元代議士の他、自民党県議ら。

・「紀伊半島に原発はいらない女たちの会」（県下の10にのぼる婦人団体で構成）のメンバーを中心とした「女たちの交流会」開催。
・反対派町長の当選。
・和歌山県知事、原発誘致をあきらめず。関電も引き続き地元の理解を得られるよう努力するとの社長談話、発表。

1992年

・町長選挙で、推進派は原発を争点としない作戦（原発隠し）をとる。反対派の三倉候補、73票差で当選。

1995年

・日置川町議会、原発計画を「長期基本構想」から削除。

2005年

・日置川町、電源開発促進重要地点としての指定から外される。

【コメント】　地域住民の頭ごしに決定された原発建設、次いで住民の同意を得るために電力会社が行った施策（原発見学ツアーへの招待、原発安全パンフレットの配布など）がかえって住民の反発と疑念をかきたて、1988年についに反対派の町長を誕生させた日置川町。その背景には、台風に伴う水害の一環として、日置川上流に関電が建設した殿山ダムの放流によって大洪水が起こり（1958年）、その責任を取らなかった関電への不信感があったという（汐見 2012:32-34）。

ここでは、町長選挙が原発推進か反対かを決める争点となってきた。その転機となったのが1988年の町長選挙だった。この時点で反対派町長が当選した背景には、チェルノブイリ原発事故に触発された危機感から、「この素晴らしい自然と環境を子孫に残したい」という思いを一つにして一斉に立ち上がった女性たちの運動があった。

反対派の切り崩し作戦はその後も続き、原発予定地の大半を依然として所有している関電も、決してあきらめてはいなかった。「3・11」は、最終的に新しい原発立地にとどめを刺したといってよい。

しかし、使用済み核燃料の中間貯蔵施設の建設を狙っているのではないかとの懸念を抱く関係者もいるという（同上 :129)。

(22)　四国電力：徳島県阿南市

1976 年

・四国電力、徳島県と阿南町に原発立地の可能性を答申。住民には知らされず。

1977 年

・「原子力発電所建設を阻止する椿町民の会」結成。
・敦賀原発の反対運動との連携。
・手作りの新聞を発行し原発の危険性を広報。
・市役所や県庁へ「子孫に安全な未来を遺したい」との陳情。

1979 年

・市長が「白紙宣言」を行い、終止符。

【コメント】　ここでは、市民運動を支えた椋本貞憲さんというリーダーの存在が大きかった。旧満州国に生まれ、引き揚げの長い逃亡生活の中で姉と弟、多くの友人を失った椋本さんは、父親の実家のあった椿町での平和な暮らしへの強い思いが運動を支える原動力になったという（URL ⑮)。

(23)　中国電力：山口県祝島《いわいじま》―上関《かみのせき》原発反対闘争（スナメリなど希少動物の生息地）

1982 年頃

・祝島と眼と鼻の先の田ノ浦湾に面した上関に原発設置計画の話が浮上。
・上関町長、町民の合意が得られればと誘致を示唆。

1983 年

・祝島漁協、賛成派の組合長をリコールし、原発反対決議。

1985 年

・上関町議会、原発誘致を決議。

1988 年

・上関町長、中電に原発誘致を申し入れ、中電これを受諾。

1992 年

・「上関原発を建てさせない祝島島民の会」発足。

1994 年

・国の総合エネルギー対策推進閣僚会議、上関原発を要対策重要電源に指定、中電の環境影響調査の開始。

1998 年

・8 漁協中、祝島を除く 7 漁協が漁業補償金の交渉開始。

2000 年

・祝島、改めて漁業補償金の受け取り拒否。

2001 年

・山口県知事、条件付きで上関原発計画に同意し、経産大臣が電源開発基本計画に上関原発を組み入れる。

2005 年

・中電、原子炉設置許可のための詳細調査を開始（～ 2009 年 1 月）。

2008 年

・山口県知事、原発建設のための海の埋め立て工事を認可。

2009 年

・埋め立て工事に反対する漁民の抗議活動続く。

・生物研究の 3 学会が、工事の一時中断と生物多様性保全のための調査を中電に要望。

2011 年

・中電の埋め立て工事、東日本大震災で中断。

【コメント】 上関原発建設反対運動の構図はいたって明快だ。上関町議会、漁協、山口県知事が誘致に動く中、唯一祝島のみが一貫して反対闘争を繰り広げたからだ。8漁協中、祝島漁協のみが反対を通し、最後まで漁業補償金の受け取りを拒否したことは、その原発反対のゆるがぬ意思を象徴している。その背景には、祝島集落の真正面にひろがる「奇跡の海」「生物多様性の宝庫」と呼ばれる田の浦を守ろうとする島民の固い決意が感じられる。2009年、中電に調査を要望した生物研究の学会の動きは、そうした島民の反対運動の支えとなった。

この事例で特筆すべきことがいくつかある。一つは、女性たちの粘り強い反対運動である。1982年に始まった女性たちによる月曜デモは2011年に1,100回を越え、2012年には1,150回を数えたという（山北 2012:22）。次に、着手され始めた田の浦埋め立て工事妨害にかけた漁師たちの執念。工事用の台船を漁船で包囲、それをかわそうとする台船との攻防戦は何度となく繰り返された。その妨害行為に海上保安庁の保安官が投入され、立ち入り検査も行われている。そして、山口県の本州側や広島県からの支援、あるいは反対運動に共鳴した全国からの署名という運動の広がりである。署名は2010年、ついに100万筆を越えた（同上 :190）。

2013年2月現在、祝島漁業者による公有水面埋め立て免許取り消し裁判、四代八幡山裁判（地元神社「八幡宮」が所有していた山林を2004年に中国電力に売却したが、住民は入会地として利用していたと権利を主張）、自然の権利訴訟という三つの裁判が同時進行している。

(24) 中国電力：山口県萩市

1984年

・要対策重要電源初期地点に指定される。

1986年

・市議会が立地調査を求める住民の請願を採択するも、反対派住

民は計画中心部の土地を共有登録するなどして抵抗。
1995年
・中国電力が地元情勢などを理由に事実上断念。

(25) 九州電力：宮崎県串間町
1992年
・原発立地構想が表面化。
1993年
・市民投票条例の制定。
1997年
・九州電力が計画の「白紙再検討」を表明。
2011年
・東日本大震災により4月に予定されていた原発立地の是非を問う住民投票を先送り。事実上串間原発計画は終焉。

【まとめ】 地域社会への影響が大きい原発建設には法的なさまざまな手続きが定められている。まず、建設候補地が長期的な電力供給地としてふさわしいということが政府から認められねばならない。そのうえで、陸上と海上の「環境調査」を行い、「安全審査」を受けるなどして認可をうることが義務づけられている。また地元に対しても、①立地の同意を得る、②用地を取得する、③漁協の同意を得る（漁業の補償をする）という3条件をクリアしなければならない。重要なことは、現行法制度では、建設計画に対して住民が意見を言える場はほとんどなく、この3条件に関する権限は全て都道府県知事にあり、立地される市町村は、原発関連施設を認可したり却下したりする法律上の権限を有していないことである（URL ⑬ :127)。しかも、地元の同意を得る前に一部の町役場の幹部と電力会社との間で秘密裏に事が進められた場合が多い。また、用地の取得に関しても、原発建設用地であることを地権者に知られると反対される場合が多かったため、直接原発とは関係のない第三

者に買収させ、あとで一括して電力会社が購入するという場合もあった（汐見 2012:26）。

そのような中で、住民の意思を反映させる手段として住民投票条例策定の動きが現れる。しかし、新潟県巻町の事例のように、市町村の議会で可決され実施されても、その結果は法的拘束力を持つとは限らない。代議制民主主義という制度の中で、住民が反対の声を挙げ、県や市町村の政策に変更を迫るためには、反対派の首長を選び直すことがもっとも有効な手段である。実際、多くの立地候補地で、原発問題が町議選や町長選挙の争点になってきた経緯がそれを物語っている。このように知事に最終的な権限があるとはいえ、立地案件を抱える町レベルの意向を無視することができなかったことは、多くの事例が立証している。

その他にも、反対運動はさまざまな戦略を駆使している。例えば、デモ、署名運動、調査妨害、用地買収阻止、他の原発反対運動との連携、裁判闘争、……など。こうした運動を指導するリーダーの存在も、原発に潜む危険性を説き「安全神話」の打破に尽力した研究者の存在も欠かせない。そして、どの立地候補地でも、一番「命」に近いところで日々格闘している女性たちの結束には瞠目すべきものがあった。

また、スリーマイル島やチェルノブイリなどの原発事故が、反対闘争の追い風となったことも無視できないが、それが必ずしも推進派への歯止めとならなかったことは、権力と結びついた「安全神話」がいかに強固だったかを示している。

反対運動の理念については、まずは公害・環境問題として始まり、放射能の危険性への認識が高まるにつれ、子孫に負の遺産を遺さない、子どもの命を守る、といった「命」の問題へと収斂していった経緯を、多くの事例から読み取ることができる。

反対運動は、志を同じくする人々をつないだが、一方で、推進派と反対派に分断されることによる人間関係の破壊も見られた。この破壊は漁協内部、あるいは親族や家族内に及び、原発問題が終息した後も続き、容易にその溝は埋まることがない。

福島の原発事故は、究極の原発廃止へと国策の転換をもたらす、と多

くの人々は考えたが、2012年末の衆議院選挙で圧勝した自・公政権は数ヵ月も経ずして、原発の再利用を考え始めている。海外での原発売り込みも加速している。

原発安全神話に乗って、多額の交付金や補償金と引換えに原発を誘致し、そのくびきから脱却する手立てを見失っている町の将来をも視野に入れた脱原発運動を展開し、脱原発社会を実現するために、われわれは何をなすべきか。原発立地に反対し続けた事例から学ぶことは多い。

[B]　主な原発訴訟

【はじめに】 原発の建設・運転をとめるため、国や電力会社を相手に闘ってきた原発訴訟には、大きく分けて行政訴訟と民事訴訟がある。行政訴訟は原発などの設置許可をした経済産業大臣ら（国）に対して許可の取り消しを求める訴訟で、処分があった日の翌日から60日以内に異議申し立てをすることが前提である。一方、民事訴訟は電力会社などの設置者に対して住民が人格権や環境権に基づいて施設の運転や建設の差し止めを求める訴訟である。この両者を併合した「もんじゅ」訴訟のような事例もある。

I　行政訴訟

(1)　伊方原発

1973年：一号機設置許可取り消し訴訟。

1978年：松山地裁、棄却。

【コメント】 判決直後、科学者グループ、原告団、弁護団が『原子力と安全性論争――伊方原発訴訟の判決批判』（技術と人間、1979年）を出版。地震と立地審査、炉心燃料、蒸気発生器、圧力容器、一時冷却系配管、放射線の危険性など、今日の原発安全論争の原点がまとめられている。

1984 年 : 高松高裁、棄却。

1992 年 : 最高裁、棄却。

【コメント】 判決の判断基準は、行政の裁量判断を広く認めていること、審査の対象を基本設計に限定していることを除けば、取り返しのつかない災害の性格を踏まえ、かなり高いレベルの安全性確保を要求した点は評価されている。その背景にはスリーマイル島とチェルノブイリにおける原発事故に伴う社会的関心の高まりがあった。

(2) 福島第二原発一号機

1975 年 : 設置許可処分取り消し訴訟。

1984 年 : 福島地裁、棄却。

1990 年 : 仙台高裁、棄却。

1992 年 : 最高裁、棄却。

(3) 東海第二原発

1973 年 : 設置許可取消訴訟。

1985 年 : 水戸地裁、棄却。

2001 年 : 東京高裁、棄却。

【コメント】 地震と耐震設計が大きな争点となったが、国側証人の意見を認めて安全性を肯定。

2004 年 : 最高裁、棄却。

(4) もんじゅ訴訟

1985 年 : 設置許可無効確認、民事運転差止訴訟〈原告適格に関する判断〉。

1987 年 : 福井地裁、却下。

1989 年 : 名古屋高裁金沢支部、一部差し戻し。

1992 年：最高裁、原告適格を認め、地裁に差し戻し、被告上告棄却。1995 年、ナトリウム漏出・火災事故発生。

〈実体部分〉

2000 年：福井地裁（併合）棄却。

2003 年：名古屋高裁金沢支部、許可処分の無効が確認され、原告全面勝訴。

【コメント】 次の 3 点について安全審査の、看過しがたい過誤と欠落を指摘。①ナトリウムによる腐食を考慮せず。②蒸気発生器破損の可能性。③炉心崩壊事故をめぐる判断に過誤。

2005 年：最高裁（同上）高裁判決破棄、原告控訴棄却

【コメント】 勝手につくりかえた事実を前提として、前記 3 点の事象についての安全審査の過程には何ら過誤、欠落はないとした。

(5) 柏崎刈羽原発一号機訴訟

1979 年：設置許可取消訴訟。

1994 年：新潟地裁、棄却。

2005 年：東京高裁、棄却。

2007 年：新潟中越沖地震、刈羽原発すべてに損傷。

2009 年：最高裁、棄却。

【コメント】 住民側は国側に答弁書の提出を求めたが、口頭弁論が開催されないまま訴訟は終了した。

(6) 伊方原発二号機訴訟

1978 年：設置許可取消訴訟。

2000 年：松山地裁、棄却。

(7) ウラン濃縮施設

1989 年：加工事業許可取消訴訟。

2002 年 : 青森地裁、棄却。
2006 年 : 仙台高裁、却下・棄却。
2007 年 : 最高裁、棄却。

(8)　低レベル放射性廃棄物処分施設

1991 年 : 埋設事業許可取得取消訴訟。
2006 年 : 青森地裁、却下・棄却。

【コメント】　事業主の原燃産業（のちに合併して日本原燃）が断層隠しのためにボーリングデータを意図的に隠蔽し、申請書にも嘘を書いたことを認定。

2008 年 : 仙台高裁、棄却。
2009 年 : 最高裁、棄却。

(9)　再処理施設

1993 年 : 指定処分取消訴訟、係争中。

II　民事訴訟

(1)　女川原発一・二号機

1981 年 : 建設・運転差止訴訟。
1994 年 : 仙台地裁、棄却。

【コメント】　津波被害の危険性を指摘するも、地裁は「被控訴人が想定する津波の最大波高が相当でないとすることはできない」とした。

1999 年 : 仙台高裁、棄却。

【コメント】　判決文の中で、経済性より安全性を重視すべきことが明快に指摘された。

2000 年 : 最高裁、棄却。

(2) 志賀原発一号機

1988 年 : 建設・運転差止訴訟。

1994 年 : 金沢地裁、棄却。

1998 年 : 名古屋高裁金沢支部、棄却。

【コメント】 判決文の中に「原子力発電所が負の遺産の部分を持つことは否定しえない」との記述あり。しかし、原子力の当否は裁判所が判断すべきことではないとした。

2000 年 : 最高裁、棄却。

(3) 志賀原発二号機

1999 年 : 運転差止訴訟。

2006 年 : 金沢地裁、運転差止(原告勝利)。

【コメント】 耐震設計の適否が重大な争点となり、原告らの立証に対する被告の反証は成功していないとの理由で、原告勝利。

2009 年 : 名古屋高裁金沢支部、棄却。

2009 年 : 最高裁、棄却。

(4) 泊原発一号・二号機

1988 年 : 建設・運転差止訴訟。

1999 年 : 札幌地裁、棄却・確定。

【コメント】 判決文の中に「事故の可能性を完全に否定することはできない」、「原子力発電所周辺の住民だけでなく、国民の間でも、原子力発電の安全性に対する不安が払拭されているとはいえない」との文言あり。

(5)　浜岡原発一号〜四号機

2003年：運転差止訴訟。

2007年：静岡地裁、棄却。

【コメント】　中越沖地震は地裁の結審の直後に発生したにもかかわらず、その後の判決文にはこの地震への言及が全くなされなかった。判決と同時に出された仮処分決定では、「刈羽原発で数多くの損傷・トラブルの発生が報告されているとしても、同発電所の安全上重要な設備に根本的な欠陥が生じたことは報告されていない」との判断がなされた。

2008年：東京高裁から公式に和解の打診がなされた後、中部電力は一・二号機の廃炉を決定。三・四号機に関しては係争中。

(6)　島根原発一号・二号機

1999年：運転差止訴訟。

2010年：松江地裁、棄却。

【コメント】　地裁、国の指針類の合理性を無批判に肯定。広島高裁松江支部に控訴中。

(7)　大間原発

2010年：建設・運転差止訴訟。

2013年：函館市が弁護団と訴訟に関する契約を締結。提訴すれば自治体が原告の全国初の原発訴訟となる。

(8)　山口・上関原発

・埋め立て免許の取り消しを求める訴訟。

・漁業権をめぐる訴訟。

・生物多様性をめぐる訴訟。

(9)　玄海原発三号機（プルサーマル裁判）

2010年～：佐賀地方裁判所で係争中。

(10)　鹿児島川内原発「温排水」訴訟

2010年：鹿児島地裁に提訴。

2012年：地裁で却下。

(11)　鹿児島川内原発操業差止訴訟

2012年：鹿児島地裁で係争中。

【まとめ】　もんじゅ訴訟の名古屋高裁と志賀原発二号機の金沢地裁での2件の原告勝利はあったが、最終的にはすべて最高裁で棄却に終わっている。しかし、判決理由の中で、原子力推進の立場から積み上げられてきた様々な安全神話の矛盾やまやかしや嘘が少しずつ明らかになってきていたことは注目に値する。一方、ここでは詳述できなかったが、棄却の理由が判例として原告に不利な方向で援用されていったことも見逃せない。加えて、裁判長の不自然な交代や、最高裁のダブルスタンダードなど、裁判の複雑なからくりや裏舞台を読み解く作業も欠かせない。

原発訴訟の歴史を見ると、一度建設された原発や建設許可が出た原発を住民が差し止める手段は、まずないと言って良いだろう。それならどうしたらよいか。原発に反対する政府の出現も期待できない中、残された方法は、国際社会の流れを変えることであるが、それも核の廃絶すら実現できない状況では、難しい。

2年を経ずして福島原発の教訓を忘れることにしか未来の展望を見いだせない日本の政財界の体質を変えるには、まずは女性が意思決定に関われるような構造改革が必要ではないだろうか。女性は、産む性・育てる性として男性より「命」に深く関わるポジションにいる。福島原発の放射能汚染から子どもをいかに守るかについての男女の温度差はそれを象徴しているし、原発建設の立地反対運動の歴史における女性たちの結束もそれを如実に物語っている。

当面は、こうした歴史を未来に伝えることによって、改めてどのような日本の未来像を描くかを考える手掛かりを読者に提供できたらと考えている。

［C］　建設中・計画中の原発12基
（2012年12月現在）

建設中　大間（震災後建設再開）
　　　　東通一号機
　　　　島根三号機
計画中　浪江・小高
　　　　敦賀三および四号機
　　　　上関一および二号機（工事中断）
　　　　東通二号機（東京電力）および二号機（東北電力）
　　　　浜岡六号機
　　　　川内三号機

※主要な参照引用文献・資料・ネット情報等

――本文中では［著者名　発行年：参照頁数］等の形式で示した。

朝日新聞津支局 1994：『海よ――芦浜原発三〇年』風媒社。

海渡雄一 2011：『原発訴訟』岩波新書。

恩田勝亘 2011：新装版『原発に子孫の命は売れない――原発ができなかったフクシマ浪江町』七つ森書館。

北村博司 2011：『原発を止めた町――三重・芦浜三十七年の闘い』　現代書館。

汐見文隆監修「脱原発和歌山」編集委員会編 2012：『原発を拒み続けた和歌山の記録』寿郎社。

武谷三男 1981：『現代技術の構造』技術と人間。

中林勝男 1982：『熊野漁民原発海戦記』技術と人間。
山秋　真 2012：『原発をつくらせない人びと』岩波新書。
『婦民新聞』2012年10月10日・20日合併号。

参考URL

①ウィキペディア「珠洲市原子力発電所」(2013年1月参照)
②ウィキペディア「巻町」(2013年2月参照)
③ウィキペディア「小浜市」(2013年2月参照)
④ウィキペディア「芦浜原子力発電所」(2013年2月参照)
⑤「住民投票で巻原発を阻止した住民運動」原発問題住民運動全国連絡センター代表委員・原発問題全国連絡センター代表委員藤泰男氏の講演（要旨）(2013年1月参照)
⑥「新潟・巻原発建設計画の断念――長年の住民運動、実結んだ。原発バブルに頼らない町へ」(『しんぶん赤旗』2003年12月31日）(2013年1月参照)
⑦「〈原発撤退へ　立地拒否した町で〉京都旧久美浜町（現・京丹後市）「つくらせなくてよかった」推進派の下議員ら」(2013年1月参照)
⑧「〈福井県・小浜市〉真言宗御室派梱山明通寺住職中嶌哲演さんに聞いた（その2)」(「マガジン9」2013年1月参照)
⑨「原発の火種消した町・漁師、医師ら四〇年のたたかい――和歌山県日高町」(民医連新聞2012年1月2日）(2013年1月参照)
⑩「川西への原発誘致、幻に終わる」(福井新聞2011年11月17日）(2013年1月参照)
⑪「住民と力あわせ原発誘致阻止」(兵庫民報2011年4月24日）(2013年2月参照)
⑫「川西への原発誘致、幻に終わる」(福井新聞2011年11月17日）(2013年1月参照)
⑬「住民と力あわせ原発誘致阻止」(兵庫民報2011年4月24日）(2013年2月参照)
⑭神山治夫「阿武山原子炉設置反対茨木市民運動――原子炉と住民の

意思と科学者」（「原発なくそう：茨木」2011 年 12 月 28 日）
⑮正阿彌崇子（論文）「市民主役の社会のための「住民空間」――新潟県旧巻町原発を巡る住民の動向をてがかりに」（2013 年 1 月参照）
⑯猪瀬浩平「原子力帝国への対抗政治に向かって――窪川原発反対運動を手掛かりに」（明治学院大学帰還リポジトリ :2012 年 3 月 31 日）（2013 年 1 月参照）
⑰「原発を阻止し町を守る」（徳島新聞 2007 年 6 月）